保尔森基金会、河仁慈善基金会、
国家发展改革委社会发展司研究项目

保尔森基金会
PAULSON INSTITUTE 　河仁慈善基金会
Henn Charitable Foundation

苏 杨 何思源 王宇飞 魏 钰 / 等著

中国国家公园
体制建设研究

Policy Research
on the Development
of China's
Pilot National Parks

社会科学文献出版社
SOCIAL SCIENCES ACADEMIC PRESS(CHINA)

声　明

　　本书所有地理疆域的命名及图示，不代表中国国家发展改革委、美国保尔森基金会和中国河仁慈善基金会对任何国家、领土、地区，或其边界，或其主权政府法律地位的立场观点。

　　本书所有内容仅为研究团队专家观点，不代表中国国家发展改革委、美国保尔森基金会、中国河仁慈善基金会的观点。

　　本书的知识产权归中国国家发展改革委、美国保尔森基金会和中国河仁慈善基金会共同拥有。未经知识产权所有者书面同意，严禁任何形式的知识产权侵权行为，严禁用于任何商业目的，违者必究。

　　引用本书相关内容请注明来源和出处。

前言导读

从全世界来看，以国家公园为主题的书虽不是恒河沙数，也是数不胜数；相比而言，中国的国家公园①书籍，虽不是屈指可数，也是寥寥可数。上网搜索一下，本就有限的书多数还是旅游主题的或国外情况介绍的，与中国实情尤其国家公园体制结合的不多，只有部分介绍云南自行推进国家公园相关工作的书籍涉及了体制。好在自 2013 年十八届三中全会提出"建立国家公园体制"以来，四年多的时间里，与体制相关的书堪称雨后春笋、纷纷冒头，已有的近十本书几乎涉及了国家公园体制的所有方面。我们这本书，作为"中国国家公园体制建设研究"丛书之一，显然来得不早，话题也不新鲜了，还值得看吗？我们自身也曾有过疑问，为此，把通常交代全书背景和主要观点的前言写成了前言导读，把自身的疑问变成了设问。

一 看点在巧

我们自以为，来得早不如来得巧。这个巧有三方面所指：内容巧、方式巧、时间巧，由此给本书带来三大看点。

第一是"通天接地"的内容巧。涉及既得利益结构调整的改革，最使不得书生意气。本书按照目标导向和问题导向来构建研究技术路线，即相关研究既要能解决问题，也要按中央既定改革方向和方式来解决问题，这样才能确保相关方案既利于地方操作也能在上下、左右、里外②形成稳定、持续的合力。全书开篇整理了相关政策脉络，也就重要时间节点进行了政

---

① 需要说明的是，本书中提到的中国国家公园这个概念，无论在哪个方面，均不包括台湾地区已经建立的"国家公园"。严格意义而言，台湾地区的"国家公园"并不符合国家公园的设立标准（应由中央政府设立）。

② 对这些字眼的详细解释，请参见附件 7 注释部分。

策解读（如《生态文明体制改革总体方案》、祁连山事件①、《建立国家公园体制总体方案》等）。尤其在祁连山事件发生后，国家公园已经成了"最严格的保护"手段。各相关者不"高举高打"解读中央政策和不殚精竭虑琢磨公园改革，相关研究成果就必然不全、不准。但坐而论道唱高调不是本书看点，知行合一才是。在试点中，各地政府常常左右为难：中央要加强保护，不提保护肯定是右派；地方有现实困难要解决，资源要确权、民生要保障、产业要替代、搬迁要资金，没有接地气、能负担的操作方案，肯定是左派。试点工作开展三年来，许多基层地方政府"左右不是人"。我们这样的政策研究工作者，既要在问题导向下摸清地方推进工作的难题，也要在目标导向下按照中央既定的方向和路径给出这些难题的解决方案。此谓"通天接地"，这样才能让推进这项工作的领导在工作中"顶天立地"、有所担当。

第二是全程举例的方式巧。国家公园体制试点涉及方面多、理论抽象、操作复杂，如果坐而论道，读者肯定觉得相关研究起不到"说明书"的效果。为此，我们根据"反复出现的事情要寻找规律、普遍出现的问题要总结制度成因"，将相关难题都归结到"权、钱"相关制度上，并把尽可能多的研究成果以武夷山为案例来说明，如机构改革方案的比选、人员编制的确定、地役权的操作、可持续资金机制的形成等，还引用了法国国家公园体制改革的经验（作为附件），以让各方读者发现"权、钱"方面的制度障碍在案例点上用什么技术路线、什么改革方案予以克服。不奢望这个举例的方式能让读者举一反三，但希望举的这些例子能使大家触类旁通。另外，本书还以钱江源国家公园体制试点区为例给出了落地的方案（也作为附件）：既要在国家公园内加强保护，也要给整个行政区带来绿色发展；既要合理要钱，也要升级挣钱；既要政府主导，也要多元共治。这样，才可能形成"共抓大保护"的合力。这其中，通过法国开发署政策性贷款发展具有法国模式特点的国家公园特色小镇从而带动相关产业升级发展，通过北

---

① 习近平总书记对祁连山国家级自然保护区（以下简称祁连山保护区，多数区域位于甘肃省张掖市境内）的相关问题有过三次批示，但相关省份的做法可称之为屡教不改。最终，祁连山保护区的违法乱纪问题由中央直接处理，波及全国并持续到现在，从其影响和重要性来看都可称为祁连山事件。

京巧女公益基金会协议保护的形式参照法国模式形成加盟区，都是其他书里没有提但地方特别需要的既招金揽银也体制创新的方法。对于这些，想必有很多"左右不是人"的地方领导还是有阅读兴趣的，毕竟我们不仅可以让他们开卷有益还开卷有"利益"。

第三是出版发行的时间巧。读者可以发现，从时间和内容来看，这是第一本衔接《建立国家公园体制总体方案》（以下简称《总体方案》）的书。这林林总总的国家公园体制研究著作，都没有来得及比照《总体方案》，毕竟《总体方案》到 2017 年 9 月 26 日才公诸于众，中央在经过两年多试点后形成的工作思路、方向和改革路径才在《总体方案》中昭告公众。为此，我们的书增加了对《总体方案》的解读，也将提出的操作方案参照《总体方案》的要求进行了调整。

二　解读全面

尽管涉及中国国家公园体制的书已有不少，但像我们这本书这样全和透的似乎还没有。为方便读者查询，我们把相关政策要点和相关解读全部罗列出来并尽量用图表的方式呈现，并分析了其中阶段性的变化及其对现实工作的影响。这样不仅各试点区的工作人员能够像使用政策指南一样使用本书，其他有兴趣的读者也能"按图表索骥"、迅速了解这项工作的目的、方向和政策脉络。而且，为了避免"前言"不搭后语，我们在主报告的后面列出多个附件，使读者能专门了解书中提出的相关方案的背景、细节。

之所以这样安排内容及表述方式，是因为在完成这个课题任务和参与国家公园体制试点第三方评估工作的过程中，我们发现参与国家公园体制试点工作的人，并非像以前自然保护区工作者那样大多是专业的自然保护工作者，很多地方领导及来自保护以外部门的领导兼任试点区领导，他们不了解自然保护的技术和政策，但深谙民情世故，通晓部门利益。对这样的读者，把背景知识尽量罗列全、把相关经验尽量讲解透、把操作方案尽量留余地，才能让他们看了此书后，能既武装头脑又不束缚手脚。毕竟相关理论、相关经验的灵活应用，是我党的光荣传统，国家公园体制试点工作概莫能外。

另外，在中央对"国家公园体制试点积极推进"的大背景下，10 个试点区的工作进度难尽如人意［根据《总体方案》，试点期已经延长到2020年，而在2015年1月十三部委发布的《建立国家公园体制试点方案》（以下简称《试点方案》）中原定试点期到2017年底］。这的确是国家面上的生态文明体制建设尚未成型、地方既得利益结构调整阻力太大的情况下难免的。好在有他山之石可借鉴，法国国家公园建设就走过弯路，也被迫于2006年启动了国家公园体制改革，十年方才见效。为此，我们在本书中专门推介了法国模式。正巧，2018年1月，中法两国正式启动了保护地领域以国家公园为重点的合作（法国总统马克龙2018年1月访华的成果之一是法国生态转型部与中国国家发改委签署国家公园方面的战略合作协议，法国国家公园体制改革的经验及其模式将以高层政府推动、法国开发署低息贷款项目支持的方式进入中国）。我们希望在高层合作的背景下，法国模式能让"人地"约束突出、"人地关系"复杂的多数国家公园体制试点区另辟蹊径。这才是我们这本书希望达到的"洋为中用"的本意。

三 "背后有人"

我们在这本书的封面上标出四位作者，后面有个"等"字。"等"有一义——辈分相同的一群人，其中包括国务院发展研究中心管理世界杂志社的苏红巧、赵鑫蕊、王茜、胡艺馨，清华大学杨锐教授团队的庄优波、赵智聪、廖凌云，国家林业局林产工业规划设计院的陈叙图。

另外，这本书还"背后有人"。

整个研究项目，源自美国保尔森基金会和中国国家发改委的合作。在这个合作中，保尔森基金会的牛红卫女士、于广志博士起到基础性、枢纽性作用。商定研究方案时，还处于《试点方案》刚刚出台、相关工作还在摸索、各地和相关部委还在"较劲"、中央还未明示的情况下，国家发改委社会发展司副司长彭福伟和副处长袁淏，在各项工作中给予了大力支持，不仅参与整个丛书的策划，对本书的写作和调研也给予了直接的支持。国家发改委国家公园体制评审专家组成员刘纪远、杨锐、李俊生、贾建中、雷光春、朱春全等，对本书中的相关研究给予多次指导。参与指导的还有中科院植物研究所马克平研究员，中科院生态环境研究中心主任欧阳志云，北京大学教授吕植，世界自然基金会王蕾博士，北京林业大学张玉钧教授、栾晓峰教授，北京师范大学程红光教授，同济大学吴承照教授，上海师范大学高峻教授，北京大学吴必虎教授，中国科学院闵庆文研究员、钟林生研究员，中国社会科学院宋瑞研究员，东北林业大学张明海教授、徐艳春教授、姜广顺教授，国家林业局保护司杨超司长、安丽丹处长，环保部生态司房志处长、井欣处长，住建部城市建设司左小平处长、李振鹏处长，水利部景区办李晓华副主任、董青处长、陈吉虎副处长等。另外，在本书的研究阶段，中国科学院战略咨询研究院王毅副院长（团队成员包括黄宝荣、苏利阳、张丛林）在法国开发署金筱霆女士的支持下，安排我们这个团队到法国参加培训，使我们收获颇丰。美国国家公园管理局的汪昌极先生（工作于美国的台湾籍四川人），继续了十三年来对我在国家公园领域研究的支持，使我体会到国家公园的国家性。许多地方的领导也给予我们大力支持，包括福建武夷山风景名胜区管委会滕建明主任、崔春光副主任，武夷山国家公园管理局副局长林贵民，三江源国家公园管理局李晓南局长、田俊量副局长，青海省环保厅环境规划和环保技术中心何跃君主任，神农架国家公园管理局王文华副局长等。

当然，出版阶段也有"背后的人"：保尔森基金会的于广志博士，参与了几乎所有细节的打磨，让本书增色不少。社会科学文献出版社人文分社社长宋月华、责任编辑韩莹莹，更让我们体会到研究报告与印刷书稿的巨大区别。有了这些"背后的人"，我们越发体会到国家公园这个话题的"全民共享"，越发坚定国家公园体制改革的道路自信，顺带越发坚定这本书来得巧、会让读者不虚此读的作者自信。

最后，希望 2020 年，我们相聚在真正的中国国家公园。朋友，在通往中国国家公园的路上，紧握你的手。

苏杨
2018 年 1 月 26 日于京

摘　要

　　国家公园体制建设研究，不仅要衔接中央文件，更要明晰国家公园体制建设的难点和重点，提出目标导向和问题导向下的国家公园体制建设框架，并在典型案例区提出重要的体制机制建设方案。

　　国家公园体制建设，按照中央文件，可分为试点阶段和全面推进阶段。国家公园体制试点意图通过建立"统一、规范、高效"的国家公园体制，实现"保护为主，全民公益性优先"的建设目标。而国家公园体制建设的路径应是《生态文明体制改革总体方案》中提出的"加强对国家公园试点的指导，在试点基础上研究制定建立国家公园体制总体方案"，即依托试点区，根据试点经验提出体制建设的总体方案。《建立国家公园体制总体方案》在中央深改组第37次会议上通过后，国家公园体制建设的总体思路已经清晰：以"保护为主，全民公益性优先"为终极目标，以完整配套的生态文明体制为支撑。国家公园以保护为首要任务已经成为全球共识，而中国因"人、地"方面的国情，国家公园的建设不能照搬美国等发达国家的垂直管理模式，而是需要更多地关注周边社区的发展，更多地依靠宏观的生态文明体制。党的十九大报告在生态文明建设部分指出要"建立以国家公园为主体的自然保护地体系"，这意味着中央明确了国家公园体制试点建设在整个自然保护事业中的地位，即国家公园体制建设将成为全面深化改革的代表性制度，成为生态文明体制改革的突破点和重要抓手。国家公园应被视为生态文明建设的重要物质基础和先行先试区，国家公园体制建设必须依托于生态文明八项基础制度的配套建设，国家公园体制的框架、内容、各项体制机制的改革方向和操作方案应与《生态文明体制改革总体方案》相衔接、协调并细化，按照《建立国家公园体制总体方案》来操作。其中，"统一"是居首位的改革目标，即通过建立国家公园体制，实现重要自然保护地的空间整合和体制整合。在整合中，必须考虑到国情：价值较高的保护地存在明显的"人、地"约束，且总体制度环境仍然有"共搞大开发"的特征，全国基本没有生态文明八项基础制度全面配套落地的区域。因此，本书以《生态文明体制改革总体方案》和《建立国家公园体制总体方案》为依据，聚焦"权、钱"相关制度，具体体现为管理单位体制、资源管理体制和资金机制三方面。

管理单位体制是国家公园管理的基础，要明确管理机构的权责范围（重点指权力划分）和设置方式（机构的形式、级别和人员编制）。基层国家公园管理机构如何确定管理单位体制，本书以武夷山国家公园试点区为例，对前置审批型、事业单位型、特区政府型三种模式进行比选，确定具体管理机构的设置方式（包括机构级别等），进而给出具体的人员编制的匡算公式。

在资源管理体制方面，以土地权属制度的设计为重点。国家公园首先要加强保护，有效的保护必须建立在明确保护对象、设定保护目标并细化保护需求的基础上。保护需求的细化是建立适当的土地利用方式的前提，也是设计相应的制度保障的科学依据。基于细化保护需求的创新的土地利用方式的落地，需要借助诸如地役权这样的制度落实，而涉及具体空间和管控方式的地役权，又需要借助政府事权，在不同的空间根据不同的保护需求和现实约束，使保护需求和合理利用等事务成为高级别的明确的政府事权，以推动地役权制度的实现。因此，在管理体制上，必须明确国家公园管理机构的事务范围并进行中央政府和地方政府的事权划分，在管理机制上体现资金机制的核心地位并进行测算，在管理目标上明确空间上的保护需求和相应管理方式，最终将资金用到实处。而在保护需求上，则要在空间上明确保护需求和利用方式的强度，避免封闭式保护的不合理性，并将不同的保护和利用需求与政府事权对应，以明确包括生态补偿等在内的资金需求和保障渠道。这样的思路，以武夷山为例，转化成了具体的"地役权"的设计方案和实施步骤。

在资金机制方面，重点为筹资机制中的财政渠道和市场渠道。财政渠道的建设可以通过事权划分来加强和规范。为此，本书将国家公园的管理事务分为资源保护和环境修复活动、保护性基础设施建设、公益性利用基础设施和公共服务、经营性利用基础设施建设和相关服务四个方面，根据财政学外部性范围、信息对称、激励相容三原则进行事权划分，提出不同级别政府应承担的事权，并就武夷山的情况进行测算。市场渠道的建设更为复杂。考虑到中国国家公园建设中的"人、地"约束，提出主要用于社区且管理机构也能获利的绿色发展机制。这个机制的技术路线是将资源环境的优势转化为产品品质的优势，并通过品牌平台固化推广体现为价格优势和销量优势，最终在保护地友好和社区友好的情况下实现单位产品价值的明显提升。这样的转化需要依托国家公园产品品牌增值体系来实现，具体包括产品和产业发展指导体系、产品质量标准体系、产品认证体系、品牌管理推广体系（包括知识产权保护）、品牌增值检测和保护情况评估体系。

考虑到国家公园体制机制的构建是一个动态的、发展的过程，并且管理单位体制的权力在体制机制的重点领域（资源管理体制和资金机制中）都有所涉及，因此本书明确了不同层面的国家公园管理机构对应的权力清单和运行方式，还以武夷山为例提出了国家公园体制建设的项目化方案，使得研究成果完整地覆盖了从顶层设计到项目落地的全过程。

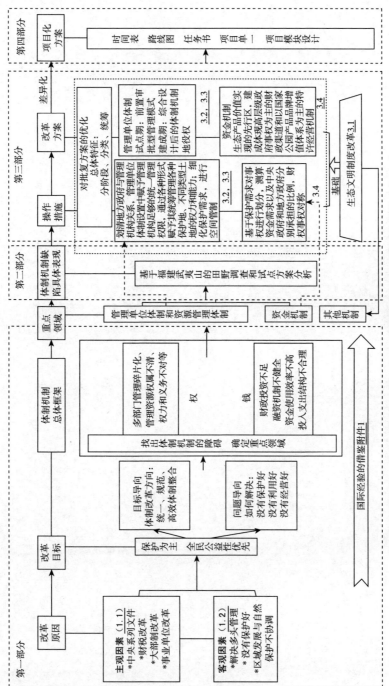

图 0　本书基于目标导向和问题导向的框架图、各部分逻辑关系和主要内容

目 录

第一部分
与中央文件衔接的国家公园体制建设
思路和总体框架

从生态文明建设的角度和高度看，国家公园是中国生态文明建设的重要物质基础、生态文明制度建设的先行先试区、生态文明八项基础制度因地制宜的创新实践区；而国家公园体制建设是国家公园事业的基础，国家公园体制建设试点是中国推进国家公园事业起步的重要工作。为此，应有以下两方面考虑：①国家公园体制试点和建设必须与"五个发展"理念、《生态文明体制改革总体方案》（以下简称《生态文明方案》）、《建立国家公园体制总体方案》（以下简称《总体方案》）等中央的顶层设计紧密结合，必须按照中央的相关文件要求进行部署，只有这样才可能确保这项工作朝着正确的方向有序推进，即国家公园体制建设必须是目标导向的；②中国已经存在多种保护地^①类型，在保护地管理问题繁多且保护地优化管理存在多方面约束的情况下，国家公园体制试点和建设更需要找到针对问题的且与当前各类保护地体制衔接的改革路径，只有这样才可能形成中国国情下"统一、规范、高效"的国家公园体制，即国家公园体制建设还应是问题导向的。归根结底，问题导向是目标导向的基础。

基于这些考虑，本部分作为中国国家公园体制建设政策研究的基础，兼顾目标导向和问题导向，提出符合中国国情的体制机制的总体框架和建设思路。

---

① 严格说来，无论中文还是英文，保护地（protected area）是一个惯用但本身存在较多漏洞的概念。中文而言，其必然包括文化遗产地，但在 IUCN 的保护地分类体系中却被忽略了，且译成保护地难以涵盖海洋等以水体为主要保护对象的区域；英文而言，protect 指的是近似严防死守的保护，区别于倡导 wise use 的 conservation，protect 本身难以准确表达对此类区域采用的管理理念。本书只是为了照顾较多人的阅读习惯而采用这个词组。

1.1 目标导向：国家公园体制建设的主要目标和思路

在展开相关研究之前，根据目标导向，须先整理和解读中央相关文件中所提出的国家公园体制建设的目标与试点建设的既定思路和内容。

表 1-1-1 罗列了截至 2017 年 12 月关于国家公园的中央文件、重大事件和国家公园体制试点牵头单位国家发改委的相关文件。尤其从《生态文明方案》、国家发改委等十三部委发布的《建立国家公园体制试点方案》（以下简称《试点方案》以及《国家公园体制试点区试点实施方案大纲》（以下简称《实施方案大纲》）和《总体方案》等中央文件中，可以全面、准确地看出 2017 年试点期间①和今后为什么建、如何建设国家公园体制。

表 1-1-1 国家公园体制建设相关中央文件的要求解读及国家相关工作动态

文件名称	文件中的相关内容	文件初衷和主要内容解读
十八届三中全会《决定》（2013 年 11 月）	建立国家公园体制	严格按照主体功能区定位推动发展
《关于开展生态文明先行示范区建设的通知》（2014 年 6 月）	安徽省黄山市等 7 个首批先行示范区"探索建立国家公园体制"	将国家公园体制作为生态文明先行示范区改革的重要制度建设工作
国家发改委等十三个部委《建立国家公园体制试点方案》（2015 年 1 月）	确定 9 个试点区；试点目标：**保护为主，全民公益性优先**；体制改革方向：**统一、规范、高效**。规定了体制机制的具体内容：**管理体制建构方案（包括管理单位体制、资源管理体制、资金机制和规划机制）、运行机制建构方案（包括日常管理机制、社会发展机制、经营机制和社会参与机制）**	国家公园体制试点的总体指导文件，详尽说明了各项试点工作
国家发改委办公厅《国家公园体制试点区试点实施方案大纲》（2015 年 3 月）		

---

① 《试点方案》明确的试点期是 2015 ~ 2017 年。《试点方案》和《实施方案大纲》较笼统，操作层面的细节涉及不多。本研究不仅从学术角度提出了长期的国家公园体制建设方案，也从操作角度结合武夷山国家公园体制试点区，给出了相关体制机制的建设细节。

文件名称	文件中的相关内容	文件初衷和主要内容解读
《中共中央国务院关于加快推进生态文明建设的意见》（2015 年 4 月）	建立国家公园体制，实行分级、统一管理，保护自然生态和自然文化遗产的原真性、完整性	**建立国家公园体制的目的是保护自然生态和自然文化遗产**
国务院批转国家发展改革委《关于 2015 年深化经济体制改革重点工作意见的通知》（2015 年 5 月）	在 9 个省市开展国家公园体制试点	作为生态文明制度改革的重要内容，与经济体制改革有关
《生态文明体制改革总体方案》（2015 年 9 月）	（十二）建立国家公园体制。加强对重要生态系统的保护和永续利用……国家公园实行更严格保护，除不损害生态系统的原住民生活生产设施改造和自然观光科研教育旅游外，禁止其他开发建设……加强对国家公园试点的指导，在试点基础上研究制定建立国家公园体制总体方案	此方案是从制度角度对生态文明建设的顶层设计，包括八项基础制度，其中三处提及国家公园
国家发改委与美国国家公园管理局签署《关于开展国家公园体制建设合作的谅解备忘录》（2015 年 9 月）	双方在国家公园立法、资金保障、商业设施、生态保护，以及文化和自然遗产保护、促进地方社区发展和公园管理创新等方面开展共同研究；双方在国家公园管理体制的角色定位、国家公园与其他类型保护地的关系、各类保护地的设立标准以及分类体系的建立等方面开展深入探讨	作为习近平主席访问美国期间的外交成果，旨在深化中美双方国家公园体制建设合作
中央"十三五"规划建议（2015 年 10 月）	整合设立一批国家公园……设立统一、规范的国家生态文明试验区	"十三五"期间正式设立国家公园
中央深改组第十九次会议（2015 年 12 月）	在青海三江源地区选择典型和代表区域开展国家公园体制试点，实现三江源地区重要自然资源国家所有、全民共享、世代传承……要坚持保护优先、自然修复为主，突出保护修复生态，创新生态保护管理体制机制，建立资金保障长效机制，有序扩大社会参与	《中国三江源国家公园体制试点方案》直接由中央深改办通过评审
中央财经领导小组第十二次会议（2016 年 1 月）	要着力建设国家公园，保护自然生态系统的原真性和完整性，给子孙后代留下一些自然遗产。要整合设立国家公园，更好保护珍稀濒危动物。至此，形成了这个阶段**中央发展国家公园的路径：建立国家公园体制——国家公园体制试点——整合设立一批国家公园（"十三五"）——着力建设国家公园**	国家公园相关工作进入"着力建设"期

续表

文件名称	文件中的相关内容	文件初衷和主要内容解读
中央深改组第二十一次会议（2016年2月）	开化被国家发改委、国土资源部、环境保护部、住房和城乡建设部四部委确定为全国28个"多规合一"① 试点市县之一，并作为代表向中央汇报"多规合一"改革工作	联动开展国家公园体制、国家主体功能区建设、"多规合一"等5项国家试点
《"十三五"规划纲要》（2016年3月）	建立国家公园体制，整合设立一批国家公园	
国务院批转国家发展改革委《关于2016年深化经济体制改革重点工作意见的通知》（2016年3月）	抓紧推进三江源等9个国家公园体制试点	
中共中央办公厅、国务院办公厅印发了《关于设立统一规范的国家生态文明试验区的意见》及《国家生态文明试验区（福建）实施方案》（2016年8月）	设立由福建省政府垂直管理的武夷山国家公园管理局，对区内自然生态空间进行统一确权登记、保护和管理。到2017年，形成突出生态保护、统一规范管理、明晰资源权属、创新经营方式的国家公园保护管理模式。建立归属清晰、权责明确、监管有效的自然资源资产产权制度，健全自然资源资产管理体制，建立统一高效、联防联控、终身追责的生态环境监管机制；建立健全体现生态环境价值、让保护者受益的资源有偿使用和生态保护补偿机制等。建立为企业、群众提供生态产品、绿色产品的制度，探索建立生态保护与修复投入和科技支撑保障机制，建立先进科学技术研究应用和推广机制等	整合试点示范。将已经部署开展的福建省生态文明先行示范区……武夷山国家公园体制试点等各类专项生态文明试点示范，统一纳入国家**生态文明试验区平台**集中推进，各部门按照职责分工继续指导推动
中央全面深化改革领导小组第三十次会议审议通过《大熊猫国家公园体制试点方案》《东北虎豹国家公园体制试点方案》（2016年12月）	有利于增强大熊猫、东北虎豹栖息地的联通性、协调性、完整性，推动整体保护、系统修复，实现种群稳定繁衍。要统筹生态保护和经济社会发展、国家公园建设和保护地体系完善，在统一规范管理、建立财政保障、明确产权归属、完善法律制度等方面取得实质性突破	完整保护旗舰物种的栖息地，实现空间整合和体制整合
全国发展和改革工作会议（2016年12月）	加快提升绿色循环低碳发展水平。深化生态文明体制改革，发布省级地区绿色发展指数；推进落实主体功能区规划，制定《建立国家公园体制总体方案》	明确2017年工作的重点是《建立国家公园体制总体方案》

---

① "多规合一"是指将国民经济和社会发展规划、城乡规划、土地利用规划、生态环境保护规划等多个规划融合到一个区域上，实现一个市县一本规划、一张蓝图。

文件名称	文件中的相关内容	文件初衷和主要内容解读
中央深改组第三十六次会议（2017 年 6 月）审议通过《祁连山国家公园体制试点方案》	开展祁连山国家公园体制试点……突出生态系统整体保护和系统修复，以探索解决跨地区、跨部门体制性问题为着力点，按照山水林田湖是一个生命共同体的理念，在系统保护和综合治理、生态保护和民生改善协调发展、健全资源开发管控和有序退出等方面积极作为，依法实行更加严格的保护。要抓紧清理关停违法违规项目，强化对开发利用活动的监管	国家公园应实行最严格保护
中央深改组第三十七次会议（2017 年 7 月）审议通过《建立国家公园体制总体方案》，9 月 19 日印发	建立国家公园体制，在总结试点经验基础上，坚持生态保护第一，具有国家代表性、全民公益性的国家公园理念，坚持山水林田湖草是一个生命共同体，对相关自然保护地进行功能重组，理顺管理体制，创新运营机制，健全法律保障，强化监督管理，构建以国家公园为代表的自然保护地体系	部署未来的国家公园工作，从试点期正式进入第一批国家公园创建期，提出国家公园建设总体框架
2017 年 10 月 18 日的十九大报告	国家公园体制试点积极推进，建立以国家公园为主体的自然保护地体系	中央表达了主动性，并明确了国家公园在自然保护地体系中的地位

目前国家公园体制试点评审的情况如表 1 - 1 - 2 所示。截至 2017 年 7 月，青海三江源、湖北神农架、福建武夷山、浙江钱江源、湖南南山、北京长城、云南普达措、东北虎豹、大熊猫和甘肃、青海祁连山等 10 处国家公园体制试点区的实施方案得到了国家批复。

表 1 - 1 - 2　国家公园体制试点实施方案评审结果和工作进展情况

试点地区	目前评审结果
青海三江源	中央深改组会议直接通过后，方案已经开始实施，已经成立三江源国家公园管理局并明确了"三定"方案①，青海省明确 5 年内建成国家公园

---

① "三定"方案是由各级机构编制委员会发布的政府所属职能部门（或机构）的权责依据，实际上是政府各职能部门日常工作的直接依据。"三定"指定机构、定编制、定职能：定机构，就是确定行使职责的部门，包括名称、性质（行政或事业）、级别、经费（财政全额拨款、差额拨款、自收自支）等；定编制，实质就是定人员数额，这其中包含部门领导职数和内设机构的领导职数；定职能，就是明确这个部门的权责范围，以及部门内设的二级机构的具体职责。

试点地区	目前评审结果
湖北神农架	国家发改委评审通过，方案定稿下发，已经成立神农架国家公园管理局
福建武夷山	国家发改委评审通过，方案定稿下发
浙江开化	国家发改委评审通过，更名为钱江源，方案定稿下发并开始实施
湖南城步	国家发改委评审通过，方案定稿下发，更名为南山
黑龙江伊春	国家发改委评审通过，试点名额被东北虎豹国家公园占用
吉林长白山	国家发改委评审通过，试点名额被东北虎豹国家公园占用
北京八达岭	国家发改委评审后修改通过，更名为北京长城
云南普达措	国家发改委评审后修改通过
东北虎豹	中央深改组第三十次会议通过
大熊猫	中央深改组第三十次会议通过
甘肃、青海祁连山	中央深改组第三十六次会议通过

注：本书封面、封底和扉页中的照片均为这10个试点区的典型景观和保护物种。

从表1-1-1和表1-1-2中可以总结出，国家公园体制试点意图**通过建立"统一、规范、高效"的国家公园体制，实现"保护为主，全民公益性优先"的终极目标**①。中央建立国家公园体制，不仅在于加强生态保护，而且将国家公园体制建设作为生态文明制度建设的重要内容，作为体现全民公益性、促进发展方式转变的手段。即国家公园就是生态文明建设的特区，要在制度设计、考核指标、奖惩措施、行政资源②调配等方面均体现出特殊性，以彻底转变试点区的发展方式。《关于设立统一规范的国家生态文明试验区的意见》及《国家生态文明试验区（福建）实施方案》对此进行了详细的表述。

然而，这些目标的具体体现形式、能否实现、实现的具体方式，归根结底取决于中国保护地的现存问题和解决这些问题的制度约束。中国国家公园体制建设，须首先明晰中国保护地体系的管理问题和制度约束。

---

① 参见《实施方案大纲》。
② 本书中的行政资源，指管理中的人（编制）、财（财政资金）、物（类似"土地占补跨区域总量平衡"等优惠政策）等，并非自然资源。

1.2　问题导向：中国保护地体系管理
体制和管理机制现状

　　与美国等发达国家不同，中国的国家公园体制建设是在各类保护地已经广泛建立，且相当数量的保护地空间交叉重叠、一地多牌、管理机构权责不清的背景下提出的，旨在以国家公园体制建设带动保护地体系的完善，加强保护并凸显全民公益性。因此，中国建立国家公园，须先对各类已有保护地的管理状况做一梳理，明确中国保护地体系的管理体制、机制和管理体系现状①。

　　管理体制和机制主要指组织系统的权力划分（职能配置）、组织结构、运行机制等的关系模式。而管理体系形成的标志是该类资源的管理者有明确的机构职能、人员队伍、资金来源和发展目标、管理规则。以某一类保护地为例，其管理体系包括设置和分级标准、管理办法和管理部门等，且此类中的大多数遗产已被纳入管理体系，即由独立的专职机构按照法律法规或部门管理办法进行日常管理。其中，管理体制和机制共同决定了权力划分和行政资源（人、财、物）配置状况。而权力的划分决定职能的配置，职能配置进而左右组织的结构、影响范围和运行方式。这些最终都将直接影响管理体制对应的管理单位体制②（**管理体制说明某项事业遵循什么理念、按什么方式来组织，管理单位体制说明这项事业的具体承担机构按什**

---

① 管理体制、管理机制、管理体系是三个常被滥用和混用的概念，政策文件中一般不予定义。在本报告中，我们对此做如下界定。管理体制和机制：从重大工作的执行方式和机构编制的角度来看，管理体制机制在中国的政策语境下有明确含义，指组织系统的权力划分（职能配置）、组织结构、运行机制等的关系模式。广义的管理体制包括管理体制和机制，狭义的管理体制仅指"静态"的内容，即权力的划分和职能的配置。机制通常指运行机制（也叫工作机制），即广义的管理体制中动态的部分。体制机制共同决定了权力划分和行政资源（人、财、物）配置状况。管理体系：从宏观上来讲，管理体系是指某一类事业为实现其设定的终极目标而形成的自上而下完整有序的管理系统。并非每一类事业都具备这一体系，形成管理体系的标志是该资源的管理者有明确的机构职能、人员队伍、资金来源和发展目标、管理规则。

② 管理单位体制包括具体的管理机构的权责范围、人员身份、资金机制等，由相应级别的机构编制委员会发布的"三定"方案确定。

么组织形式和权责来运行①）。

对中国的国家公园体制建设来说，既需要从理念层面（终极目标）和特征层面确定管理体制（前者是保护为主、全民公益性优先，后者是统一、规范、高效），更需要确定管理单位体制，这样才能保证管理体制的理念和特征能被具体的国家公园管理机构体现，才能保证管理机构处理好与地方政府的关系。

1.2.1　中国九类保护地管理体系及特点

保护地（protected area）分类是研究中国保护地管理体系的基础。本书采用以下三个标准对中国保护地管理体系进行分类：①资源与其所在地域固有自然或文化特征的紧密结合度；②评价和管理体系独立完备且管理手段体系化②；③资源的价值及其保护利用的要求具有本体系特殊性。据此，可认为中国存在九类保护地管理体系③，具体如表1-2-1-1所示（表中指出了中国保护地管理体系中的不同类型、资源状况，并举例说明了某类中的某个保护地具体的管理机构名称）④。

---

① 可说明这两方面关系的典型例子是经济体制和企业制度，如市场经济体制下的国有企业承包制，前者是管理体制，后者是管理单位体制。

② 包括设置和分级标准、管理办法和管理部门等，且此类中的大多数区域已被纳入管理体系，即由独立的专职机构按照条例或部门管理办法进行日常管理。另外，中国的许多保护地中，文化遗产地与自然遗产存在非常密切的关系，许多文化遗产地仅价值主体是文化遗产，面积主体仍是自然遗产（如北京长城国家公园体制试点区和清西陵，具体可参见表1-2-1-1的说明），因此我们将全国重点文物保护单位也作为一类管理体系纳入。

③ 有的体系，如国家A级旅游景区，不属于通常意义的保护地。但从中国国家A级旅游景区的现状来看，大多数符合文化与自然遗产标准。为了保证研究不失一般性，本书还是将其列入（这种情况在世界各地都有，如美国国家公园体系中也包括了少量仅提供游憩功能、以现代人工构筑物为主的城市公园）。有的新体系（如国家矿山公园、国家考古遗址公园等），要么并非完全独立（如国家考古遗址公园必须是文物保护单位），要么尚未成形（即未形成自上而下的管理体系，如国家矿山公园），且其价值较高的区域也基本被上述九类体系覆盖，故无必要列入。农业部的水产种质资源保护区，在绝大多数地方没有专设机构，没有具体的日常管理标准，没有督察考核制度，因此也不将其作为一个独立的管理体系。类似情况还有国家林业局的沙漠公园、生态公园等。

④ 需要说明的是，表1-2-1-1意图反映不同类保护地中的资源状况，而遗产是表示资源价值的重要概念，所以表中必须用自然遗产（而非生态系统）这样的词语来表征。通过此表，还可以发现：（1）保护地体系大体按照主要资源的类别形成；（2）中国的保护地大多是自然遗产、文化遗产兼有，其保护管理要求也具有共性。

这九类管理体系呈现以下三方面共性特征。

（1）要素式管理模式下"一地多牌"现象普遍存在

所谓要素式的管理模式，是指保护地设立的管理目标并不是从整个生态系统的完整性角度出发，而是关注于生态系统的某一个片断或者要素。从九类保护地的名称中就能看出，每一类保护地都对应着一种生态系统片断或要素，如森林、湿地、地质、景观等，有的还侧重于保护地某一项突出的社会功能，如水利风景区等。即便是对于自然保护区这样名称上并不倾向于某一种生态系统要素的保护地而言，也都归属于林业、环保、农业等业务管理部门。在这种要素式的管理模式下，由于缺乏从生态系统完整性的视角考虑，多个部门出于各自的利益维度或业务范围，申报属于其管辖范围的保护地，导致一个生态系统内常常存在多个不同类型的保护地，一地多牌、交叉重叠、权责不清的现象普遍存在。

（2）实质管理和名义管理并存

尽管中国相当数量的保护地存在"一地多牌"现象①，但现实情况是某个保护地往往主要按照某一个管理体系的规则进行管理。这是因为，中国对保护地的管理，根据管理机构的管理依据、方式及其所属系统，可以分为两大类：实质管理型和名义管理型②。实质管理型指属于某个管理体系的保护地管理机构全权负责该保护地的日常管理，而名义管理只是该管理机构从某个方面按照某个管理体系的规则来强化管理，即如果某类管理体系下的某个保护地仅是名义管理型，则该管理体系基本不构成约束力，而且可能有多种资金来源的项目参与其中，并存在多种体系下的考评机制。在"一地多牌"的情况下，通常该保护地按照其管理机构所属的管理体系进行

---

① 例如，安徽省现有森林公园 52 处，与其他单位重叠设置的达 20 处，重叠面积占比达
38.5%：与自然保护区重叠 6 处，与风景名胜区重叠 15 处，与地质公园重叠 9 处，与自然
保护区、风景名胜区双重叠 1 处，与风景名胜区、地质公园双重叠 5 处，与自然保护区、
风景名胜区、地质公园三重叠 2 处。权力交叉渗透、多头重叠使森林公园缺乏统一规划和
管理，难以有效保护森林资源。

② 各类管理体系大体是通过规划、法规等方式规范保护和利用的关系，并建立资金渠道、明
确各方责任，以实现本体系的管理目标。但不同体系间的成员、规则、机制存在很大差别，
以致管理目标和力度差别也很大，所以才有实质管理和名义管理的类型差别。

管理①。当前，中国大多数保护地是自然保护区和风景名胜区，属于实质管理型。挂牌包括 A 级旅游景区、地质公园、湿地公园、城市湿地公园的保护地，多数只是自然保护区、风景名胜区管理体系下的"名义管理型"。

（3）利益的驱动强化了多头管理的格局

许多自然保护区和风景名胜区愿意加挂更多牌子的目的通常有两方面：①获得更多的财政资金申请渠道；②利用不同管理体系的规则，对保护和利用的关系进行不同界定，强化对保护地的利用开发。针对这种情况带来的管理混乱，近期颁布的相关规范性管理办法已明确规定保护地不得重复设置②，但大量已经"一地多牌"的保护地依旧维持现状，由于各种复杂原因难以清查纠正。

表 1-2-1-1　中国保护地管理体系的资源类型对应情况

保护地管理体系	文化遗产		混合遗产	自然遗产	该类典型保护地举例及其管理机构名称
	不可移动文物	可移动文物			
全国重点文物保护单位	●	·	·	·	清西陵（河北易县清西陵文物管理处）、八达岭长城（北京延庆县八达岭特区办事处）
国家级风景名胜区	·	·		·	庐山国家级风景名胜区（江西庐山风景名胜区管理局）
国家级自然保护区	—			●	武夷山国家级自然保护区（福建武夷山国家级自然保护区管理局）
国家森林公园				·	张家界国家森林公园（湖南张家界国家森林公园管理处）
国家地质公园	—	·		·	丹霞山国家地质公园（广东韶关市丹霞山风景名胜区管理局）

① 例如江西庐山，既是风景名胜区，同时挂自然保护区、5A 级旅游景区等牌子，但在庐山海拔 800 米以上的范围内，其主要管理队伍和管理规则是属于风景名胜区管理体系的；又如，广东丹霞山虽然挂了国家级风景名胜区、国家级自然保护区、国家地质公园、国家 5A 级旅游景区四块牌子，但实际上是由丹霞山风景名胜区管理委员会按照风景名胜区的规则来管理。

② 国家林业局 2010 年颁发的《国家湿地公园管理办法（试行）》第五条明文规定："国家湿地公园边界四至与自然保护区、森林公园等不得重叠或者交叉"。

保护地管理体系	文化遗产		混合遗产	自然遗产	该类典型保护地举例及其管理机构名称
	不可移动文物	可移动文物			
国家湿地公园	—	—	·	●	野鸭湖国家湿地公园（北京延庆县野鸭湖湿地自然保护区管理处）
国家城市湿地公园	—	—	·	●	尚湖国家城市湿地公园［常熟市风景园林和旅游管理局资源管理科（挂"市虞山风景区建设管理委员会办公室"牌子）］
国家级水利风景区	—	—	·	●	河南小浪底水利风景区（水利部小浪底水利枢纽建设管理局）
部分 A 级旅游景区	·	·	●	●	河北白洋淀 5A 级旅游景区（河北安新县白洋淀景区开发管理委员会）

说明：此表反映的各类保护地的资源状况是大致描述，大体反映了此类保护地中某类遗产的资源数量和价值高低，并非准确的概括，也并非适用于所有这种类型的保护地。黑色的圆点越大，代表该类遗产资源所占比例越高；—表示基本没有。

许多自然保护区内往往设有科技类博物馆，所以其包括少量可移动文物；地质公园内由于有少量的古生物化石，因此包含少量可移动文物。而某些较大规模的文化遗产地（其中多数属于大遗址）中也有一定数量的自然遗产，如面积 66 平方公里［重点保护范围面积 18.42 平方公里，建设控制地带（即缓冲区）面积 47.58 平方公里］的全国重点文物保护单位清西陵中有 1.02 平方公里油松林（以风水林的方式被保留下来），其中古柏 16000 余株。中国的保护地"一地多牌"现象突出，多数保护地名义上可归属多个管理体系，但其实质管理还是以某类为主。另外，A 级旅游景区有少数也属于典型的保护地，且没有被归属到其他类体系中（如白洋淀中作为旅游景区的部分），故需要专门列出。

由此可见，按中央文件中"统一"的标准来衡量，有大量的保护地未能实现统一管理。这不仅体现在有数量不少的保护地在一个区域（或一个完整的生态系统）内部有多个实质管理机构①，使管理碎片化②；也体现在"一地多牌"后，即便一个机构管理，也可以"左右逢源"地根据现实需要

---

①　以武夷山国家公园试点区为例，在世界文化与自然遗产 999.75 平方公里的范围内，名义上承担世界遗产管理职责的武夷山风景名胜区管委会，只管理着约 130 平方公里（风景名胜区除旅游度假区外的 52 平方公里和森林公园 78 平方公里），其余部分被多达 5 个单位管理。

②　更普遍的情况是，一个区域按照海拔来分界，海拔较高处属于自然保护区，海拔较低处属于风景名胜区，且分属不同管理机构（如广东罗浮山），使得一个完整的生态系统难以实现统一管理。

分别采用不同体系的管理规则。

1.2.2 当前保护地管理中存在的问题及其制度成因

1.2.2.1 保护地管理中存在的共性问题

以发挥保护地的各项功能（保护及科研、教育、经济）为标准，可以总结出中国保护地管理中存在的三个方面共性问题[①]。

(1) 没有保护好

保护是保护地管理体系最基础的功能，但目前问题从两方面凸显：①主观上，大多数保护地在管理中没有体现"保护为主"，地方政府在配置行政资源（人、财、物）时向保护倾斜不够，保护地管理机构的人员大多数为非专业技术人员；②客观上，保护地管理机构的"钱、权"制度化保障程度不高，连保障程度较高的自然保护区管理局中也还有很多是企业编制、自收自支（参见表1-2-2-1），且保护地管理机构对保护地的管理无力（缺少相关管理权），尤其对违法行为缺少手段。即便在管理机构拥有保护地主要土地权属（或林权）的情况下，也常常出现管辖区域内的资源被人为因素干扰甚至破坏的现象。从法规上保护要求最严也是客观保障程度最好的自然保护区的现状中可见一斑：环境保护部对全国446个国家级自然保护区中人类活动的遥感监测（2013~2015年）发现，相当数量的国家级自然保护区中存在不同程度的人类活动，占国家级自然保护区总面积的2.95%；监测期间有297个国家级自然保护区新增（包括范围扩大）人类活动3780处，新增面积2339平方公里。这些不良影响主要是由采石、工矿建设、能源资源开发、违法无序旅游开发以及其他人工设施建设等造成。33个自然保护区的人类活动影响强烈，89个自然保护区的人类活动影响明显，一些自然保护区的价值和功能受到损害，个别自然保护区的主要保护对象

---

① 严格说来，常见的保护地管理问题其实属于不同层次：有的是现象，有的则已进入成因层面，所以辨析哪些属于问题、哪些属于成因很困难。在本书的分析中，我们认为可以从这样的角度来界定：问题是表面上的、现象层面的，是公众能直观看到的"最终"事实，而非导致这些"最终"事实的各种因素。据此思路，区分问题和制度成因的标准是：属于遗产地管理体制机制以外且与其功能直接对应的，称作问题；与前述问题普遍直接相关的且主要属于保护地管理体制机制层面的，称为制度成因。

已经大幅减少甚至消失①。其他有关自然保护区的调查反映的情况类似②。

表 1 – 2 – 2 – 1 林业系统自然保护区管理机构建设情况

单位：个，%

级别	数量	已建管理机构数量	占相应级别保护区数量的比例	机构性质
国家级	345	345	100.00	行政管理类 52 个，参公管理 85 个，事业管理 936 个（包括全额拨款、差额拨款和自收自支），企业管理 28 个（相关经费未纳入财政预算），其他 143 个（包括上级机构为企业）
省级	709	544	76.73	
市级	316	134	42.41	
县级	858	221	25.76	
合计	2228	1244	55.83	

资料来源：根据《全国林业系统自然保护区统计年报（2015 年）》整理。

（2）没有服务好

服务③主要指的是保护地在教育、科研等方面公益性功能的发挥情况。目前这方面问题主要体现在两方面。①将易于商业利用的遗产资源④作为商品，设置较高的门票价格门槛，使其在很大程度上丧失了公益性——不仅不可能像美国国家公园一样只是象征性收费，甚至其定价的依据也非保护和运营的基本费用，而是将其作为普通商品，按资源的知名度和稀缺性来定价销售⑤，贴上所谓"优质优价"的标签。部分保护地甚至不出售学生票、老年优待票，严重影响了其公益性功能的发挥，并引发诸多民怨。②缺乏服

---

① 《环境保护部通报国家级自然保护区人类活动遥感监测情况》，2016，http：//www.mep.gov.cn/gkml/hbb/qt/201612/t20161205_368606.htm。

② 例如，2008 年，中国科学院生态环境研究中心采用世界银行（WB）和世界自然基金会（WWF）开发的管理有效性跟踪工具调查表，对中国 535 个自然保护区进行问卷调查（以下简称保护区调查），分析了保护区管理有效性的现状与对策。评估结果表明：535 个自然保护区的平均分数为 51.95 分（满分 100 分），其中分数低于 60 分的保护区占 69.35%。

③ 本书中所涉及的服务并非指生态系统所具备的调节气候、净化污染、涵养水源、保持水土、防风固沙等功能，而是从保护地的管理目标及其所具备的社会功能角度来看，为社会提供科学研究、环境教育、生态旅游等公益性的服务功能，是社会福利范畴的概念。

④ 遗产资源包括自然遗产资源和文化遗产资源，是大自然和前人所赠予的具有较高保护、科研、教育、休闲等价值的资源类型，在一定程度上作为国家的精神物品而存在。

⑤ 即便是世界遗产，只要通过地方管理部门主持的、限定范围的听证会，即可向发改委申请涨价。

务意识和能力，忽视改进服务质量，忽视教育、科研等公益性功能的实现。例如，前述保护区调查发现，只有9.72%的保护区与国内研究机构/部门建立了良好的监测和评价体系并加以应用，高达89%的保护区没有对主要的保护对象及保护区生物资源进行系统监测，为公众提供高质量的科普教育更是无从谈起。即便目前管理最规范①的风景名胜区体系，在这方面也乏善可陈。

（3）没有经营好

经营指保护地经济功能的发挥状况。目前这方面的问题不仅包括商业开发不规范、遗产经营中违规错位开发和超容量开发现象严重，也包括经营收入大部分未反哺遗产保护，未让周边社区充分受益。例如，保护区调查说明，只有25.05%的保护区管理活动对社区和当地经济发展起到明显的促进作用；而风景名胜区的过度开发、相关资源整合上市等不当经营行为，近些年屡屡成为新闻热点。

现实中，这三方面的功能发挥不好常常交织在一起，使保护不好、服务不佳、经营不善等同时出现并互为因果。例如，保护地的商业开发虽在一定程度上缓解了政府财政经费拨付不足的状况，但同时也造成了很多负面影响。如不惜巨资在保护地的核心区修建接待设施、大型索道、人造景观以及娱乐设施，破坏了保护地的自然完整性与环境和谐性，导致保护地出现社区化、城市化倾向。这既不利于保护，也降低了旅游质量。另外，保护地的经营对周边社区的惠及不够。中国保护地多数为地处边远的贫困地区。这些地区经济发展相对落后，一方面，当地政府和居民发展经济、脱贫致富的愿望十分强烈；另一方面，由于基础条件较差、交通不便、信息不灵等因素，当地经济发展对保护地资源的依赖强烈，居民生产生活与消耗性使用自然资源的联系密切，增加了保护地的保护难度。

1.2.2.2 共性问题的制度成因

考虑到体制机制共同决定了某个管理体系的权力划分和行政资源（人、财、物）配置状况，可以认为目前中国自然和文化保护地的问题，有些是

---

① 这有三方面所指：①有相关管理法规（目前只有国家级自然保护区、国家级风景名胜区和全国重点文物保护单位）；②资格认定由国务院发文（目前只有国家级自然保护区、国家级风景名胜区和全国重点文物保护单位）；③总体规划须报请国务院批准（目前只有国家级风景名胜区）。

113141167314681

目前条件下难以避免的（如财力投入不够、管理水平不高等），但多数可以通过完善体制机制解决。总体说来，中国的自然和文化保护地管理缺少顶层设计，各地政府在块状管理为主的体制下，将保护地分类纳入管理体系时，通常没有充分考虑各类遗产在资源性质和使命上存在的差异，没有根据保护地的资源性质、保护要求确定相应的管理体系及其管理目标，导致其相关管理单位体制及资金机制、经营机制、监督机制等不尽合理，因而引发诸多问题，导致保护地的主要功能发挥不佳等。体制、机制成因如下。

管理体制和管理单位体制是基础。由于条块分割、多头管理导致产权主体不明确，很多级别较低的保护地缺少一个拥有必要权属（如土地权、规划权、执法权及资源使用审批权等）且专职的公益性机构，代表国家行使所有权职能。最终造成所有权的事实缺位和虚化，这样就可能出现一地多牌多主、各据一方的不统一现象。在一些级别较低的保护地，参与管理的多个部门的机构由于工作角度不同，在一些问题的认识和处理上常有分歧，部门利益常常超越公益。而且，许多地方政府对保护地管理机构的定位出现偏差，未将其作为公益性机构看待，完全背离了遗产管理体系设立的初衷：一些地方政府将保护地管理机构视为企业，下达产值任务、限定上缴款项、摊派各种费用、征收各种税费，或针对门票收入设定收费项目分成。这些保护地能够用于资源保护和其他公益性功能发挥的经费并不多，没有保护好、没有服务好在所难免。

在这样的管理体制下，保护地管理机构的资金机制、经营机制和监督机制等，都难以满足全面发挥各项功能尤其是公益性功能的需要。如果没有相应的资金机制和经营机制保障，则纳入某个以公益性为主要特征的保护地管理体系本身并不能保证其充分发挥公益性功能。在资金机制不完备、难以保障保护地管理机构公益性的情况下，经营机制就容易有漏洞，保护地就可能蜕变成为纯粹的商业性旅游景区，导致"没有经营好"问题的出现。经营机制方面的不足，包括非营利社会力量参与保护地的管理、经营、监督严重不足，营利性社会力量介入保护地的管理和开发不规范，等等。后者不仅有云南普达措"国家公园"被旅游公司整体管理的例子，还可以找到地方政府鼓励形成这种局面的相关政策。另外，即便保护地管理机构是公益性的行政管理机构或事业单位，这些单位也缺少信息披露和公众参与的接口，与大众媒体和非政府组织衔接不畅，难以调集各种社会资源参与保护地的建设和管理。

不当的管理单位体制和资金机制、经营机制，还使商业化运作的保护地管理机构在禁止当地社区不合理的资源利用方式时，忽视为其找到可持续的替代发展途径，致使保护与发展总是处在不断的冲突之中。在没有国家足够补偿的情况下，保护地的保护要求引起资源使用者（即周边社区）的抵触，导致在相当大数量的保护地（尤其是面积大的或人口压力大的保护地）出现保护管理和当地社区发展严重冲突，使得保护地出现"没有保护好"的问题。

体制机制方面的这些不足，使保护地管理的不统一、不规范、不高效成为常态，保护地难以全面、高效地发挥功能。本书将保护地的管理问题及其制度成因总结如图1-2-2-1所示。

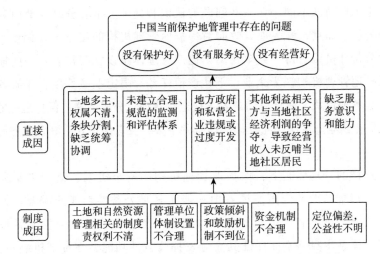

图1-2-2-1 中国保护地管理体系存在的问题及其制度成因

明晰制度成因后，对应地进行制度调整或创新。但中国存在以下现实约束，使得相关制度建设不仅存在选择局限，而且改革的操作方案存在路径依赖，难以将原有制度推倒重来（以下部分更详细的分析参见附件1）。

"地"的约束。 在中国，土地所有权制度虽然是公有制，但是很多土地实际上是承包到户，尤其是在农村地区，大部分土地为集体所有，且所有权和使用权相分离，使用权通过承包等方式分散到各个用户手中。而具备建立国家公园条件的地区通常位于农村，政府所掌握的土地治权有限，不利于政府主导统筹管理。

"人"的约束。中国是全球人口第一大国，国家公园内部和周边存在大量原住民，人地矛盾突出。

与这两大约束相对应，存在体制建设上的两个难点。

"钱"的难处。中国还是一个发展中国家，各级政府财力均有限。要使国家公园的运行管理不折不扣地朝着预定的目标（即"保护为主，全民公益性优先"）迈进，政府的财力是否足够？若要更多依靠市场渠道，其公益性如何保障？

"权"的难处。中国的国家公园体制建设，是在各种类型保护地多头管理、一地多牌、交叉重叠等纷繁复杂的基础上推行的，各类保护地管理机构和地方政府权责不清、界限不明的问题突出。要符合中央提出的"统一、规范、高效"的体制改革要求，各方的权责边界如何界定？监督机制如何建立？可用图1-2-2-2来总结上述中国保护地管理体制的建设难点。在

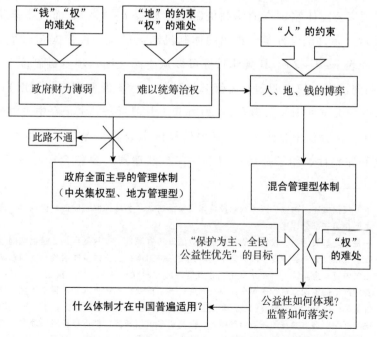

图1-2-2-2　中国保护地的现实约束和体制建设难点

此基础上，如何选取合适的管理体制以体现"保护为主，全民公益性优先"，是体制改革的重点方向和终极目标。

1.3 国家公园体制建设总体框架

基于中国保护地体系的实情和保护地管理体制的建设难点，在目标导向和问题导向下，现阶段可以提出的体制建设总体框架可从七方面概述[①]。

（1）目标导向和问题导向

主观因素和客观因素既是国家公园体制机制改革的背景又是其动因，分别对应于目标导向和问题导向。

主观因素主要指中央的相关改革要求，包括生态文明体制改革及具体的国家公园体制试点方案，也包括与国家公园管理相关的财税体制、大部制和事业单位体制改革等。《"十三五"规划纲要》指出，要"建立国家公园体制，整合设立一批国家公园"：关于国家公园体制，《试点方案》中所提出的国家公园体制试点的体制机制要点如表1-3-1，而《生态文明方案》实际上为《试点方案》提出的体制机制提供了上位依据和构建了底层制度（如表1-3-2），其具体目标可以从生态文明八项基础制度[②]中发现（如"归属清晰、权责明确、监管有效"的自然资源资产产权制度）；国家公园目标的关键词则是"整合"：2016年1月习近平总书记在中央财经领导小组第十二次会议上指出，"要着力建设国家公园，保护自然生态系统的原真性和完整性，给子孙后代留下一些自然遗产；要整合设立国家公园，

---

① 本节仅仅概述了国家公园体制建设总体框架的特征，各项体制机制的具体内容、确定依据主要在第三部分详述。

② 一是建立归属清晰、权责明确、监管有效的自然资源资产产权制度；二是以空间规划为基础、以用途管制为主要手段的国土空间开发保护制度；三是以空间治理和空间结构优化为主要内容，全国统一、相互衔接、分级管理的空间规划体系；四是覆盖全面、科学规范、管理严格的资源总量管理和全面节约制度；五是反映市场供求和资源稀缺程度，体现自然价值和代际补偿的资源有偿使用和生态补偿制度；六是以改善环境质量为导向，监管统一、执法严明、多方参与的环境治理体系；七是更多运用经济杠杆进行环境治理和生态保护的市场体系；八是充分反映资源消耗、环境损害、生态效益的生态文明绩效评价考核和责任追究制度。

更好保护珍稀濒危动物"。《生态文明方案》中也提出了"整合"的相关要求①。

最全面系统的目标呈现在《总体方案》中："建成统一规范高效的中国特色国家公园体制，交叉重叠、多头管理的碎片化问题得到有效解决，国家重要自然生态系统原真性、完整性得到有效保护，形成自然生态系统保护的新体制新模式，促进生态环境治理体系和治理能力现代化，保障国家生态安全，实现人与自然和谐共生。到 2020 年，建立国家公园体制试点基本完成，整合设立一批国家公园，分级统一的管理体制基本建立，国家公园总体布局初步形成。到 2030 年，国家公园体制更加健全，分级统一的管理体制更加完善，保护管理效能明显提高。"针对《试点方案》中并没有明确的保护、利用之间的关系以及权钱相关的制度安排，《总体方案》进行了回应，指出要建立健全政府、企业、社会组织和公众共同参与国家公园保护管理的长效机制，探索社会力量参与自然资源管理和生态保护的新模式。《总体方案》指出要加大财政支持力度，广泛引导社会资金多渠道投入；明确了要建立统一事权、分级管理体制（比如合理划分中央和地方事权，构建主体明确、责任清晰、相互配合的国家公园中央和地方协同管理机制），要建立资金保障制度（建立财政投入为主的多元化资金保障机制）和构建社区协调发展制度（比如建立社区共管机制，鼓励通过签订合作保护协议等方式……引导当地政府在国家公园周边合理规划建设入口社区和特色小镇）。

概括起来，可以这样总结主观因素："统一"是重要的改革目标，即通过建立国家公园体制，实现重要保护地（以自然保护地为主）的空间整合和体制整合，将保护地的管理从形式和内容上都统一起来。对于这一点，《总体方案》中也进一步明确："整合相关自然保护地管理职能，结合生态环境保护管理体制、自然资源资产管理体制、自然资源监管体制改革，由一个部门统一行使国家公园自然保护地管理职责。"从表 1 - 3 - 2 中可以看到，《总体方案》和《试点方案》的体制和机制是基本一致的，仅仅是对相关说法进行了明确和细化。由于时间因素，本书中的分析主要参考《试点方案》中对体制和机制的解释。

---

① "保护自然生态和自然文化遗产原真性、完整性。"

表 1-3-1　《试点方案》中所涉及的体制、机制要点

体制、机制类别		文件要求
体制	管理单位体制	统一管理、省政府垂直管理
	资源管理体制	明确资源权属、确保重要资源国家所有、土地多元化流转、合理经济补偿
机制	资金机制	测算运行成本、拟定筹资渠道、明晰支出预算
	日常管理机制	评估保护利用现状、制定保护传承机制、强化监督执行、规范利用和管理
	社会发展机制	规范、引导社区发展
	特许经营机制	明确组织方式、资金管理机制
	社会参与机制	鼓励多方参与、实施社会监督
	合作监管机制	界定责、权、利边界，明晰监管范围

表 1-3-2　《总体方案》中所涉及的体制、机制要点

体制、机制	具体内容	对应《试点方案》中的体制、机制
统一事权、分级管理体制	构建协同管理机制（主体明确、责任清晰、相互配合的国家公园中央和地方协同管理机制）	管理单位体制
	建立健全监管机制（国家公园监管制度、第三方评估制度、社会监督机制、举报制度和权益保障机制）	
资金保障制度	财政投入为主的多元化资金保障机制、高效的资金使用管理机制（财务公开制度）	资金机制
自然生态系统保护制度	保护管理制度（已设矿业权逐步退出机制）	资源管理体制
	完善责任追究制度（严格落实考核问责制度、国家公园管理机构自然生态系统保护成效考核评估制度，领导干部实行自然资源资产离任审计和生态环境损害责任追究制）	
社区协调发展制度	社区共管机制	日常管理机制、社会发展机制、特许经营机制、社会参与机制
	生态保护补偿制度（森林、草原、湿地、荒漠、海洋、水流、耕地等领域生态保护补偿机制，生态保护成效与资金分配挂钩的激励约束机制）	
	社会参与机制特许经营、志愿服务机制和社会监督机制	

　　客观因素指中国的保护地体系存在着诸多问题（见图 1-2-2-1），导致保护地既没有保护好，也没有充分发挥全民公益性。"没有保护好"，主

要指：各类遗产管理体系交叉、条块分割；"一地多牌"现象凸出，管理目标混乱；同时碎片化问题严重，生态系统的完整性和原真性难以得到有效保护。"没有服务好"，主要指没有充分发挥保护地的服务功能，忽视对服务质量的改进，忽视教育、科研和环保教育等功能，并且没有惠及全民。"没有经营好"，是指经营中忽视原住民和普通消费者的利益，大部分保护地的可利用资源或者沦为机构商业经营的对象，或者由原住民无序经营（见1.2.2节）。另外，即便是已经开展国家公园体制试点的区域，仍然有若干问题难以解决。确定完整生态系统并统一纳入试点区，受到本底调查缺失、居民点、既有产业和原有管理体制的限制，对国家公园试点区未来边界调整的动态计划和跨区域管理基本没有形成具有可操作性的方案；在管理单位体制整合和土地等关键自然资源管理体制上，存在实施路径简化和对当前问题的回避；缺乏对事权的清晰划分和对资金机制的设计。概括起来，空间整合和体制整合不完备是几乎所有试点区的共性问题。建立国家公园体制和设立国家公园，就是为了有针对性地解决这些问题，**理顺保护地体系，以加强保护为基础全面发挥保护地的功能**。

主观因素决定了国家公园体制机制改革应该以目标为导向，而客观因素的存在则意味着国家公园体制机制建设又需要以问题为导向。因此，在此背景下所形成的体制建设框架应该兼顾目标导向和问题导向。从目标导向看，国家在《生态文明方案》后颁布的《关于设立统一规范的国家生态文明试验区的意见》《国家生态文明试验区（福建）实施方案》《总体方案》等一系列文件中，指出了生态文明八项基础制度的重要性和试点政策的操作模式。从问题导向看，上文提到中国国家公园体制建设的特殊国情——"地"和"人"的约束以及体制整合的重点和难点——"权""钱"。而生态文明八项基础制度与国家公园管理"权""钱"制度设计密切相关，构建生态文明基础制度对解决国家公园"权""钱"的制度难题至关重要（见表1-3-3）。

（2）**目标和制度基础**

以"**保护为主，全民公益性优先**"**为终极目标，以完整配套的生态文明体制为支撑**。国家公园以保护为首要任务已经成为全球共识，而中国有着特殊的国情（人口多、地权杂），国家公园的建设不能照搬美国等发达国家的垂直管理模式，而需要更多地关注周边社区的发展，更多地依靠宏观的生态文明体制。即中国国家公园加强保护的约束较多，自身承担的功能也多，其不同于自然保护区之处在于要更体现全民公益性、能带动社区发展。也正因如此，**国家公园应被视为生态文明建设的重要物质基础和先行先试区，国家公园体制建设必须依托于生态文明八项基础制度配套建设，国家公园体制的框架、内容、各项体制机制的改革方向和操作方案应与《生态文明方案》相衔接、协调并细化。**

以通过空间整合、体制整合解决碎片化管理问题为基础目标。保护不力的重要原因是现有的各类保护地不以完整的生态系统作为管理目标，而仅关注生态系统的某个片段或要素，导致其建设不成体系，一地多牌多主、交叉重叠、权责不清的现象普遍存在，以致保护难以形成合力反而为不当开发留下漏洞。因此，国家公园体制建设要实现"保护为主"的目标，就必须抓住碎片化管理这一基础性问题，重点关注同一生态系统内多种保护地类型重复建设、多头管理的现象，打破部门和地域的限制，强调从一个生态系统的视角来整合各类保护地，以达到有效保护重点生态功能区的目的。

表 1-3-3　生态文明八项基础制度与"权""钱"的关系及其在国家公园内的体现

生态文明八项基础制度	制度和"权""钱"的关系	制度建设在国家公园范围内的问题体现	制度创新方式
健全自然资源资产产权制度	权（解决土地等自然资源权属问题，确保山水林田湖草统一管理、有序管理）	如何建立归属清晰、权责明确、监管有效的自然资源资产产权制度；不同层级、不同资源类型的确权过程中，如何确保效率和公平的统一	中央和地方政府分级行使所有权并权责利统一
建立国土空间开发保护制度		如何统筹国家公园范围内原有保护地的各项规划，实现以统一的规划推进国土空间的统一开发保护	探索以空间规划为基础、以用途管制为主要手段的国土空间开发保护制度，推行"多规合一""审批合一"的前置控制和分区管理
建立空间规划体系		如何在空间规划体系中实现以空间治理和空间结构优化为主要内容，实现全国统一、相互衔接、分级管理	

续表

生态文明八项基础制度	制度和"权""钱"的关系	制度建设在国家公园范围内的问题体现	制度创新方式
完善资源总量管理和全面节约	钱、权兼有	如何在国家公园内实现覆盖全面、科学规范、管理严格	统一、规范、高效的管理目标和制度
健全资源有偿使用和生态补偿制度	钱（谁奉献、谁得利；谁受益、谁补偿）	如何将国家公园的保护和全民公益需求纳入生态补偿制度中，以有限的资金最大化地实现保护与发展的双赢	建立基于细化保护需求的国家公园地役权制度，补偿资金部分用于构建国家公园产品品牌增值体系以扶持绿色发展
建立健全环境治理体系	权（确保谁污染、谁付费甚至谁污染、谁遭罪）	如何结合国家公园通常存在较多社区的实情，将社区发展和社会福利纳入治理体系之中	探索以改善环境质量为导向，监管统一、执法严明、社区共治、多方参与的环境治理体系
健全环境治理和生态保护市场体系	钱（谁治理、谁得利）	如何保障市场力量在国家公园生态环境有效保护的前提下有序规范地介入	分清政府和市场的界限，建立国家公园特许经营制度，在此基础上构建国家公园产品品牌增值体系
完善生态文明绩效评价考核和责任追究制度	权（权为"绿"所谋，确保指挥棒正确有力）	考核体系中如何充分体现国家公园的资源环境禀赋和生态保护、全民公益成效	以自然资源资产负债表和产权确定制度为基础，建立充分反映资源消耗、环境损害、生态效益等的考核体系

（3）体制框架全面、规范，体制建设分类、分阶段

以现有保护地的系统梳理和制度的创新设计为基本保障。要建立符合国情民情的"统一、规范、高效"的国家公园体制，需要分为两个层次：①全局的管理体制（包括在国家公园内及其周边的生态文明基础制度，见图1-3-1）；②管理单位体制及相关机制（包括国家层面的和区域层面的）。即考虑到国家公园体制与生态文明制度的关系，**相关制度设计必须全面系统且衔接生态文明基础制度，且在管理单位体制层次上要考虑到不同类别国家公园的差别。**所以需根据不同类别的试点区，设计不同类别的体制：首先需要对试点区的现有保护地进行系统梳理，理清各保护地的本底资源状况、主要保护成效、存在的问题、问题产生的主要原因、管理单位体制和运行机制的设置情况、整合进国家公园体制后需做出的调整等，以此作为未来国家公园体制设计的基础、部门间协调机制的前提。同时，需要针对资金机制、经营机制、社区共管机制等设计一整套有针对性、有创新性的制度方案，以提高资金的使用效率、提升当地的管理能力、推动和社区的协调发展、实现全面公益的目标。

以上思路可以用图 1 – 3 – 1 表示。

图 1 – 3 – 1 国家公园体制试点建设主要思路

不同类别的典型区域通过试点建立典型体制机制，并作为样板分阶段构建。探索建立"统一、规范、高效"的国家公园体制，且并不强调以全国统一的标准来建立一套模式化的体制，而是允许根据不同高保护价值区域的特征探索因地制宜的体制，从而在全国范围内总结出几套"统一、规范、高效"的体制模式，在此基础上实现《"十三五"规划纲要》中"整合设立一批国家公园"的目标任务。

《总体方案》中也明确了"合理布局、稳步推进。立足中国生态保护现实需求和发展阶段，科学确定国家公园空间布局。将创新体制和完善机制放在优先位置，做好体制机制改革过程中的衔接，成熟一个设立一个，有步骤、分阶段推进国家公园建设"，再次肯定了《试点方案》中提出的要分阶段推进体制机制建设的思路。

（4）**体制框架的主要内容**

在明晰了中央的体制建设目标、试点建设的主要思路和保护地现存问题后，可以给出兼顾目标导向和问题导向的中国国家公园体制机制建设总体框架（如图0）。

（5）**体制机制的重点领域——直接决定"权""钱"的管理单位体制、土地权属制度和资金机制**

根据上文分析，结合《试点方案》中"统一、高效、规范"的改革目标和"十三五"期间"整合"这一重要的关键词，国家公园体制建设，一方面要调整既得利益结构，改变多头管理的现状，确保"全民公益性优先"等（这主要是与"权"有关的制度决定的，即管理单位体制和资源权属制度等）；一方面要针对碎片化管理下资金投入不足的现状，改革资金机制（主要是与"钱"有关的制度），才有可能实现"保护为主"。

对与"权"相关的制度，要划清地方政府与国家公园管理机构的权责关系及明确资源管理权，通过对管理单位体制的合理设置，赋予管理机构足够的统一管理权限，提高其统筹管理各种保护地或不同类型土地的能力。对与"钱"相关的制度，要解决好国家公园的"要钱"和"挣钱"问题。从"要钱"而言，基于保护需求，合理划分国家公园试点建设的政府事权，测算资金需求，并核算中央和地方政府所应分别承担的比例，实现财权与事权相匹配，从需求角度体现出国家公园的全民公益性。从"挣钱"而言，要争取将国家公园内及周边建成生态产品价值实现的先行区，通过相关制度建设使"绿水青山"的资源环境优势转化为相关产品的品质优势并体现到商品的价格和销量上，以真正换来可持续的"金山银山"。因此，与之相对应的改革，聚焦于优化国家公园的"管理单位体制"、"资源管理体制"（这两者主要对应管理中的"权"）和"资金机制"（主要针对管理中的"钱"）三个方面（与《实施方案大纲》对应，而《总体方案》中进一步明确了这一点：建立统一事权、分级管理体制和建立资金保障制度，分别对应"权"和"钱"问题的解决）。

对"管理单位体制"，根据不同类别试点区的情况，可选用前置审批型、行政特区型和统一管理型三种模式。经过对这三种方案的对比，同时考虑到试点期和建成期存在不同的管理需求（即国家公园体制试点工作需要分阶段、分目标地一步一步展开），建议试点期尽量采取类似前置审批型的管理单位体制实现统一管理，这样既可以将改革成本最小化，又可以保留原有的资金渠道，确保国家公园顺利建成。在建成期，前置审批型管理单位体制尽管可以解决"统一"管理的问题，但是难以满足"高效"的要求。为此，可以在比较行政特区型和统一管理型管理单位体制的基础上，趋利避害，通过合理划分地方政府和国家公园管理局的管理权限，分类分别采用综合设计的"愿景模式"或统一管理型单位体制。这三类管理单位体制都需要根据不同类别国家公园区域的人地关系，合理划分国家公园管理局和地方政府的权责范围后，进行选择、调整、设计。

管理单位体制中的重要内容是管理机构的权责划分。国家公园管理机构相应的权责，是相应的体制建设框架和管理机制改革得到落实的重要保障[1]。《总体方案》中明确了要建立统一的管理机构，履行国家公园范围内的相关职责[2]。在明确国家公园体制建设框架以及管理体制机制的特点后，有必要确定改革方案中管理机构的权责，明确中央政府的国家公园管理部门、基层国家公园管理机构和国家公园所在地的地方政府之间的关系，特别是权力在三者之间的分配（如图 1-3-2，未考虑监管权）。只有这样，才能保证相关的制度改革有对应的主体推动和执行[3]——合理划分中央和地方事权，构建主体明确、责任清晰、相互配合的国家公园中央和地方协同管理机制。

中央政府直接行使全民所有自然资源资产所有权的，地方政府根据需要配合国家公园管理机构做好生态保护工作。省级政府代理行使全民所有自然资源资产所有权的，中央政府要履行应有事权，加大指导和支持力度。国家公园所在地方政府行使辖区（包括国家公园）经济社会发展综合协调、公共服务、社会管理、市场监管等职责。

对**"资源管理体制"**（主要是土地权属制度），重点考虑多数国家公园试点区有大量的集体林（在南方森林生态系统类型的保护地中，从面积上看，集体林是主体），如何在不改变土地使用权和承包权的基础上实现统一

---

① 通常，这样的内容在该管理机构的"三定"方案中明确。

② 建立统一管理机构。整合相关自然保护地管理职能，结合生态环境保护管理体制、自然资源资产管理体制、自然资源监管体制改革，由一个部门统一行使国家公园自然保护地管理职责。国家公园设立后，整合组建统一的管理机构，履行国家公园范围内的生态保护、自然资源资产管理、特许经营管理、社会参与管理、宣传推介等职责，负责协调与当地政府及周边社区的关系。可根据实际需要，授权国家公园管理机构履行国家公园范围内必要的资源环境综合执法职责。

③ 分级行使所有权。统筹考虑生态系统功能重要程度、生态系统效应外溢性、是否跨省级行政区和管理效率等因素，国家公园内全民所有自然资源资产所有权由中央政府和省级政府分级行使。其中，部分国家公园的全民所有自然资源资产所有权由中央政府直接行使，其他的委托省级政府代理行使。条件成熟时，逐步过渡到国家公园内全民所有自然资源资产所有权由中央政府直接行使。

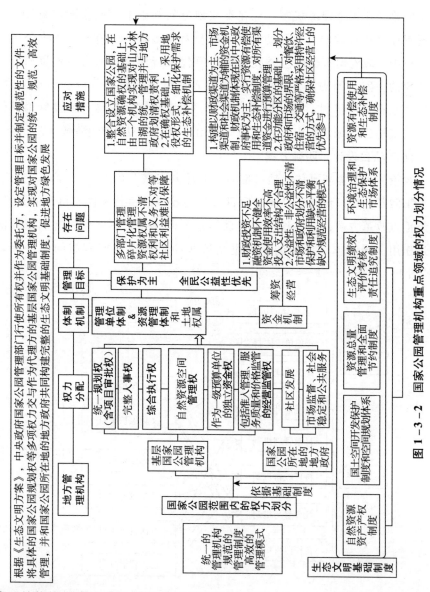

图 1 - 3 - 2　国家公园管理机构重点领域的权力划分情况

管理并使管理满足功能分区要求后细化的保护需求，可以通过地役权制度①
试点来实现。

对于"资金机制"中的筹资渠道，从"要钱"而言，要建立财政投入

① 具体参见第三部分 3.3.3 节。

为主的多元化资金保障机制，应在事权划分的基础上明确不同层级政府的出资责任（中央政府直接行使全民所有自然资源资产所有权的国家公园支出，由中央政府出资保障。委托省级政府代理行使全民所有自然资源资产所有权的国家公园支出，由中央和省级政府根据事权划分分别出资保障）并构建生态补偿机制。从"挣钱"而言，可发展国家公园产品品牌增值体系，完整构建"绿水青山"转化为"金山银山"的复合转化平台①。

（6）项目设计，明确方案

政策的设计需要具体的项目带动，上述方案需要借助项目落地。为此，本书第四部分专门设计了具体的项目来带动政策的执行和体制机制的建设。围绕重点改革方向，这些项目对实现国家公园体制机制建设将起到重要的促进作用，同时体制机制的建设也是这些项目得以良好实施的制度保障（见图 1 - 3 - 3）。

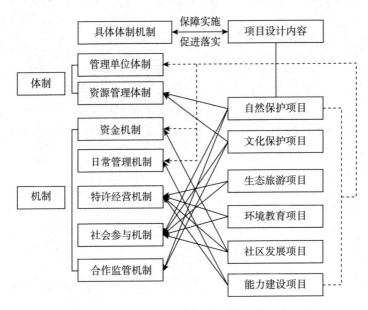

图 1 - 3 - 3 项目与国家公园体制机制之间的相互作用

注：实线箭头代表直接促进，虚线箭头代表间接/整体促进。

这样形成的体制机制总体框架，考虑了中国国家公园体制试点的目标

---

① 具体参见第三部分 3.4.2 节。

和中国自然保护地体系的管理现状和共性问题。考虑到未来的国家公园主要来自"整合"既有保护地，且各保护地还存在个性问题，各保护地管理机构的体制机制也有诸多不同，所以从操作层面还需结合有代表性的、可能整合为国家公园的保护地的情况进行方案的细化设计，以使"整合"（包括空间整合和体制整合）中的利益结构调整具有可行性且能可持续地保证这种"整合"实现改革初衷。

（7）试点区情况在国家公园体制机制上的代表性

目前选定的国家公园体制试点区，从管理角度来看可进行表 1 - 3 - 4 所示的分类。

表 1 - 3 - 4　从管理角度对国家公园体制试点区的两维度分类

地权等造成的统一管理难度 ＼ 范围内的资源异质性	高	低	备注
高	武夷山、北京长城	南山、钱江源、东北虎豹、大熊猫	武夷山和北京长城不仅包括体量较大的文化和自然遗产，土地权属情况也最复杂，管理难度较高
低		普达措、神农架、三江源、祁连山	三江源资源统一管理难度较小

从表 1 - 3 - 4 可以看出，不同类别的试点区，从生态角度看具有不同的人地关系，从管理角度看具有不同的制度基础。对于"整合"难度较大的类型，应有细化的方案，这样才能使相关体制机制具有最大的普适性。从管理角度来看，武夷山国家公园试点区的约束最多、对体制机制改革的诉求最强，其对中国保护地优化管理来说具有较全面的代表性，将其作为案例研究对象可以更准确地了解现存管理问题、既得利益结构，从而得出在全国更有普适性的体制机制的操作细节。

第二部分
武夷山国家公园体制试点区体制机制现状

　　体制机制建设不能只停留在总体框架阶段，还需结合不同类别国家公园试点区的需求和约束细化为落地方案。这就需要**围绕整合（空间整合和体制整合）和体制机制的重点领域［与"权"相关的管理单位体制和资源管理体制（土地权属为代表）及与"钱"相关的资金机制］**① 进行深入分析。

　　福建省是国家公园体制的 12 个试点省份之一。武夷山国家公园体制试点区②被明确为第一批试点地区，且其实施方案于 2016 年得到国家发改委批复，在国家公园体制试点中具有典型性：从管理的两维度分类来看（参见表 1-3-4）。该试点区是整合管理难度较大的区域。在这样的区域，相关体制机制若能落地，则在全国其他区域较易于操作。

　　为此，本部分基于调查，详细分析了福建省特别是武夷山国家公园体制试点区内现有管理体制的主要问题、现行的土地权属基本情况和既得利益结构（基本对应管理单位体制、资源管理体制和资金机制），以**明晰体制机制的建设需求和落地约束**，服务于第三部分国家公园相关体制机制试点改革的细化设计。

2.1　福建省自然保护地的基本情况及武夷山国家公园体制试点区的代表性

2.1.1　福建省自然保护地的基本情况和武夷山国家公园体制试点区的价值

　　福建省地处中国东南沿海，位于东经 115°50′—120°43′，北纬 23°31′—

---

① 这也是改革的难点，并且权和钱之间是紧密相关的。

② 考虑到行文的方便，本书中有时将"武夷山国家公园体制试点区"简称"武夷山国家公园"或"武夷山国家公园试点区"。

28°18′之间。全省土地总面积 12.15 万平方公里，海岸线长达 3324 公里，海域面积为 13.6 万平方公里，浅海滩涂广阔，沿海港湾、岛屿众多，有大小港湾 125 个。

福建省森林覆盖率达 62.96%，位居全国第一。其地势西北高、东南低，横亘两列山脉，西部是武夷山脉，中部是鹫峰山脉 - 戴云山脉和博平岭。其生态价值主要从生态系统多样性和生物多样性两方面体现出来。①福建省的生态系统较为丰富，主要有森林、农田、湿地和海洋。福建省森林类型多样，共 94 类，包括阔叶林、针叶林、竹林、灌丛四大类，其中阔叶林又分为常绿阔叶林、落叶阔叶林、常绿和落叶阔叶混交林、红树林四类，常绿阔叶林又可细化为季风常绿阔叶林、典型常绿阔叶林和山地矮林，常绿和落叶阔叶混交林又可细化为山地常绿落叶阔叶混交林和山地落叶阔叶混交林。全国森林有 241 类，福建有 62 类；全国竹林有 36 类，而福建有 19 类；全国灌丛和灌草丛有 112 类，福建有 13 类。根据《关于特别是作为水禽栖息地的国际重要湿地公约》（以下简称《湿地公约》）对湿地的定义及分类标准和中国湿地类型及标准，可将福建的湿地分为近海和海岸湿地、河流湿地、湖泊湿地、沼泽与沼泽化草甸湿地等 4 类 18 种类型。②福建省有野生脊椎动物 1654 种，约占全国的 30% ［其中鸟类 550 种（含亚种）、兽类 120 种、两栖类 46 种、爬行类 123 种、鱼类 815 种］，已定名昆虫 5000 多种。有 159 种列入《国家重点保护野生动物名录》中，其中国家Ⅰ级 22 种，国家Ⅱ级 137 种。高等植物 4703 种，约占全国的 14.3%，其中蕨类 382 种、裸子植物 70 种、被子植物 4251 种；国家重点保护的野生植物有 52 种，其中国家Ⅰ级 7 种，国家Ⅱ级 45 种；此外，兰科植物有 60 属119 种 6 变种。列入福建省第一批地方重点保护珍贵树木的有 25 种。

截至 2016 年，福建省拥有各级各类自然保护区 92 个[1]，总面积约4454.78 平方公里，其中国家级 12 个，省级 26 个，主要隶属于林业和海洋部门。截至 2016 年，福建省拥有国家级风景名胜区 21 处，国家森林公园25 处，国家湿地公园 5 处，省级以上地质公园 23 处，5A 级景区 9 处。总体而言，福建省自然保护发展较早、管理成效较好：目前已建自然保护区保

---

[1]　http://www.fjepb.gov.cn/wsbs/bmfwcx/zrbhq/，引用日期 2016 年 9 月 3 日。

护了全省90%以上的珍稀、濒危野生动植物种，70%以上的典型生态系统，70%以上的江河源头森林植被，25%的天然湿地，初步建成布局较为合理、类型较为齐全、功能较为完善的自然保护区网络，为野生动植物提供了良好的栖息环境。

武夷山国家公园体制试点区的生态系统具有相对完整性，而且资源价值巨大。

武夷山国家公园体制试点区位于福建省北部，与武夷山市西北部、建阳市和邵武市北部、光泽县东南部、江西省铅山县南部接壤。目前中央批复的试点区范围包括武夷山国家级自然保护区、武夷山国家级风景名胜区和九曲溪上游保护地带，总面积982.59平方公里①，其中武夷山国家级自然保护区565.27平方公里，武夷山国家级风景名胜区64平方公里，九曲溪上游保护地带353.32平方公里（含九曲溪光倒刺鲃国家级水产种质资源保护区12平方公里和武夷山国家森林公园74.18平方公里）。此范围略小于1999年公布的世界自然与文化遗产地范围，没有将以人文价值为主的城村汉城遗址（闽越王城国家考古遗址公园）纳入。从生态系统完整性而言，这个范围的保护地在地理上的连贯，表现为水系的连续性和森林生态系统的一致性，并具有中亚热带原生森林生态系统五个植被垂直带谱的完整性。但是，目前试点区范围从完整性来看稍有欠缺：①在中亚热带中山森林生态系统上与西北部江西武夷山国家级自然保护区是一体的，被行政区人为割裂；②在省内与武夷山市东北部森林水源涵养区森林生态系统割裂。

从保护价值来看，试点区是中亚热带常绿阔叶林代表地带，为浙闽山丘甜槠、木荷林区。区内植被类型多样，除了地带性植被常绿阔叶林外，还分布有暖性针叶林、温性针叶林、温性针阔混交林等11个植被型、15个植被亚型、25个群系组、56个群系、170个群丛组。特别是拥有210.70平方公里原生森林植被，是亚热带东部地区森林植被保存最完好的区域。区内最高海拔1700米，形成较为明显的植被垂直分异，由山脚到山顶依次分

---

① 批复文件的首页也强调了未来与江西武夷山自然保护区整合的探索，但没有给出明确的任务和实现路径。

布针阔混交林、温性针叶林、中山苔藓矮曲林、中山草甸等五个垂直带谱，是中国大陆东南部发育最完整的垂直带谱。

试点区在中国动物地理区划上属于东洋界中印亚界的华中东部丘陵平原亚区，野生动物价值在全国名列前茅，具有全球重要意义：一是野生动物种类繁多，包括哺乳纲 8 目 23 科 71 种、鸟纲 18 目 47 科 256 种、爬行纲 2 目 13 科 73 种、两栖纲 2 目 9 科 35 种、昆虫类 31 目 341 科 4557 种、贝类 27 种、寄生蠕虫 112 种；二是本区是世界闻名的动物模式标本产地，发现于武夷山的昆虫新种模式标本有 779 种，脊椎动物新种模式标本近 100 种；三是珍稀动物种类丰富，国家重点保护野生动物 57 种（其中国家 I 级保护野生动物 9 种），特有野生动物 59 种，属于国际候鸟保护网的中日、中澳保护的种类各为 81 种和 20 种。

本区水系丰富，拥有大量水生生物资源，包括浮游藻类、浮游动物、底栖动物、鱼类和水生动物等。其中高等水生植物共计 42 科 51 属 139 种，浮游动物 67 种，鱼类 22 科 56 属 104 种，以及中华鳖、大鲵等水生动物。

试点区景观资源丰富，特别是具有典型丹霞地貌景观和九曲溪水系，不但具有视觉美感，自古也承载了文化信息。除此之外，武夷山地区拥有新石器时代古越族留下的历史文化遗迹，也是"朱子文化"发源地。自然和人文价值交融这一中国遗产的典型特征，在试点区内得到很好的体现。

2.1.2　武夷山国家公园体制试点区的代表性

根据 2.1.1 节，结合附件 2，显然，从生物资源价值、保护管理和开发利用的现状来看，武夷山国家公园体制试点区在全国的国家公园体制建设中，具有三方面代表性：①**具有自然保护价值的代表性**；②**具有社会经济发展与自然保护矛盾冲突的代表性（包括解决问题的现实约束）**；③**具有不同类别保护地管理单位体制整合的代表性（体制障碍）**。

（1）现实约束

武夷山是福建省选定的试点区，其现实约束全面地、典型地反映了中国保护地的管理问题和制度建设的约束。这些约束包括以下三个方面。

①空间管理碎片化。试点区内保护地类型多样，且既有生态系统破碎化管理现象，也有保护地交叉重叠情况，全面反映了中国自然保护地管理

中的典型问题（见图2-1-1）。

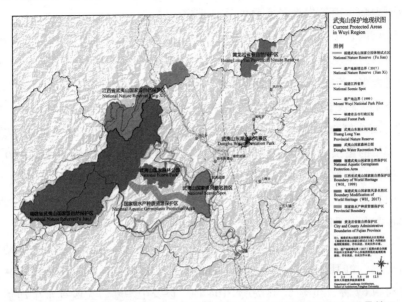

图2-1-1 武夷山国家公园体制试点区内部保护地分布情况和交叉重叠情况

图片来源：由清华大学赵智聪提供。

②地的约束。试点区内土地权属很复杂，林权、地权历史变迁复杂，实际土地利用和登记利用方式出入多，国有土地比例较低（试点区国有土地比例约为1/3）。试点区土地权属的特点，在中国东部发达地区普遍存在。另外，试点区内集体林中的茶山亩均产值较高，难以通过赎买的方式解决问题。这种情况下，其土地权属的约束必须有更综合的手段和基础制度改革的配合。

③人的约束。试点区内包括大量社区，其中武夷山国家级旅游度假区中的常住人口超过1万人。仅从人口密度而言，武夷山风景名胜区的人口密度超过福建省的人口平均密度，武夷山国家公园体制试点区的人口密度超过全国林业系统国家级自然保护区的人口密度。这使武夷山国家公园体制试点区人的约束在全国来看显得突出，既要管理好游客，又要促进原住民生活水平的提高。

（2）体制障碍

①管理单位体制。武夷山试点区的管理关系复杂，缺少可实现统一管

理的管理单位体制。试点区不仅包括两个法定自然保护地（自然保护区和风景名胜区），还包括森林公园、水产种质资源保护区等。这些保护地，在空间上交叉重叠，在行政管理上隶属不同部门和不同层级政府，在管理类别、管理目标等方面均体现出显著的差异；以保护地为名行旅游开发之实的地块零散。若进行统一管理，对各类保护地及其涉及的各利益相关方的权责利协调难度极大：涉及不同层级政府、不同部门的管理关系调整，而且相关土地资源权属、资金渠道、人员编制及和地方政府的权责划分都需要调整。即武夷山是试点区中少有的需要对管理单位体制进行全面调整的类型。

②资金机制。突出表现是缺少完整的公益性筹资机制。当地以较简单的方式以自然资源为依托的产业产值较高［大体呈现一种"靠山吃山"（茶和毛竹产业）和"靠水吃水"（竹筏漂流）的模式］。如将全部管理权都用赎买的形式收归政府，财政资金明显难以承受。另外，在整个试点区内部不同区域的产业差异较大的情况下，生态补偿机制不全面，且存在不符合生态系统运行规律的措施。这在全国的国家公园试点区中也属于难度较大的类型。

③相关生态文明基础制度。武夷山市整体还未构建全面的生态文明制度，其在自然资源资产确权、多规合一、领导干部政绩考核等重要环节均没有符合《生态文明方案》的创新要求（可以对比的是，钱江源国家公园试点区所在的浙江开化县在这些方面都有配套创新）。这正好代表全国大多数区域的情况，也能更好地代表大多数国家公园试点区的情况（只有三江源、钱江源试点区周边的地方政府初步构建了生态文明体制）。

总之，国家公园范围内社区较多、产值较高、权属复杂，政府管理的财力和统筹能力均有限。从改革管理体制，完成整合优化，达到"统一、规范、高效"这一要求，并充分发挥生态文明体制改革先锋的作用上而言，**武夷山试点区集中反映了目前中国东部人口密度较高的森林生态系统保护和发展的典型问题**。这使得该试点区具有国家公园体制试点的价值，在突破现有管理单位体制，明确事权划分以明晰政府—市场参与途径和方式以及进行自然资源确权和生态资产管理等方面具有很好的示范作用。而且，**武夷山国家公园体制试点建设可以与福建省建设国家生态文明试验区相结**

合（后者已经将武夷山国家公园试点作为专门内容①）。

2.1.3 武夷山国家公园体制试点区统一管理体制建立的困难和平台化解决方案

武夷山国家公园体制试点区碎片化管理问题较突出，建立"统一、规范、高效"的管理体制机制面临很大的困难，其制度建设既要考虑合理性，又要考虑可行性；既要考虑试点期，又要考虑试点期结束后跨行政区的国家公园体制。

武夷山国家公园体制机制建立的突出难点，在于如何解决"权和钱"的问题。从"权"的角度，要解决碎片化、多头管理问题；从"钱"的角度，当前武夷山国家公园的建设并没有专项资金支持。在资源产权制度调整较困难的前提下，须在保持既得利益结构的情况下展开体制机制的调整，通过省级地方政府主导的改革来体现全民公益性。而且这些体制机制又是相互关联的。以资金机制来说，它建立在中央和地方的事权和财权清晰划分的基础上，但又与本地经济发展水平和方式等直接关联。"保护为主，全民公益性优先"的目标下，资金筹集和分配机制的改革，必然涉及地方不同利益相关者利益格局的改变，触及既得利益集团的切身利益。只有借助于整体筹资、用资机制以及经营机制等的统筹改革，才有可能实现。

武夷山国家公园体制机制的建立，需要依赖更大范围生态文明制度的构建。只有这样，才有可能比较系统完整地实现体制机制整合，并最终真正实现空间整合。福建省作为统一规范的国家生态文明试验区，为武夷山建立统一、规范、高效的国家公园管理体制机制提供了平台化解决方案。

---

① 《国家生态文明试验区（福建）实施方案》指出："开展生态系统价值核算试点。以保持良好生态环境质量为目标，探索构建生态系统价值核算体系和核算机制，2016年启动在沿海的厦门市和山区的武夷山市开展地区尺度的核算试点，探索确定不同生态系统、不同服务功能类型的概念内涵、核算方法和核算技术规范，建立地区实物账户、功能量账户和资产账户，将生态系统价值不降低作为经济发展的约束条件，实现加快发展和保护生态环境的双赢，实现百姓富、生态美的有机统一。根据试点情况，适时研究扩大生态系统价值核算地区范围，探索将有关指标作为实施地区生态保护补偿和绿色发展绩效考核的重要内容。"

2016 年，中央颁布了《关于设立统一规范的国家生态文明试验区的意见》，同时发布了《国家生态文明试验区（福建）实施方案》，明确指出了武夷山国家公园体制机制建立的要求和方向："集中开展生态文明体制改革综合试验，着力构建产权清晰、多元参与、激励约束并重、系统完整的生态文明制度体系，努力建设机制活、产业优、百姓富、生态美的新福建"，"力争到 2017 年，试验区建设初见成效，在部分重点领域形成一批可复制、可推广的改革成果。到 2020 年，试验区建设取得重大进展，为全国生态文明体制改革创造出一批典型经验，在推进生态文明领域治理体系和治理能力现代化上走在全国前列，国土空间开发保护制度趋于完善，基本形成生产空间集约高效、生活空间宜居适度、生态空间山清水秀的省域国土空间体系；多元化的生态保护补偿机制基本健全，归属清晰、权责明确、监管有效的自然资源资产产权制度基本建立，生态产品价值得到充分实现；生态环境监管能力显著增强，城乡一体、陆海统筹的环境治理体系基本形成；激励约束并重、系统完整的生态文明绩效评价考核和责任追究制度得到普遍施行；资源节约和环境友好的绿色发展导向牢固树立。"而针对武夷山国家公园，该方案专门提到要推进国家公园体制试点，将武夷山国家级自然保护区、武夷山国家级风景名胜区和九曲溪上游保护地带作为试点区域。2016年出台的《武夷山国家公园体制试点区试点实施方案》，提出要整合、重组区内各类保护区功能，改革自然保护区、风景名胜区、森林公园等多头管理体制，坚持整合优化、统一规范，按程序设立由福建省政府垂直管理的武夷山国家公园管理局，对区内自然生态空间进行统一确权登记、保护和管理。根据保护对象敏感度、濒危度、分布特征，结合居民生产生活需要，对试点区进行分区，划定特别保护区、严格控制区、生态修复区和传统利用区，确保核心保护区不变动、保护面积不减少、保护强度不降低，到2017 年形成突出生态保护、统一规范管理、明晰资源权属、创新经营方式的国家公园保护管理模式。

完整配套的生态文明制度，是国家公园体制机制的重要基础和保障：一方面，生态文明制度重构了发展观和利益结构，通过"权""钱"制度的导引（参见表 1－3－2 的说明），使相关政府部门和管理机构可能形成"保护为主，全民公益性优先"的合力；另一方面，自然资源管理相关制度的改革方向和体现形式也都在《生态文明方案》中有了规定，国家公园试点区的相关管理制度也有了参照的标准。武夷山国家公园试点区的相关管理体制机制，还多了有利条件：放在整个生态文明试验区平台上整体推进，为相关部门、相关层级的地方政府共同推动"钱""权"相关制度改革提供了合作平台和监督平台。

有了生态文明试验区的平台，武夷山国家公园试点区管理体制机制研究的重点就可聚焦于明晰这个区域内的现存管理问题和制度约束，将相关问题放在生态文明试验区平台上统筹解决。具体的管理问题和制度约束，需要通过田野调查系统了解。

2.2 武夷山国家公园体制试点区现有管理体制和主要问题

武夷山国家公园体制试点区面积约 982 平方公里。目前的管理关系复杂，各区域人口密度、收入结构和水平等差别都较大，还需要考虑将来与江西武夷山自然保护区的统一管理。显然，这样的区域要实现空间和体制的统一管理，需要对管理机构和地方政府、原住民的利益结构有较大调整，相关管理体制机制必须能应对这种利益结构的调整，并体现"保护为主，全民公益性优先"。

为了了解核心利益相关者对武夷山国家公园体制试点区管理问题的认识和其利益诉求，我们对武夷山国家公园体制试点区内保护地管理的主要管理和职能部门有关业务人员进行了访谈，并对武夷山自然保护区范围内的乡镇进行了抽样入户调查（具体的调查情况总结在附件3中）。前者从管理者角度提供了第一手的关于国家公园体制试点区内现有管理体制的问题和管理者出于职能部门考虑的期望；后者则提供了原住民对现有生活和生计状况与自然保护关系的认知，以及对未来国家公园功能的预期等。同时，调查了学者对国家公园的认知，作为设计国家公园体制机制的参考和依据。

上述第一手资料可为武夷山国家公园体制试点区具体工作的推进方向提供事实依据，主要包括对管理单位体制和资金机制的建议，以及为关系到保护成效和全民受益的土地等资源确权、有偿使用和依法流转等具体项目的设计提供证据。我们希望由此解决以往管理体制设计中"由上至下"这一设计模式的缺陷。通过田野调查,了解地方利益相关者的利益需求,以确保设计的管理体制既与国家层面顶层设计要求相吻合又体现地方的需求,既具宏观性又具落地可实现性,并可为未来进行国家公园第三方评估提供评价维度和对照方向。

2.2.1 田野调查方法

主要采用提纲式的一对一访谈和个别可量化的问卷作答方法。地方上的主要管理部门为武夷山国家级风景名胜区管理委员会和武夷山国家级自然保护区管理局,主要职能部门包括武夷山市农业局、城乡规划局、国土资源局、林业局、茶叶局、财政局、旅游局、武夷山国家旅游度假区管理委员会,武夷山市发展和改革局协助访谈并回答了部分针对环境保护局的问题。访谈提纲主要包括以下几个方面。

1) 在空间上涉及国家公园对现有保护地的整合;
2) 在机构上涉及国家公园管理局对已有管理机构的重组;
3) 在行业上涉及国家公园管理的事权划分;
4) 在职能上涉及国家公园建立后,与现有职能部门的对接。

对职能部门的访谈主要得到以下几个方面的具体信息。

1) 对武夷山地区生态系统产品和服务重要性的认知;
2) 对国家公园主要功能的认知;
3) 以国家公园形式实现生态系统服务,各部门看到的共性问题;
4) 以国家公园形式实现生态系统服务,各部门看到的个性问题;
5) 如何在国家公园形式下整合解决上述问题。

对武夷山的入户调查,大致分为国家公园试点区内居民点和外围乡镇。武夷山市人民政府驻崇安街道。市辖3个街道、3个镇、4个乡:崇安街道、新丰街道、武夷街道,星村镇、兴田镇、五夫镇,上梅乡、吴屯乡、岚谷乡、洋庄乡。根据表2-2-2-1的管理关系,可以将调查在行政区划上大致分为4个范围:武夷街道、保护区内村庄(主要是星村镇桐木村)、星村镇以及外围乡镇(见图2-2-1-1)。自然保护区有一部分在行政上隶属建阳市和邵武市，因此调查中也访问了保护区内建阳市原住民。

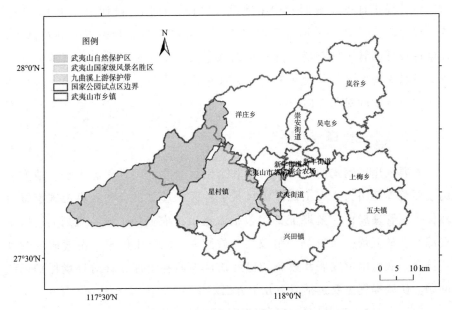

图2-2-1-1 武夷山市行政区划和现有保护地示意图

武夷山市户籍户数66507户，户籍总人口238756人（其中，男性121717人，占50.98%；女性117039人，占49.02%）；根据最小样本计算方法 $n \approx \frac{(z_{\alpha/2})^2 \sigma^2}{E^2}$，按照抽样误差不大于5%，置信水平95%，得到需要入户384户。对村落的抽样主要考虑以下三个方面：①村落所在或临近自然保护地类型；②行政村内主要土地利用类型；③是不是历史文化名村、传统村落等文化遗产。最后总共涉及6个乡镇30余个行政村，累计入户约380户。所涉及乡镇和街道简介如下。

武夷街道：位于武夷山市中南部，东连上梅乡，南靠兴田镇，西与星村镇接壤，北和洋庄乡毗邻。现辖樟树、柘洋、高苏坂、赤石、大布、角亭、天心、公馆、下梅、溪洲、吴齐、黄柏等12个行政村120个自然村165个村民小组，人口46276人（2010年第六次人口普查数据）。总面积233.4平方公里，耕地面积32071亩（其中水田30235亩）；山林面积224566亩，其中林地166800亩，森林覆盖率54%，林木蓄积量567000立方米。303 省道和横南铁路贯穿境内。武夷街道地处武夷山风景区中心，是武夷岩茶的主要产地。下梅村拥有历史悠久古民居 30 余座，2005 年被列为建设部、国家文物局公布的第二批中国历史文化名村。"大红袍"的原始母本就在天心村九龙窠。现有茶园 4256 亩。著名的景区天游峰、大王峰、玉女峰、鹰嘴岩、水帘洞、慧苑等也在街道辖区之内。

星村镇：位于武夷山市西南麓，地处武夷山国家级风景名胜区和武夷山国家级自然保护区内，距市区 18 公里。东接兴田镇、武夷乡，南和西南与建阳区交界，北靠洋庄乡，西北与光泽县、江西铅山县毗邻。为武夷山世界自然与文化"双遗地"核心区，九曲溪竹筏码头所在地。镇域面积 686.7 平方公里，辖 15 个行政村 1 个居委会，总人口 2.6 万人。境内拥有国家级自然保护区、国家级风景名胜区和国家级森林公园。星村镇重点发展茶、旅、烟、竹产业。

兴田镇：位于武夷山市南部，东南与建阳区将口镇接壤，西与星村镇毗邻，北与武夷街道办、上梅乡交界。镇所在地兴田村距武夷山市区 34 公里，地势平缓，崇阳溪流经兴田镇与澄浒溪、五夫溪汇合流向建阳。全镇有 5.1 万亩肥沃农田，粮食产量占武夷山市粮食总产量的三分之一，是武夷山市重要的产粮区。2008 年全镇种植烤烟 1.12 万余亩，生产优质烤烟 3.2 万担，产值 2000 余万元，连续三年为闽北烤烟种植第一大镇。全镇有茶山 1.8 万亩。全镇林地面积 33 万余亩，当地政府还引导村民种植水果、食用菌等经济作物，发展鸡、鸭、鹅等养殖业。

五夫镇：位于武夷山市东南部，有烤烟、白莲、食用菌、特色种养四大主导产业，被称为"白莲之乡"，是武夷山市重要的农副产品区之一。五夫镇是理学宗师朱熹的故里，是朱子理学的形成地，历史遗迹遗址丰富。2010 年，五夫镇被住房和城乡建设部、国家文物局授予第五批"中国历史文化名镇"荣誉称号。

上梅乡：位于武夷山市东部，总面积 226.9 平方公里，是闽北乃至福建省著名的革命老区。全乡辖 11 个行政村（上梅村、下阳村、荷墩村、厅下村、首阳村、地尾村、金竹村、岭山村、里江村、茶景村、翁屯村），均为老区村。上梅乡近年来主要发展特色种养，宜烟种烟，宜菜种菜，宜莲种莲，宜菇种菇，实现多种产业全面发展。

岚谷乡：位于武夷山市北部，东接浦城县，北和西北与江西五府山交界，南和西南与吴屯乡相连，总面积为 285 平方公里。以农业为主导产业，是典型的山乡。竹木资源丰富。

洋庄乡：位于武夷山市西北部，东与崇城镇、新丰街道办、吴屯乡接壤，南靠武夷乡，西南与星村镇毗连，北与江西省铅山、上饶交界。境域总面积 473.3 平方公里。邻江西省铅山县。距市政府 10 公里。洋庄乡境内最高峰黄岗山，海拔 2158 米，为武夷山脉最高处，在武夷山国家级自然保护区的范围之内，拥有山林面积 64 万亩，其中竹山面积 16.5 万亩，森林覆盖率达 90% 以上，木材蓄积量 142 万立方米以上。

不同自然资源条件及其保护和利用政策的变迁，影响了原住民的生计发展及其对包括国家公园在内的自然保护地的态度。调查内容主要包括原住民现有产业类型和规模、自然资源管理、生态补偿意愿、保护倾向等。

2.2.2　试点区范围内的现有管理关系及由此产生的调查需求

试点区内法定自然保护地的管理机构为武夷山国家级自然保护区管理局和武夷山国家级风景名胜区管委会。武夷山国家级自然保护区管理局（以下简称管理局）隶属于福建省林业厅，为财政核拨的参照公务员法管理的正处级事业单位，下设 8 个科室、4 个管理所和 1 个办事处，均属科技管理单位，现有参公事业单位编制 70 人，另有南平市公安局武夷山国家级自然保护区森林分局行政编制 34 人。武夷山国家级风景名胜区管委会（以下简称管委会）为武夷山市政府派出机构（副处级）。机关下设党政办公室、纪检监察室、财政局、世界遗产局、园林局、建设发展局，景区事业机构有景区执法大队、森林公园管理处和宣传文化中心等。管委会现有工作人员合计 210 人，其中：景区机关工作人员 104 人，一线执法人员 57 人（不含执法协管员 37 人），森林公园管护人员 49 人（2000 年，武夷山市政府从加强保护上游生态的角度出发，将原四新、程墩采育场职工成建制划归景区管理）。

除此之外，所有基本农田和九曲溪光倒刺鲃国家级水产种质资源保护区由武夷山市农业局管理；涉及保护地内土地利用的问题需要国土资源局介入，以保障基本农田数量、森林覆盖率以及土地规划和城乡建设用地控制在五线①之内；林业局对处于自然保护区、风景名胜区、森林公园等重点生态区位以及三线②沿线的植被、水源、土壤以及生物多样性具有一定的管控职能；茶叶局管理保护地内茶业种质资源保护区，包括风景区内育茶园、天游峰肉桂、大红袍母树、鬼洞等和自然保护区内正山小种保护地。其他未具体访问的水利、环保、交通等部门，也根据各自职责对试点区内相关业务进行管理和指导。旅游局不涉及具体保护性事务，目标为配合资源管理单位实现限制性和预约式旅游。财政局也不直接管理保护地，而是从职能上来支持生态和环境维护、产业发展（包括茶业、旅游）等与保护地相关的事务，特别是理顺当前风景名胜区和自然保护区财政体制，以免影响景区周边的社区建设和环保投资，从而影响百姓生活。

试点区目前涉及4个县（市）5个乡镇25个行政村，约3万人口。各项公共事务由市、乡镇和村级政府负责。

结合中央批复的试点方案，可以将武夷山国家公园体制试点区范围内现有的管理关系总结于表2-2-2-1。

根据中央批复的《试点方案》，可以得出以下三方面结论，这些结论直接构成管理体制改革的障碍：①**四个区域**（特别保护区、严格控制区、生态恢复区、传统利用区）**均突破了目前的管理关系**，严格控制区内存在较大规模原住民生产生活活动（自然保护区的实验区，为星村镇桐木村）；②**对管理权责划分的影响不同**：九曲溪上游地带的大部分面积为原管理机构没有覆盖区域，管理较为薄弱，原住民的生产生活活动影响较大，且需要立即从乡镇政府分权；③**对居民利益结构的影响不同**：各区域的人口密度差别较大，原住民的收入渠道和收入水平差别较大，纳入统一的国家公园体制试点区后，对既得利益结构的影响差别较大（保护区内较简单）。

---

① 城市五线。城市红线：城市主次干道路幅的边界控制线；城市绿线：城市各类绿地的边界控制线；城市蓝线：城市水域的边界控制线；城市紫线：历史文化街区、优秀历史建筑及文保单位的边界控制线；城市黄线：对发展全局有影响、必须控制的城市基础设施用地的边界控制线。

② 三线：铁路沿线、公路沿线、城市河道沿线。

表 2 - 2 - 2 - 1　武夷山国家公园体制试点区范围内现有的管理关系

管理关系 空间范围		管理机构	地方政府
自然保护区（565平方公里）		福建省林业厅垂直管理的福建武夷山自然保护区管理局（参照公务员法管理的正处级事业单位），居民由星村镇及其他两县管理（部分区域属于建阳区和邵武市）	
风景名胜区规划范围(64平方公里)	旅游度假区（12平方公里）	武夷山市派出机构旅游度假区管委会（副处级机构配副处级干部）	由地方政府和风景名胜区管委会共同管理，相关资源和行政许可审批权属于地方政府，管委会属于前置审批模式，其居民由星村镇、武夷街道管理
	风景名胜区（52平方公里）	武夷山市派出机构风景名胜区管委会（副处级机构配正处级干部），下辖森林公园管理处（正科级）管理森林公园	
	森林公园（78平方公里）		
九曲溪上游（353平方公里）	九曲溪光倒刺鲃水产种质资源保护区(12平方公里)	武夷山市农业局进行业务指导	居民由星村镇进行管理
	其他区域（263平方公里）	武夷山市林业局、茶叶局进行业务指导	主要是公益林、茶山和基本农田，由星村镇进行管理
江西武夷山自然保护区（160平方公里）		江西省林业厅垂直管理的江西武夷山自然保护区管理局（正处级事业单位）	

这种情况下，必须了解各核心利益相关者对武夷山国家公园体制试点区管理问题的认识和其利益诉求。只有这样，才可能明晰批复的实施方案中体制机制构建的困难并评价其可操作性，然后提出相应的优化方案。基于对武夷山试点区范围内相关保护地的田野调查，总结出武夷山国家公园体制试点区范围内现有**管理体制的几个特征**。

第一，从管理单位体制上看，各类保护地基本属于公益一类和二类的事业单位。其中武夷山国家级自然保护区实施公益一类事业单位体制，接受省林业厅的直接管理，其他多为公益二类事业单位体制。

第二，从资金机制上看，财政拨款比例与管理单位体制的性质相对应，公益一类事业单位实施政府全额拨款的资金机制，不允许横向的创收。在武夷山国家级自然保护区中，甚至早在2009年就取消了大众旅游的业务。而公益二类事业单位实行差额拨款的资金机制，允许一些市场力量在规定范围内介入保护地的经营活动,开展旅游、产业发展等工作。

第三,生态补偿机制作为资金机制中的一个重要组成部分,是确保保护地和社区协调发展的一个重要途径,在武夷山试点区各保护地内均有实施,主要是生态公益林的补助。实施的主体是当地的政府,依据福建省生态公益林的统一标准向各农户发放。

第四,从社会参与机制上看,各类保护地的管理中没有为社会力量(如社会组织、社区公众等)的介入留下很好的接口,尚未建立起系统化的社会参与机制。

第五,从经营机制上看,以大型公司的入驻管理或者农户的零散自营为主,尚未建立规范化的、精细化的国家公园特许经营模式。

2.2.3　主要利益相关方的态度

2.2.3.1　主要职能部门的态度

主要职能部门,作为重要的利益相关方,其对国家公园的态度,是体制机制整合的基础。本部分借助田野调查,分析了主要职能部门对国家公园的基本态度、从与管理目标的衔接角度看其和国家公园体制的对接、保护地管理部门和政府职能部门对国家公园的共同诉求。

1. 主要职能部门对国家公园的基本态度

不同职能部门在保护地管理上负责的具体事务不同、与保护的直接相关性不同,因此,其看待当前国家公园试点区内各类保护地的运行管理存在的问题有基于部门认知的差异。然而,鉴于其职能在日常中有工作关联,它们往往也会提出可以从根本上改善管理的共同问题。其中,共性问题主要集中在保护地管理的体制机制上,而个性问题其实本质上也是共性问题,因为部门面临的各种问题大部分是职能部门间的协调问题,常常是责任和权力不对等(附件3中有详细表述)。

各个部门提出的建设国家公园需要解决的关键的共性问题,主要包括以下四个方面。

1)现有管理单位体制不顺;

2)中央财政缺位;

3)官员考核机制基本还是传统的,没有体现《生态文明方案》中的内容;

4）土地权属复杂且相关使用规则不明晰。

第一，几乎所有受访人都提出现有保护地的分散管理不利于整个试点区的保护。他们认为各部门的角色定位、体系内的上下协调、部门间的信息传递、部门与地方政府之间的关系等都不完善。主要问题包括：①自然保护区和风景名胜区因存在行政级别差异和隶属部门不同而产生不协调；②保护地管理部门和行政职能部门间的层级差异导致职能部门监管架空[①]；③部门间不同的管理目标之间存在矛盾。

从各职能部门反馈的情况看，试点区保护目标的实现需要考虑主要职能部门的管理目标和需求，保证它们的管理目标融入国家公园管理目标或以区域协同的方式并行发展，包括以下几个方面。

1）农田保护和农业经济发展；

2）城市发展和城市用地扩张；

3）林业可持续发展；

4）茶业发展与茶文化生态促进效应的实现；

5）旅游的区域统筹发展。

这几个方面都涉及生态系统服务功能间的权衡，而且与单纯的保护目标并不是对立的。

第二，大部分受访人提出保护作为公益事业需要中央财政的大力支持。这一问题被分解为以下几个方面。

1）目前缺乏全局统筹的空间规划；

2）国家公园缺少中央直接设置在地方的管理机构；

3）国家对原住民的生态补偿类型不全面、力度不足；

4）武夷山市生态立市理念尚未争取到有区别的中央财政转移支付。

第三，官员考核机制的指标内容过于偏向经济硬指标，忽略了武夷山本身的城市发展定位和资源优势。这也是受访者谈到的共同点之一。停止类似GDP为指标的常规评比，取消工业考核指标实现"生态立市"，创新考核机制，等等，被认为不仅是达到官员激励兼容的重要手段，也是推进整

---

① 国土资源局特别强调，行政层级和前置审批权导致国土部门监督检查力度小、存在管理死角和盲区，包括规划调整、重复建设、环境破坏、机构重叠、人员冗杂等。

个以国家公园为先导的生态文明建设的重要一环。这个思路与最新的《国家生态文明试验区（福建）实施方案》提出的"领导干部自然资源资产离任审计制度"等绿色考评制度一致。

第四，土地权属和相应使用规则不明晰，造成资源过度开发、补偿款项核算困难、生计发展受限等既不利于保护目标实现也不利于社区可持续发展的问题。这一涉及土地管理的共性问题可以分为以下几个方面。

1）国有土地比例低；

2）自然资源有偿使用和权益丧失补偿缺乏科学核算；

3）确权不明影响林权证书发放和土地抵押贷款；

4）原住民资源经营自主权不足。

其实上述四点可以归结为两个方面。一是需要尽量加大国有土地比例，统筹土地连片管理。然而这个过程会比较缓慢且困难，因为试点区内国有土地比例低，而土地价值相对较高，收储的代价非常高。二是完善原住民包括土地在内的资源自主经营权。这就涉及明确的资源确权和有偿使用，从而尽量合理评估资源价值，在实现保护目标时完善补偿制度。

尽管受访者处于不同的机关、不同的岗位，但是在谈及武夷山国家公园体制试点区建设时，无一例外认为国家公园作为生态文明改革的具体体现，不能因为其试点区域的空间限制而只紧盯试点区内部的保护。对于受访人而言，国家公园试点建设的最终目标是要理顺体制来统筹区域发展。因此，从意识形态到项目操作都是围绕这一目标进行。可以从理念/意识、法律/政策、体制/机制、管理/项目这四个方面，总结受访者对解决上述问题的建议。

在理念和意识上，明确武夷山城市发展的生态定位，理解生态资本投入—产出的利益链过程，把握保护和受益主体一致性的激励相容理念；在法律和政策上，探索合理的空间功能区划，实践多规合一，协调生态红线等国土空间规划，让全民资产有偿使用有法可依；在体制和机制上，实行国家公园垂直管理并协调职能部门间、地方政府与国家公园管理局的关系，明确财权事责，明确管理、经营和监督方式方法，建立资源有偿使用制度和生态补偿机制并保障利益共享，更新官员考评体系；在具体项目上，可以有生态产品长效发展项目、农林科技项目等，进行自然资产评估、美学价值评估。

除了对试点区管理体制现存问题的讨论和对试点区建设方向的多个层面建议外，大多数部门也提到如何在国家公园建设期和之后调整本部门工作。但是，也需要注意到一些忧虑 [见表 2-2-3-1，特别是受到实质性影响的景区管委会、自然保护区管理局和林业局的当前认识（本部分具体内容见附件3）]。

表 2-2-3-1　访谈部门工作的难点和同国家公园管理局对接的设想

职能部门	部门工作难点 （受限于其他部门）	部门发展方向和与国家公园管理局对接方式设想
农业局	土地利用转变 vs 基本农田面积不减少	推广资金密集型农业、生态农业、立体农业、绿色产品
城乡规划局	城市五线控制 vs 城市发展需求	从城市建设发展的空间布局出发，立足地域经济文化，以绿色创新、和谐发展为目标，推动社会经济又好又快发展
国土资源局	城市五线控制、基本农田面积不减少和森林覆盖率提高 vs 发展需求	强调土地、城乡和国民经济总体规划三规合一以及规划执行保障，对接国家公园管理局内分管国土的科室
景区管委会	生态保护 vs 茶山、村民建房等多样化经济需求	保护更加严格化，茶山扩张管控要加强，寻求对无法进行大规模统一管理的茶山的管控方法；保护面积扩大，与其他职能部门整合联动；被动按《试点方案》执行
自然保护区管理局	应对生态产品的市场波动；生态品牌可建立但无保障	由提倡保护和科普宣教向推行生态文明意识和文化性发展，不断主动寻找保护和发展矛盾的具体协调方法，不知道如何在编制、管理模式以及隶属关系上跟景区对接、跟功能区划协调（现有体制太独立，不愿变动）
林业局	景区内林地确权未完成，林业局无法发证，需要与住建厅协调	与生态红线划定相协调，促进保护地数量、类型、面积都增加； 对接国家公园管理局相应林业科室，重新界定林业局功能，通过机构改革"瘦身"、交出行政处罚权等；但需要加强国家公园内土地确权工作，参与经营区内集体林租赁合同的约定等土地事宜
茶叶局	茶业种质资源保护 vs 土地利用更新	保护性开发种质，以茶推动生态旅游和生物多样性环境教育；促进茶保护种群品质的更新来抵御伪品牌的冲击； 不太清楚国家公园管理部门的级别，有点担心茶种质保护遇到紧急管理时需求如何传达
财政局	财政收入来源保障和支出方向	主要是财政收入上理顺景区和保护区财政体制，避免财政收支影响周边社区建设和环保投资

职能部门	部门工作难点 （受限于其他部门）	部门发展方向和与国家公园管理局对接方式设想
旅游局	基本没有	引导以文化底蕴限制扩张性旅游，实现多元化经济结构、脱离单一门票收入、加强公益性；与国家公园统筹协调，在发展上形成国际视野和老牌景区创新
度假区管委会	南平交通规划将度假区门户边缘化；土地管理因权属在街道而不顺畅	定位为景区旅游综合服务的开发区；开发基本结束，转向茶山管控、海绵城市建设和城市风貌改造；国家公园对本职能部门功能无影响，担忧南平如何在旅游区外围进行布局

2. 不同职能部门和国家公园体制对接的具体措施——管理目标的衔接

明确部门管理目标是职能部门和国家公园体制建立的基础。受访各部门在关键保护地带的辨识（如果涉及）和（直接或间接的）部门保护管理目标上都很明确，特别是将管理目标与社区发展成效相结合。表2-2-3-2将上述三方面内容予以总结。

表2-2-3-2　保护地管理部门和政府职能部门对保护事项的空间和目标认知

部门	关键保护地带	保护管理目标	社区效应
自然保护区管理局	自然保护区核心区：猪母岗、黄岗山	保护、科研、科普宣教、有限开发利用	保障居民基本生活所需的自然资源；保障森林生态系统提供可持续的收入
风景名胜区管委会	核心景区	保护和绿化	通过环境改善提高茶叶品质、吸引游客，提高社区收入
度假区管委会	无	控制城市发展，减少农业面源污染对崇阳溪上游水源地的干扰	作为景区门户社区
农业局	全域关键性农业地带（水稻、茶、毛竹）；九曲溪光倒刺鲃国家级水产种质资源保护区（星村镇）	维持九曲溪水生生物和种群多样性及数量；维持基本农田面积	通过水源保护，促进茶山、毛竹的可持续利用和生态产品的市场化
林业局	自然保护区核心区；核心景区；森林公园；九曲溪上游	增加保护地数量和类型，扩大面积，与生态红线划定相协调	顺应生态系统动态变化，使社区在帮助森林更新的同时，有一定的自主权，以进行自然资源的有限经营

部门	关键保护地带	保护管理目标	社区效应
茶叶局	九曲溪上游茶种质资源保护地	划定保护区域，以保障茶业资源不因土地利用更新而受损	通过茶品质和价格提高促进社区意识到并参与到保护中，在茶山管理中得到物质和精神双重享受
城乡规划局	城市规划"五线"	保障城市发展空间布局	城市发展定位带来综合发展效益
国土资源局	全域圈层式；主要保护地核心区	保障基本农田数量、森林覆盖率以及土地规划和城乡建设用地的"五线"控制	社区对生态质量敏感性降低，对生态补偿要求增加
旅游局	自然保护区、九曲溪上游地带、地下文物分布区	引导并配合资源管理单位实现限制性和预约式旅游	社区通过推动生态旅游和提高美学价值，实现可持续发展、绿色发展并扩大与外界的关联
财政局	无	保证财政支持投入环境维护、绿色产业发展，实现武夷山"生态立市"	以生态旅游获得税收的同时，使社区受惠

就实现区域生态保护而言，保护地管理部门和地方政府职能部门在具体保护空间和对象上可能有空间重叠性，但是同时存在差异化管理目标。在空间重叠上，主要表现为以下三方面。

1）资源性保护管理单位和资源使用的监督引导单位所关注的对象具有相同的空间分布，如武夷山市风景名胜区管委会与旅游局；

2）资源性保护单位的保护对象，由于生态系统组分多样而在空间上有重合，如农业局和林业局；

3）空间统筹和资源综合性管控单位囊括了各类资源型保护空间，如国土资源局与农业局。

这种空间重叠反映了保护工作是直接行使保护管理，间接进行保护和使用监督，还是通过宏观规划确定保护重点区域和内容；也反映了差异化管理目标可以从（基于管理对象分布的）空间尺度大小和保护管理的上下游关联性上统一到共同的管理目标上，在职能分工上打破原有针对单一自然资源保护的部门化管理方式。国家公园（试点区）是一个具有明确边界的地理空间，它既需要与生态红线、重点生态功能区乃至生态文明试验区的宏观规划相匹配，又需要让边界内的生态系统各组分维持自身良好运行并带来人类福祉。因此，**管理单位既需要与涉及全域规划发展的单位对接，又需要得到具体的资源管护和使用部门的专门和定向支持，同时要秉持将生态系统作为一个整体进行管理的理念**①。

实现涉及生态保护的管理目标，给予调查部门三个不同层面"成就"：①在物质层面，促进区域经济发展，保障城乡居民生活和收入（农业局、城乡规划局），使区域形成比较优势（财政局）；②在精神层面，守土有责，重视责任超越部门利益（国土资源局、风景名胜区管委会）；③在实践层面，有助于减轻管理压力，推广管理经验（自然保护区管理局），推进职能转型（旅游局），促进/限制资源型产业发展（茶叶局、林业局）。这种对部门业绩的定位，变动较大的是林业局和旅游局。林业局在重视林业管理的生态效应时，不可避免地也在考虑合理的林业生产方式对社区生计的维持以及林业生产的社会经济效益；旅游局则认为具体的保护管理单位的生态业绩，可以促使旅游局从对旅游行业的单一监管单位变为发挥服务功能的单位。蕴藏在职能部门管理成绩背后的"职业自豪感"，意味着在国家公园管理局统筹管理之时，应继续让相关部门明确对接国家公园管理局职能科室，或在保护管理职能整合之后，仍需要让各个部门拥有一定的上述成就，形成一种激励相容机制；而持续的对区域发展做贡献的成就感，也是形成国家公园管理局统一管理职能的精神基础。

除了明确差异化管理目标下的空间重叠、管理地域尺度和上下游的关联，也需要明确保护地管理单位和政府职能部门之间形成机构间协调共同实现保护目标需要合力调节（解决矛盾）的节点在哪里。在调查中，我们发现这些节点主要包括以下三方面。

1）协调相同或相邻空间内的自然保护目标与土地利用类型变化，如农业局与自然保护区管理局需协调保障人均耕地面积不减少和不能随意开荒，自然保护区管理局和风景名胜区管委会与国土资源局协调居民建设用地的使用，茶叶局与乡镇政府协调开路等可能影响茶种质资源的行为（茶山开

---

① 这方面有较成熟的国外经验。如加拿大北方国家公园的生态系统管理与北极熊保护分属不同管理机构，但双方依法形成较好的配合。

辟道路，会带来人流，对道路两边的茶树造成影响）；

2）资源使用与保护管理协调的具体流程，如林业局与住建厅就林地确权而协调，自然保护区管理局和风景名胜区管委会就土地利用的前置审批与国土资源局协调；

3）非资源利用部门的权威性和其他外向诉求，如遇到经济发展诉求的城乡规划局的规划效力和国土资源局的规划调整，自然保护区管理局如何应对生态产品市场波动和生态品牌保障，财政局的财政支出方向如何确保导向全域保护等。

以上归纳的三类矛盾点，第一类主要反映了对武夷山地区生态系统提供的多种产品和服务的不同受益人的权衡；第二类反映了生态系统保护中的制度，特别是产权制度的不完善；第三类则反映了国家顶层法律和政策的模糊。

明确差异化管理目标下的空间重叠、管理地域尺度和上下游的关联，以及差异化管理目标在达到保护目标时的关键调合点，是明确未来国家公园管理局如何整合现有保护和资源机构的保护职能（自然保护区管理局和风景名胜区管委会），改善部门间工作机制（就土地确权和利用审批），与保护管理和行业监管部门形成有效对接（农业局、茶叶局、旅游局，包括水利、环保等部门）的基础。

3. 保护地管理部门和政府职能部门对国家公园的共同诉求

建设国家公园体制是生态文明改革的直接体现。无论是这个名词本身，还是希望由此体制建设达到的制度创新和管理优化，在开展国家公园试点实践的地方都是新鲜而具有不确定性的。如何将保护地管理机构和相关政府部门引导到"国家公园"建设思维上，一致探索体制整合的方向和途径，需要相关机构动态地审视机构发展方向和管理目标变化，特别是在国家公园体制建设中重新定位机构功能。这一重要信息在此次调研中得到充分体现，不但反映了被调查机构对自身发展的动态认知，而且体现了其在国家公园体制建设上的参与和配合态度，从正面和侧面反映了国家公园管理统筹现有保护管理的可能性和难点。

调研机构大多认为自己的管理目标是在不断变动的。特别是自国家公园体制试点于2015年开展以来，保护地管理机构和政府职能部门均对此有所思考。

1) 自然保护区管理局认为其管理目标逐渐由提倡保护和科普宣教向推行生态文明意识和提高自然保护的文化特征发展，并且在针对变化的人地关系寻找协调保护和发展的方法。具体而言，虽然红茶种植目前实现了保护和发展的平衡，但是需要不断加强科研，推进项目带动，突出示范效应来推动平衡点的维持，如开办生产工艺培训班辅导茶农提高品质，进行技术引导，申报农业科技推广项目，建立生态茶园并予以资金扶持，成立粉源课题组，推广林下经济，等等。这一动态表明自然保护区管理局的管理已经很成熟。

2) 风景名胜区管委会认为其管理目标整体而言是保护面积扩大，保护更加严格，探索对种植分散、品种和管护方法差异大的茶山的管控，以及解决村民因发展茶叶加工而无序扩张厂房的问题；同时探索提高公益林和景区补助以弥补村民损失的方法。这一动态表明风景名胜区管委会在保护和发展的协调上矛盾较大。度假区是景区旅游综合开发区，其管委会未来管理重心由建设转为茶山管控、海绵城市建设以及城市风貌改造。

3) 农业局将推广资金密集型农业、生态农业、立体农业，生产绿色产品作为未来部门要务，着重应对气候灾害、加强耕地保护、发展观赏和保护并举的农业。这一思路顺应了建立国家公园体制所期待的区域生态改善。

4) 林业局认为其管理目标将是加强生态保护，与生态红线划定相协调，并促进保护地数量、类型和面积都增加。但是林业资源国有化进程尚未完成，林权抵押等保障社区生计以提高保护意识的政策不到位。这反映了林业局的自身定位已经逐步脱离资源利用和经济生产，转而向可持续的森林生态系统管护演进。

5) 茶叶局的管理目标在于以保护和更新茶种质带动生态旅游和生物多样性相关的环境教育，抵御伪劣产品的冲击，特别是以有性繁殖根系来保持水土。细化的目标显示了茶叶局目前管理责任的局限性。

6) 城乡规划局认为其管理目标要从保障城市建设向统筹推动地域经济文化发展转变，以绿色创新、和谐发展为目标推动社会经济又好又快发展。

7) 国土资源局在管理目标上越来越强调土地、城乡和国民经济总体规划三规合一以及规划执行的保障。城乡规划局和国土资源局都强调国家公园管理需要立足区域统筹发展。

8）对于未来国家公园主要功能之一的旅游，旅游局认为对旅游业的监管方向要多元化，引导景区进行环境教育、科普和旅游价值宣传；以文化底蕴限制扩张性旅游，以生态景观资产评估发挥旅游价值，重新布局旅游功能，发展多元化旅游经济，脱离单一门票收入以加强公益性，与城市协同发展。

9）财政局作为资金收支管控部门，认为需要理顺现有景区和保护区财政体制，避免影响周边社区建设和环保投资：在保持景区作为财政主要来源稳定性的基础上，协调其与加大保护力度的矛盾，促进保护和收益主体一致；希望目前与地方管理分离的保护区未来能够成为地方税收的增加渠道。

保护地管理机构和政府职能部门的管理动态，反映了它们对国家公园统筹管理保护地的适应。但是，保护地管理机构整合成立国家公园管理局与后者以内部职能部门与政府相应部门对接，这两个管理统筹过程对现有机构/部门职能、人员的影响程度显然不同。访谈中涉及具体整合或对接时，各机构/部门的思考深度反映了它们在体制整合中受到的影响，在思维连贯性上既呼应了上一节分析的管理目标差异化程度，又逐步导向下面对开展国家公园试点的体制统筹诉求。因此，这里列出现有保护地管理机构和政府职能部门对未来机构整合和职能对接的认同和忧虑。

1）自然保护区管理局态度明确，认为现有的管理体制，行政和事业编制以及机构隶属关系清楚，关系顺畅：业务工作在省林业厅（包括资源、动物、采伐、资源监测、防火、公益林等），补偿渠道是财政—林业—保护区；未来整合管理机构的重点在于解决目前保护区内涉及四个县的行政管理以及与风景名胜区管委会的对接；关键在于重新进行明确的功能区划。风景名胜区管委会则相对被动，认为在机构整合中现有保护地会与其他保护地重新梳理整合，在职能上也会重新分配，其整体态度是"遵照《试点方案》执行"，但是《试点方案》中并未明确说明如何整合。度假区管委会认为自身机构较为独立，国家公园机构整合影响不大，整合重点在于保障武夷山市利益与南平市规划协调。

2）农业局在机构整合和职能对接上，主要希望保证业务机构的独立性，便于继续推广农业服务。

3）林业局对职能对接的思考较为深入，认为结合未来管理目标，可以预见林业产业发展空间减小但生态保护任务加强；认为将会对接国家公园管理局林业管理科室，重新界定林业局功能，包括交出行政处罚权等；认为仍然需要加强国家公园内土地确权工作，会参与功能区划设定的诸如经营区内集体林租赁合同的约定等土地事宜。

4）茶叶局是独立性较强的资源保护部门，明确地将自己定位为地方政府部门，在国家公园统筹管理上态度比较被动，认为关键是厘清国家公园管理局的行政级别，由此确定在茶种质资源保护地出现紧急问题时如何汇报，并考虑如何应对国家公园严格保护对茶叶局管理工作的促进和对茶叶生产的阻碍。

5）城乡规划局认为在形成国家公园统一管理上，必须解决自然保护区管理与地方的脱节，部门间的和层级间的矛盾都需要超越武夷山市来统筹；规划部门愿意根据国家公园规划要求进行规划管理权的重新确定，进行工作思路转变，但是在整个国家公园建设里仍然保持"守土有责"。

6）国土资源局希望对接国家公园管理局内分管国土的科室，并希望参与国家公园规划方案的制定和讨论。这一态度主要基于现有国土管理中规划调整影响保护措施和力度，保护地管理机构前置审批权削弱国土部门监管力度，自然保护区与地方管理联系薄弱。

7）旅游局主要从行业监管职能出发，希望国家公园明确功能区划，从而配合环保、林业等职能部门实现旅游承载和人员搬迁，以国家公园理念将旅游业提升到与国际接轨的层面，实现老牌景区创新。

8）财政局比较重视地方受益，认为国家公园管理应当由省级以上政府承担，必须加大财政转移支付力度，由公共财政帮助形成以茶和生态旅游为本底的经营性事业就业岗位并以此经营保障政府收入；促进本地财政不仅投入保护地保护，而且投入小环保和农村发展，形成全域式的生态保护投入。

从以上保护地管理机构和政府职能部门对国家公园管理单位统一过程中自身的定位看，自然保护区管理局、林业局和国土资源局的思考最为细致；农业局、茶叶局和旅游局相对独立，但前两者态度较为被动，后者较为积极；城乡规划局和财政局则已经开始从整个保护地和地方管理的体制问题出发对自身发展进行定位。

上述机构和部门对动态管理目标和未来职能定位的思考，已经出现对国家公园体制的诉求。这些诉求或立足于机构和部门的运行，或考量武夷山全域发展和生态文明制度改革框架，有以下关键点：①管理单位设置；②中央财政统筹；③干部考评机制创新；④土地权属明晰。以下说明各项共同诉求的细化，进而分析特殊的体制诉求。

1）管理单位设置：中央直接在武夷山设立管理机构（农业局、林业局），并明确与地方职能部门的信息传递和制定应急机制（茶叶局、旅游局），理顺与南平市的关系（度假区管委会），解决原有保护地管理机构行政层级高、审批权前置等导致的土地管理存在死角和盲区、重复建设、环境破坏、机构重叠、人员冗杂等问题（国土资源局），建立省直管的垂直管理体系（财政局）。

2）中央财政统筹：中央统筹国家公园的人、财、物分配（城乡规划局），加强对林地和基本农田的经济补偿（国土资源局、风景名胜区管委会、林业局），加强中央财政面向自然资源投资的有区别的转移支付（财政局），建立保护和收益主体一致的激励机制（财政局）。

3）干部考评机制创新：停止 GDP 等常规评比（农业局），地区不以GDP 发展为目标（城乡规划局），政策导向"生态立市"（财政局）。

4）土地权属明晰：进行土地确权（林业局、财政局），地权和林权统一以支持土地抵押贷款（林业局），规范土地赎买（农业局）和征地安置（度假区管委会），加大茶山管控力度（城乡规划局），提高土地国有化比例并开展自然资源有偿使用（自然保护区管理局、林业局）。

不难看出，武夷山国家公园体制试点区在进行空间整合和机构整合时，要解决两个尺度的重要问题：一是在社区层面协调生态保护和茶山管控，在产权明晰、资金保障、生态监测和补偿机制等方面集合上述诉求，重新进行利益分配；二是要推广全域"生态立市"，将国家公园体制试点区建设作为发展思路转变的契机，从机构整合到财政支持逐渐走向投资全域自然资本。

从对国家公园统一管理态度的积极性以及对管理和体制的诉求可以看出，**武夷山国家公园试点区体制统一的关键在于解决保护地管理机构的整合**：自然保护区管理脱离地方政府职能机构，隶属于省林业厅，拥有前置审批权，管理单位体制成熟，自成体系从而具有变革惰性；风景名胜区管委会是地方财政收入主要来源，是武夷山市政府的派出机构，具有前置审批权,与地方政府共同管理风景名胜区。空间上的整合必然涉及体制上的整合,在不同机构和部门拥有较为一致的体制诉求时,如何在国家公园试点区建设时推动这一体制整合的实现,需要回溯到不同机构和部门的差异化管理目标和管理动态上,在了解其对国家公园统一管理态度的基础上,逐步整合。

由前述武夷山现有保护地管理机构和相关政府职能部门对自身的定位和对国家公园统筹发展的体制诉求可以看出,加大垂直管理力度和实现地方财力与事权的统一是地方的主要诉求,自然资源资产管理和国土空间用途管制是地方的关注重点,现有保护地管理机构存在改革惰性而多数职能部门希望进行功能对接;虽然普遍强调武夷山市全域生态保护、绿色发展和利益共享,但没有要求国家公园管理单位承担全面的公共事务管理工作。

2.2.3.2　原住民对国家公园的认知

原住民对国家公园的认知,对国家公园体制建设的路径和成本至关重要。这主要体现在生态系统服务评价相关分析中。

从每户的支柱产业构成来看,尽管75%以上的受访者从事茶叶种植、水稻和烟叶种植等产业,但其收入来源在整个访谈区域内非常丰富。这一方面表明了样本的代表性和多样性,而另一方面也表明试点区内和周边涉及的具体保护和发展的矛盾可能更为复杂(见表2-2-3-3)。

表2-2-3-3　试点区内乡镇和外围乡镇原住民收入具体来源
(生产经营、财政工资和福利为三大类)

生产经营	生产经营(续)	财政工资	福利
养猪	农机修理店	保姆	养老金
养蜂	卖液化气	信用所	农机补贴
卖肉	古董店	公务员	医疗保险
地瓜种植	土地租金	医生	燃油补贴
太子参种植	土建承包	卫生院员工	生态公益林补偿
杉木砍伐	小卖店	地级市公安局员工	良种补贴
果园经营	房屋租金	地级市民营公交公司	
栗子种植	承包旅馆	地级市规划局书记	

生产经营	生产经营（续）	财政工资	福利
毛竹砍伐	景区作画	建筑工人	
水稻种植	毛茶收购加工	快递工人	
烟叶种植	水泥销售	护漂员	
白莲种植	水电工	挪钢筋工	
竹制品加工	活禽贩卖	收稻工	
竹荪种植	电器燃油生意	教师	
精茶制作	经营旅社	敬老院工人	
芋仔种植	经营机械公司	景区开车	
茶园种植	经营杂货铺	木材整理工	
茶山种植	经营理发店	村干部工资	
葡萄种植	经营砖厂	正式导游	
蔬菜种植	经营衣帽店	派出所兼职	
西瓜种植	经营诊所	海洋馆员工	
采集红菇	自营导游	理发工	
香菇种植	茶叶经销	电动车售卖员	
	茶青收购加工	种田帮工	
	货车运营	竹筏工	
	贩卖建筑材料	茶叶店店员	
	跑客运	装修工	
	餐饮民宿	计生专员	
		退休工资	
		部队工资	
		采茶工人	
		餐厅经理	
		高尔夫球场员工	

从现有生计发展来看，因为自然条件、经济发展历程和政策导向的不同，不同区域的生计发展有一定的共性。生活在临近地域内的居民往往具有相似的生计发展诉求。根据 4 个主要访谈区域，我们将原住民的主要生计

发展诉求总结如下：原住民对现有保护地类型和国家公园试点区建设确实存在不同认识，可能也会影响到他们将自身发展与区域发展相结合的程度。但是，整体而言，**相对于国家公园所承担的生物多样性保护和多样化的生态系统服务和商品供给功能，原住民大多仅仅关心与自己生计密切相关的生态系统服务和商品，特别是跟土地资源相关的生计。因此，土地权属制度的创新和建立绿色发展的产业体系，是国家公园体制机制设计不可或缺的重点**[①]。

外围乡镇总体诉求（见表 2 - 2 - 3 - 4）。外围乡镇产业构成复杂多样，总体而言，其居民希望根据国家公园试点建设，统一规划现有保护和旅游开发区，统一向高附加值产业升级，增强国家公园试点区对外围乡镇的旅游辐射，保障农村宅基地，协调古村落保护和新增住房需求的矛盾。这一区域不在目前的国家公园试点范围内，也不在原有的保护地内，相对而言其保护与发展的矛盾不强烈，主要表现在产业发展诉求上。但是，从另一个角度而言，他们也十分希望从国家公园试点区的建设中得到实惠。

表 2 - 2 - 3 - 4 外围乡镇居民诉求

区域	现有产业	产业升级诉求	自然资本诉求	实物资本诉求	社会资本诉求	金融资本诉求
外围乡镇	水稻	脱离水稻种植			粮站收购散户谷子	提高稻谷收购价格
	烟叶			完善灌溉设施		提高烟叶收购价格
	茶叶		现有茶山面积维持；荒山开垦确权		散户茶农的合作宣传和销售平台	
	公益林					提高公益林补偿金额
	毛竹					提高毛竹市场价格
	蔬菜	发展生态旅游		技术支持		
	旅游	全局统一规划，深度旅游				

---

① 本书的 3.3 节和 3.4.3 节就是基于这个认识进行的细化设计，分别用地役权试点和国家公园产品品牌增值体系作为解决方案。

武夷街道总体诉求（见表2-2-3-5）。主要分两部分：一是茶农对茶山确权的需求和对新增土地发展茶厂的诉求；二是征地后对失地居民的生计替代设计和对征用土地当前闲置状态的解释，或对其未来规划建设细节和自己受益方式的说明。这个区域是矛盾集中的地方之一，主要是因为位于景区门户区，未来也将是国家公园服务的门户区。作为老牌景区吃住行购玩的集中地，有些村庄经历过整村从景区内搬出重新安置，对征地比较敏感，对相关政策进程比较关注。

表2-2-3-5　武夷街道居民诉求

区域	现有产业	产业升级诉求	自然资本诉求	实物资本诉求	社会资本诉求	金融资本诉求
武夷街道	茶叶		茶山确权；新规划土地为产业园区建设，使茶厂和住家分开		村民集体参与景区保护和管理	
	失地	替代产业规划	规划和补偿土地	征收用地的规划安排、建设周期和受益方式信息		

星村镇总体诉求（见表2-2-3-6）。星村镇总体诉求主要表现在不同产业规模的茶农对扩大生产、发展品牌和拓宽销售渠道的渴望，以及明确山林权属、有序保留林业发展的愿望。星村镇主要分布在九曲溪上游沿岸，经历过大规模的农田改茶，大片区域缺乏法定保护地的严格管理。由于与风景名胜区内正岩的距离不同导致茶的品质和名声相差很大，部分原住民仍然有最大限度地种植茶树的冲动。

桐木村等保护区内社区的总体诉求（见表2-2-3-7）。保护区内村庄居民的主要诉求集中在"正山小种"的品牌保护、推广和产业生态化上。此外，居民希望对保护区实验区进行有序的生态旅游开发，增强保护区的开放性。保护区内情况相对简单，主要是因为自然保护区管理局一直致力于平衡保护和发展的矛盾，比如将所有毛竹加工厂搬离保护区、扶持生态园区、探索林下经济等。当前原住民对推广茶文化和开展旅游有很大的积极性，特别是希望国家公园试点区重新进行游线规划，将旅游与品茶、购茶相结合。调查中，有受访户解释了原有的游览和科普项目关闭的原因，

表 2 - 2 - 3 - 6　星村镇居民诉求

区域	现有产业	产业升级诉求	自然资本诉求	实物资本诉求	社会资本诉求	金融资本诉求
星村镇	茶叶	维持现有茶山面积	临近村庄建立茶叶生产基地；加强自来水供给保障；提供提高茶叶品质的技术支持	中小茶农的合作宣传和销售平台；官方色彩的斗茶和品牌打造；公平执法；高品质茶山收益补偿无地或少地者；山区搬迁但在满足环境要求的前提下，允许入山采茶	优惠茶农的信贷政策以扩大再生产；吸引外来资金投入大型茶企提升品牌
	林地	允许适当有序砍伐；发放林权证，明确承包责任和保护义务			正常市场价收购木材

是溯九曲溪从风景名胜区而上至保护区，一路上私人经营的景点，包括森林公园在内，截流了大部分游客，使得自然保护区无力发挥科教和游览作用。

表 2 - 2 - 3 - 7　桐木村等自然保护区内社区居民诉求

区域	现有产业	产业升级诉求	自然资本诉求	实物资本诉求	社会资本诉求	金融资本诉求
桐木村等保护区内村庄	茶叶	加强茶业生态性			官方品牌打造和宣传	
	毛竹					加大补偿力度，以停止森林砍伐
	总体	减少对保护区过于苛刻的封闭要求				

　　总体而言，在国家公园体制试点区建设开展的背景下，外围乡镇更多地希望依托全局规划达到产业优化升级，在维持现有良好生态本底的基础上优化产业；试点区内的乡镇则希望以国家公园这一品牌的建立来争取土地确权、新增生产用地规划，重新考虑现有各种用地限制的合理性、对补偿进行重新梳理和计算，吸引外来资金投入茶业品牌建设、对本地中小茶农进行统一规范管理，等等。

　　以上诉求在很大程度上反映了原住民对保护地管理现状的态度，特别是在一定程度上作为保护者而未受益或由于正常的生产因为保护政策而受到限制的不平衡心态。

90%的受访者表示了解土地与保护地的地理关系。41%的受访户有土地在保护地内，49%则不在。在有土地在保护地内的受访户中，57%认为保护地的管理对生产没有影响，43%则认为有不同程度的影响（见表2-2-3-8）。因此，大致可以判断约有不到一半的住户对国家公园试点区的管理更加关注。不过，调查中发现不少人认为保护地的管理对他们的生产是有正面影响的，包括土地利用限制保障了茶叶生长环境，减少了水土流失，从而减少了灾害，增强了生产和生活的安全性。这些人基本是茶农和林农。

表2-2-3-8　原住民陈述的保护地管理对其生产的负面影响

禁止类	限制类	执行类	深层原因
禁止开山	封闭管理，限制客户进山	执法粗放（自留地果园改茶被执法人员误铲，边角地种茶和茶树修边管理不合理）	茶山拔除管理规则标准不明确，执行主观性强而模糊，忽视客观生产条件，干扰正常生产
禁止砍伐薪柴	封闭管理，限制机动车进入管理茶山	飞机洒药保护松树，造成茶叶农药残余污染	政府执法不公，深山开山管理不力
禁止调整茶树上方树枝遮挡	限制农药，减少了茶青产量	景区内游客不受限，影响茶树生长	村民意见不能抵达管理部门，选举不民主
禁止擅自开路	限制旅游开发，减少了茶叶销售收入		
禁止实行"客土"，维持生态茶园①	景区搬迁安置后，限制厂房扩张，影响了茶叶品牌制作		
为了视觉景观保护，禁止杉木林砍伐	限制更换茶树品种		
	限制草药采集		

从表2-2-3-8可以判断，在国家公园试点区内，为了实现保护目标而对原住民生产生活进行限制时，有以下三个关键点。

① 把其他地方的土置换到茶山，是传统的保持土壤肥力的方式。

1）以限制和调控为主，即对依赖于自然资源的生产生活方式在资源使用时按总量控制，按需使用，形成时空调节。

2）应当对传统生产方式对自然环境的改变和潜在改变进行系统总结，科学评估，尊重传统，考虑现实。

3）对执法者形成监督，让原住民有建议和参与规定制定的话语权，并在原住民之间形成相互监督。

表2-2-3-8内列出的一些禁止和限制，关系到对资源保护和利用的整体思路，需要按照生态系统规律和生计发展需求重新进行考虑，这主要包括以下三点。

1）林地的适度砍伐。现有商品林实行保护而完全禁止采伐，造成林农前期投入的损失，而且生态补偿数额远低于林木市场价值，因此政府收储或开放间伐是两项主要诉求。

2）保护地内茶树的管理。由于现在实行半封闭的管理，茶农普遍反映客户进山参见访问茶叶生产困难。年内访客总量控制、出入证管理等方法是主要诉求。

3）茶厂扩张或搬迁。现在不批准新增土地来扩建或新建茶厂，茶农认为生产规模是发展的瓶颈，同时距离住宅太近的茶厂噪声影响大。诉求主要是在保留茶叶生产以独特口味取胜的宗旨上，对茶叶生产设定一系列标准，以一定茶农为单位统一后期加工作业等，统筹安排土地利用。

通过对380多户的调查，可以全面了解原住民对于国家公园试点区现有各方面状况的认识。将原住民对现有保护地内外跟自身关系最密切的诉求总结为表2-2-3-9，分为生态保护类、产业发展类、公共服务类、资源利用类和政府治理类等五大类，全面反映了保护地管理中现存的不足和与社区发展的矛盾。

在生态保护类，现有管理问题主要是以下三个方面。

1）对资源不当利用缺乏监督和惩罚；

2）对人兽冲突尚无有效干预；

3）对自然灾害和上游人为干扰缺乏预警和应对。

在产业发展上，现有产业管理缺乏以下三个方面。

1）脱离土地生产的产业引导；

表 2-2-3-9　原住民对现有保护地管理和生产生活的评述

生态保护类	产业发展类	公共服务类	资源利用类	政府治理类
提高生态意识； 鸟类破坏葡萄的人兽冲突需要政府采取措施； 保护区护林员需严格管控外来人偷采药材； 野猪破坏芋仔等冲突要管理； 加强村落古树管理； 加大水土流失保护力度； 减轻农田改茶造成的水量减少； 以间伐来促进林地立地更新和演替，同时带来收入； 控制景区开发造成的水体污染； 保护基本农田，特别是洪灾后无法耕种的； 禁止电鱼、炸鱼、网鱼等不良行为，派遣渔政员每天进行巡逻； 原住民参与保护管理	失地农民再就业； 参与景区管理； 发展茶文化旅游； 发展农业主题生态旅游； 岩茶推广和销售网络建设； 提高有机茶的市场竞争力； 种茶技术、茶苗选择等信息分享； 毛竹产业化需要引导； 在保护阔叶林基础上发展红菇等林下经济； 保护正山小种品牌并予以延伸和推广； 利用蔬菜基地发展生态旅游，如采摘、鱼塘	修路、修桥、开通公交； 修建水坝； 增加针对农时的天气预报； 需要改道或改善道路安全性； 加大自来水净化力度； 改善防洪设施，保护基本农田； 加强垃圾处理； 制作茶叶用的炒青机、烘干机，需要在能源供给方面进行改进，改烧木柴、煤炭为用电、生物柴油等； 加强厂房安全； 在村内空地建设大停车场； 建立学校，招聘老师	征地安置、开垦新宅基地； 茶厂扩张用地，房屋翻新，增加面积，荒地分给居民使用； 承包林放开砍伐或合理补偿和收购； 完善林权； 林权证返还； 山林分到户，管理自由并给予资金补助； 反对保护地封闭管理； 保护地内森林资源、水资源按需使用，方便农民； 建立土地流转制度，在是否使用机械、杀虫剂等方面，让流转双方达成统一	拔除茶山要公平； 普及国家公园能为村民带来什么具体收益； 居民保护了水源和森林，需要政府予以补贴； 景观保护禁止毛竹开采需要补； 以创收为主制定国家公园政策； 国家统一规划林地使用

2）固有产品的品牌巩固、新市场的开拓和传统产品附加值的增高；

3）依托种植业的立体化产业发展。

公共服务类在管理上涉及面多，管理问题分散，大致可以总结为以下几个方面。

1）继续改善交通条件，匹配生产需求，减少因追求保护而对原住民造成的不当妨碍；

2）加强灾害预警和应对能力，包括通告信息、巩固基础设施等；

3）加强基本生活条件改善、环境卫生治理；

4）改善生产条件，增加安全性，提高能源利用效率；

5）增加教育资源。

在资源利用和管理方面，问题虽然多，但是集中在两个方面。

1）亟须明晰土地权属，健全土地流转制度，对土地资源所有权、经营权和收益权明晰界定，完善相应补偿制度；

2）对原住民增加生产建设用地、翻新房屋、新建房屋的需求进行评估，增加执法透明度。

最后，在政府治理方面，集中反映了在国家公园试点区建设背景下，原住民对政策的渴望：他们特别想了解国家公园的建设目的、功用和对自己的切实影响。受访者对国家公园本身的理解各有不同，但总体反映了原住民在参与影响切身利益的政策活动时的信息闭塞和被动。从地域上来看，对保护地内和接近保护地的居民而言，其对参与国家公园建设的态度相对多样化，甚至包括不支持等负面态度，而外围乡镇居民相对而言以不了解这一态度为主；虽然"不了解"是一个普遍的态度，但是保护地内和附近居民三成多会对参与有具体的想法，而对此有负面态度的居民比例在保护地内反而是最高的。在具体的参与方式上，居民的想法大多数是跟自身利益相关的，并说过"看个人利益情况决定支持或不支持"（见表 2 - 2 - 3 - 10）。

另外，国家公园的品牌效应还远远没有深入人心。在武夷山国家公园试点区的建设进程中，为了切实有效地保护，就必须对原住民的产业和生活需求予以保障，将不同区域的生计发展结合当前管理问题统一到国家公园"保护为主，全民公益性优先"的目标下，尊重自然规律，尊重传统文化，考虑如何借助国家公园品牌效应引导产业，合理限制生产，实现生计发展和生态保护双赢。

表 2 - 2 - 3 - 10　原住民对参与国家公园建设的态度

负面态度原因	中立态度原因	正面态度原因
需要先看对个人利益的影响	不懂什么是国家公园	对水青山绿有好处
做好自己的事就够了	没有听说过要做国家公园	会有好政策，对农户有利
什么都只能听政府的	能力、年纪所限	需要后代有意识
此事与个人无关		
即使有政策，老百姓也大部分享受不上		

2.2.3.3　学者对国家公园的认知

尽管学者不是最重要的利益相关方，但是学者（在京学者和在闽学者）

对国家公园的认识也是重要的改革根据，尤其是参与了武夷山国家公园体制试点区实施方案编制工作的学者。对学者的访谈，主要是服务于改革方案的细化和具体的项目设计。主要看以下几个方面。

1）对武夷山地区生态系统产品和服务重要性的认知和理由；

2）对国家公园主要功能的认知；

3）对研究涉及的保护地的管理难点和问题的分析；

4）对国家公园生态系统服务功能实现的建议。

在京学者和在闽学者对武夷山保护地生态系统服务的选择和排序有所不同（见表2－2－3－11）。排名前五位示意如下，区别主要在于在京学者较之在闽学者更重视生态系统的调节服务，将水分调节功能作为优先考虑的生态系统服务，而在闽学者更了解精细农业，特别是茶山生态系统的关键地位。同时，在京学者将生态旅游放在首位，当地学者更重视美学价值本身。

表2－2－3－11　学者对武夷山保护地生态系统服务的选择和排序

序号	在京学者	在闽学者	所有学者	职能部门
1	生态旅游	美学价值	美学价值	生态旅游
2	美学价值	精细农业	生态旅游	本土文化
3	水分调节	生态旅游	精细农业	科学研究
4	本土文化	本土文化	本土文化	水分调节
5	科学研究	科学研究	科学研究	淡水

在国家公园的功能选择上，两地学者也有明显差异（见表2－2－3－12）。环境教育被公认为较为重要的功能，学者对科研的重视态度也较为一致。大的差异主要出现在保护和发展上：在京学者比较一致地将保护放在国家公园功能的首位，同时强调游憩机会的充分开发和提高当地居民收入，而当地学者更加看重区域发展整体，可能与他们更熟悉当地保护地的管理和使用有关，认为国家公园这一契机已经超脱了原有保护地本身的改善，反而应当以区域总体发展带动个体收入增加。总体而言，当地学者对国家公园各项功能的选择较为分散，序列区分度低。

表 2-2-3-12　在国家公园的功能选择上学者的看法

序号	在京学者	在闽学者	所有学者	职能部门
1	保护生物和环境	环境教育	保护生物和环境	保护生物和环境
2	环境教育	保护生物和环境	环境教育	增加旅游、娱乐、休闲机会
3	增加旅游、娱乐、休闲机会	促进区域经济发展	增加旅游、娱乐、休闲机会	环境教育
4	提高当地居民收入	促进区域社会进步	科学研究	科学研究
5	科学研究	科学研究	促进区域社会进步	促进区域经济发展
6	促进区域社会进步	增加旅游、娱乐、休闲机会	提高当地居民收入	促进区域社会进步
7	促进区域经济发展	提高当地居民收入	促进区域经济发展	提高当地居民收入

　　对于国家公园分区管理可能提出的行为限制，针对大多数条款，两地学者的看法一致，差别主要在于禁止经济作物的无序扩张，在京学者多数认为管理效果不会太好，反之当地学者认为可以见效；另外在生活取水的限制方面，在京学者对是否需要对此限制呈分散化的态度，而当地学者的态度则呈两极化，因此，该项限制的提出可能不够合理。两地学者普遍认为控制化学试剂进入土地的成效可能不好。

　　在生态系统重要性和生态系统服务的权衡、管理中的主要矛盾、现有保护地管理的难点，以及未来国家公园的管理突破点上，两地学者有共同认识，但也因为对武夷山的认知、研究的总体视野和经历不同而有所差异。

　　在解释武夷山地区生态系统服务重要性的原因时，两地学者使用的语言根据逻辑关系总结如下。综合而言，对于生态系统服务的重要性，两地学者的认知类似，当地学者会更强调具体的本土文化及其物质表现，而在京学者会强调精神层面。在实现愿景上，两地学者都意识到产业转型的必要和产业发展的时间历程，由重数量到重质量、由单一收入产业到综合利益产业转变，并将保护生物多样性和维持生态系统服务功能置于区域人类活动和社会经济发展的"复合生态系统"下来考虑（见表 2-2-3-13）。

表 2 - 2 - 3 - 13　武夷山生态系统服务方面学者的态度总结

基本原因	具体类型	实现愿景
价值高	科研；美学；修身养性	多学科融合
本底好	森林；水源地	区域复合生态系统
地方文化有特色	农业景观；文化信心；民族认同感；环境意识；非遗；民居	品牌效应
生存基础	农作物	生活质量
生计来源	旅游	多样化；有发展过程；就业质量；综合性强的优先
生产资料	茶、木材	链条效应；产业质量；高附加值；永续利用

　　针对现有保护地的管理，两地学者从体制机制层面到操作层面都提出很多问题。总体而言，在京学者更多地提到体制不顺和机制落后，而当地学者在此基础上提到了具体的重点和难点。这反映了当地学者对武夷山的了解更为细致，而在京学者更擅长从全局发现问题（见表 2 - 2 - 3 - 14）。

表 2 - 2 - 3 - 14　学者认为保护地管理中存在的问题

体制机制层面	管理层面	操作层面
现有政策、方案、制度的整合	经营理念不同 保护和利用不融合 土地权属复杂	没有依据环境承载力管理 科学成果转化不够 永续利用不足 难以维持自然本底和文化
总体框架	各自为政的规划	区域规划对武夷山的定位不当 生态系统破碎化 茶山管控不力
管理单位体制	主管单位多 部门切割 部门协调不畅	跨省管理 地方政府管控力弱 个人业绩诉求高 人才缺乏
资金机制	财权事责不对等	政府负债高 过渡带生态搬迁

　　针对上述问题，以国家公园为契机进行体制突破，优化管理，提出有针对性的实施方案，也是访谈的重要内容。两地学者的关注点和建议仍然可以从上述三个层面进行总结。我们发现，国家公园试点本身已经被纳入区域发展规划的语境中，不单单是聚焦在保护和发展上，还与形成保护和发展相协调的现代化治理有关（见表2-2-3-15，空白表示无回应）。

表 2-2-3-15　学者眼中发展和保护等方面问题的解决措施

体制机制层面	管理层面	操作层面
政策明朗 法律清晰	规划为先 多规合一	分区管理 时空调节 严格执行规划 污染企业外迁 本土生产方式保留 非敏感区域开发旅游
明确国家公园理念 提高百姓意识	环境教育	
垂直管理	地方和部门协调	
统一管理	机构协调	
保护资金投入机制	自然资源确权	价值评估 经济效益回馈保护 土地赎买 国家补偿 土地置换
社会监督	监督保护状况，及时反馈社会经济发展问题	政务公开 政府与村民加强沟通 社区共管 第三方评估 跟踪调查
社会参与		企业捐助 本底调查
全面社会保障	原住民受益方式多样化 基本服务与基本需求相匹配 政府管理公共事务	维持林下经济和茶叶种植 茶业产业化 生态产品 生态经营方式 替代生计 生态搬迁

续表

体制机制层面	管理层面	操作层面
特许经营	旅游管理信息化 规范经营	外来人口管控

最后两地学者谈到自己希望从武夷山国家公园中受益和参与国家公园建设的具体方式，反映了当地学者更明确和有地域特色的需求（见表2 - 2 - 3 - 16）。

表 2 - 2 - 3 - 16　学者通过武夷山国家公园建设受益的方式和参与方式

受益方式	参与方式
接受环境教育	规划工作
享受自然	科研
观赏美景	提出建议
旅游	开展环境教育
门票降价	组织公益活动
福建的招牌	沟通决策者
	做志愿者

2.2.4　推进国家公园体制试点主要问题和整合方向

（1）主要问题

结合上述调查，按照国家"统一、规范、高效"的体制试点要求，充分发挥统筹能力、高效利用财政资金、全面实现科学规范有序的管理，是国家公园体制试点改革的目的所在。从这个角度来看，武夷山试点区要实现这一目标，体制上尚存在较大的挑战，其关键问题从大的方面来说是"权和钱"的不足。具体而言，主要体现为两个方面。

第一，缺"权"导致统筹管理难度较大

前文已经多处阐述，武夷山境内保护地类型众多，且交叉重叠、多头管理的问题较为突出。要形成统一的国家公园体制，关键是要建立统一的实权管理机构。然而，在武夷山试点区内，不仅保护地类型多、级别高，自身的统筹管理存在挑战，而且国有土地的比例只有28.74%，土地权属的统筹将面临更大的问题。缺乏强有力的统一管理权，也会影响管理目标的统一性和监督管理（包括经营监管和日常监管）的有效性。

不同的保护地具有不同的管理目标。在国家公园体制试点建立之前，以自然资源保护为核心目标的自然保护区、在保护的同时发展旅游等产业的风景名胜区和森林公园、以历史文化资源保护为主的古汉城遗址、以发挥湿地调蓄功能为主的水利风景区等各类保护地在此集中。而国家公园的使命是"保护为主，全民公益性优先"，若不能将这些不同的管理目标统筹到国家公园应有的管理目标之下，使保护和公益两驾马车并驾齐驱，显然就达不到此次改革的目的。

要想实现保护和公益的目标，监管机制的配套也极为重要。但目前在各类保护地分头管理的情况下，监管的成效参差不齐。除了日常监管以外，经营是国家公园内被允许也将必然存在的业务，但区别于普通保护地的经营活动，国家公园的经营必须在确保保护的同时体现公益性，因而需借鉴国外的特许经营模式，对国家公园范围内的经营活动进行规范化。但目前武夷山各类保护地的经营活动或采取大公司入驻的模式，或是各家农户零散化的自主经营，没有形成体系化、规范化的经营模式。这方面也是今后需要改进的重点工作。

第二，缺"钱"导致公益性难以保障

国家公园公益性的实现，一方面要通过有效的统筹管理，另一方面也必须依赖于充足的财政资源。但目前武夷山试点区内各保护地的资金来源还比较单一，虽然国家相关部门给予了资金上的支持，但相对于武夷山保护和发展的各项事权而言，资金的缺口依然很大。财权、事权的不对应，不仅导致日常管理运营的成本难以保障，而且导致面对高产出、高效益的当地社区，有限的补偿资金难以实现控制其负外部性、引导其健康发展，反而在多项限制和禁止措施之下会加剧保护地和社区之间的矛盾，影响公益性目标的实现。

因此，只有构建能统筹配合解决各利益相关方"权、钱"问题的体制机制，才可能使武夷山国家公园试点区的不同区域实现体制整合和空间整合①。而"权、钱"问题也恰是国家公园体制改革中的重点和难点。

（2）整合上的方向

综合对武夷山保护地管理机构、政府相关职能机构以及本地居民的调查结果，可以从**空间和体制**两个方面对武夷山国家公园体制试点区建设提出建议：①在国家公园空间规划和功能区划时，进行空间整合和协调；②在国家公园管理体制上，进行部门职能重组和整合。这两个方面的建议，不仅符合中央要求的"多规合一"②的思路，而且符合利益相关者的真实诉求（见2.2.3中的详细调查）。同时，《试点方案》中缺乏明确的区域空间资源整合、国家公园内外协同发展和现有部门在未来国家公园管理单位中的定位与职能对接。本书将这样的整合总结在表2-2-4-1中。

借助田野调查发现：**从宏观角度看**，①强调武夷山全局发展的生态性（即绿色发展的基础性作用）；②强调职能部门间协调一致向合理的空间功能区划、自然资源确权和有偿使用的目标努力；③面对民众，要引导他们对保护的长效机制的认识，并以规范可行的方式保障保护和受益主体一致性。**而从微观层面看**，居民一方面要求机会均等，从国家公园试点区建设中不分边界内外地尝到"全局"发展的甜头，另一方面着重强调需要分别对待不同地区资源条件、产业差异和监管混乱等不同情况。而这两方面可以整合为**三大诉求**。①在自然资源使用方面，其权属在时空上信息清楚并在权证上明确落实，在监管上信息公开、一视同仁并且尊重传统。②在产业发展方面，要帮扶中小茶农建立生产规范、产品品牌和销售渠道③；对传统山林经营，应尊重生态规律、制定灵活政策、提高补偿；对单一农业经营，要引导示范多元生产，提高土地总产值。③在公共服务方面，要强调国家公园范围内外之间的差异性：区域内外公共服务重点不同，区域内要有针对性地保护管理，并且区域内优先，比如开展农村水污染治理项目、废弃矿山治理项目等。

管理者和本地居民的认知在一定程度上具有对应性。各层级政府都在

---

① 基于这个得自调查的认识，本书确定"权、钱"相关制度为体制建设的重点领域，并在第三部分专节阐述。
② 国家公园总体规划立足区域发展规划、土地利用总体规划和城乡规划等。
③ 调查中发现，大型茶叶企业从生产到销售链条大多完整，抵御风险能力强，相对自成体系。

要求空间上的资源管理统筹和体制上的统一规范，从而使管理上有明确权责划分推动保护和社区发展，进而提高本地居民对政府的信任度，以在国家公园试点建设中提高生态意识、形成得益于保护地的可持续生计。

表 2 - 2 - 4 - 1　武夷山国家公园体制试点区的空间和体制整合思路

整合类别	中央相关体制改革方案要求	现有方案问题	整合思路
空间及资源	多规合一；功能分区统筹考虑保护对象特征、遗产展示必要性、保护和利用现状以及未来社区发展需求；统一规范的国家生态文明试验区建设	仅限于试点区内的规划；缺乏边界调整的可能性和依据；四区划分方案直接衔接现有国家级自然保护区和风景名胜区的功能区划，不仅难以操作，也难以体现完整性保护的要求	自然资源区域统筹管理，包括存量估计、流量控制，将国家公园试点区作为资源供需的一个节点；将保护和使用的现有空间用地的矛盾，特别是调查中总结的农、林、茶、城市和旅游发展的权衡放到全局来看，找到焦点，重新调配；将武夷山市放到生态文明试点区的高度，对其全局特别是突破行政界限的流域在上下游的生态重要性做综合评价
体制机制	建立统一的管理机构并明确管理机构权限和与现有管理机构、地方政府的权责关系；建立和完善自然资源资产确权制度；根据事权划分、运行成本来源和成本测算建立资金管理机制，建立生态补偿机制	新管理机构构架明确但与现有部门对接方式、与地方政府相关职能部门的权责划分等都不明确；自然资源产权流转方式安排明确，但对社区发展差异和现有生计要素缺乏考虑；山林等资源已有确权机制但执行并不完全，部门间审批渠道不畅；缺乏对项目受益人和服务性质的界定，不同层级政府和市场作为资金来源的责任或机会不明晰	省政府垂直管理的国家公园管理局各部门应有明确的人员编制和岗位说明、现有保护地管理机构的职能增减、与现有职能部门的对接方式；特别是涉及保护和自然资源监管事项，两方要明确汇报渠道；对涉及土地权属、资源流通和空间规划的事项，要平衡主要职能部门的权力；建立对外宣传和与民交流的通畅渠道；空间上资源本底差异造成的不同乡镇发展诉求应当成为自然资源管理的重点，自然资源产权流转、自然资本投资和补偿必须建立在对当地实际的掌握上，应从统一、规范、全面等角度完善自然资源资产确权制度；统一界定国家公园内各项事务及相应资金需求的事权和财力分配，明确产品和服务的公私属性，为农（茶）生产销售、特许经营、生物多样性监测等不同（市场）属性的产品和服务明确统一的管理监管标准、负责部门和资金渠道

第三部分
国家公园体制试点区及国家公园管理
体制机制的细化设计

基于第二部分的分析，本部分以武夷山国家公园体制试点区为例，结合已经批复的《武夷山国家公园体制试点区试点实施方案》（以下简称《武夷山试点实施方案》）和《总体方案》，从具体的操作层面探讨如何建立国家公园管理体制机制（包括建立过程中的阶段性体制机制）。以此为基础，即可将本研究的体制建设总体框架（参见 1.3 节和图 0）和具体的体制机制构建方案（包括项目化方案）推而广之。《武夷山试点实施方案》审批较早，对其与《总体方案》理念一致的部分，继续探索政策的执行和落地；不一致的，要进行纠偏和调整。

本部分管理体制机制的细化，基于第一部分的总体框架、第二部分的现状问题，并尽量与《实施方案大纲》对应，包括管理单位体制、资源管理体制、资金机制，也涉及日常运行机制（日常管理机制、社会发展机制、社会参与机制和合作监督机制①），也尽量与《总体方案》中的统一事权、分级管理的体制、资金保障机制、自然生态系统保护制度和社区协调发展制度一致。从前述武夷山的情况看，要建立起"统一、规范、高效"且可复制、可推广的国家公园体制，关键在于"权"和"钱"两个方面的制度安排，**即管理单位体制、资源管理体制和资金机制（也是管理的重点和难点）**："权"的方面，要划清地方政府与管理机构的关系（权力的划分），在管理单位体制设置中使管理机构权责利匹配，赋予其统筹管理各种保护地类型、各种土地

---

① 一旦管理单位体制、资源管理体制（难点是土地权属的处理）、资金机制确定，则日常运行机制（日常管理机制、社会发展机制、社会参与机制和合作监督机制）也被大体确定。因此，这三者是体制机制的重点和难点，本部分 3.2、3.3 和 3.4 对这三者进行分析。

所有权类型的权力和能力，并有与之匹配的队伍；"钱"的方面，要从根本上解决管理机构财政资金不足、不当经营的问题，使管理机构的财力与事权相对称，并通过构建合适社区发展的机制，使国家公园更好地体现全民公益性。

　　基于此，这一部分的内容设计如下：决定管理机构性质和权责的管理单位体制（3.2节）、以土地权属为重点的资源管理体制（3.3节）、决定管理机构财力和事权是否相称的资金机制的构建（3.4节）。在此基础上，提出国家公园管理机构重点领域的权力清单和运行方式（3.5节）。

3.1　目标导向和问题导向下国家公园体制试点区体制机制改革方案设计特点

　　图0显示，改革目标和既有问题决定了国家公园体制框架的发展方向和建设重点。要在典型案例地区形成体制框架的细化内容，第一步要分析试点区的体制建设目标和存在的具体问题，第二步则是结合《生态文明方案》《总体规划》等上位文件形成体制机制中重要部分的细化内容及其落地的操作方案，最后需要明确体制机制建立时管理机构的权责对应关系。

3.1.1　与《生态文明方案》衔接的国家公园体制建设框架

　　针对重点领域，即管理单位体制、土地权属制度和资金机制，有必要完善不同阶段建设的细节内容，提出专门的试点期要求。"统一、规范、高效"中，"统一"排在首位，主要解决碎片化和多头管理等问题。这主要体现在体制整合（对管理单位体制的调整）上，是体制机制建设的基础和高效管理的保障。在试点期，要依据不同区域之间的资源价值差异和土地权属差异来设置管理目标，明确中央和地方、政府和市场的边界。将武夷山国家公园定位在落实中央《生态文明方案》的先行示范区的高度，配置相关的管理单位体制。在建成期，则可更多地追求"规范"和"高效"。对于资金机制和土地权属制度，基于武夷山国家公园内资源价值高、土地权属复杂、统筹难度大的实情，需要在细化国家公园保护需求的基础上，制定基于事权划分的筹资机制，构建生态产品价值的先行实现区，并在部分地区建立有针对性的地役权制度试点，从而以有限的资金达到高效保护的目的。

3.1.2 目标导向和问题导向是国家公园管理体制机制的特点

目标导向下，"统一、规范、高效"是国家公园体制机制改革的主要方向，"保护为主，全民公益性优先"是其改革的最终目的。《生态文明方案》《试点方案》《总体方案》《关于设立统一规范的国家生态文明试验区的意见》《国家生态文明试验区（福建）实施方案》等文件涵盖了体制机制的主要内容（参见表1-1-1和表1-3-2）。这些主观因素，是整个体制机制改革的方向和支撑。

问题导向下，可以武夷山试点区为例得出表3-1-2-1，这是获得批复的《武夷山试点实施方案》中仍然存在的问题。解决这些问题，可以使

表3-1-2-1 比对《试点方案》，看《武夷山试点实施方案》的问题

	体制机制类别	中央文件要求	《武夷山试点实施方案》的问题
体制	**管理单位体制**	统一管理、省政府垂直管理	横跨多个行政区，省级层面部门利益的协调存在挑战
	资源管理体制	明确资源权属、确保重要资源国家所有、土地多元化流转、合理经济补偿	土地权属复杂多样，社区以当地资源为生产条件创造了较高的经济效益，补偿成本较高
机制	**资金机制**	测算运行成本、拟定筹资渠道、明晰支出预算	没有进行事权划分，没有明确高层级应承担的事权
	日常管理机制	评估保护利用现状、拟定保护传承机制、强化监督执行、规范利用和管理	没有提出评估的技术方法和实施机制，没有明确衍生的产业（如漂流等）在试点期和试点结束后的管理机制变化
	社会发展机制	规范、引导社区发展	社区较多，且已基本形成固有的依赖当地资源的产业模式，规范和引导的成本和难度较大
	特许经营机制	明确组织方式、资金管理机制	各区域之间经营产业发展程度不一；旅游发展成熟区域具备成体系的企业经营模式，但并非以特许经营的模式运作；旅游开发较少区域基本以农户零散的经营为主，推行特许经营在制度安排和资金管理上具有一定挑战
	社会参与机制	鼓励多方参与、实施社会监督	社会参与渠道和模式较为单一，尚未形成体系化的捐赠制度、志愿者制度等
	监管机制	界定权责利边界、明晰监管范围	各层级、各部门之间财权、事权划分不够清晰，影响保护和监管成效

体制机制改革方案的设计更加具体化和有针对性。

结合重点和难点问题，可知管理单位体制、资源管理体制和资金机制是体制机制建立的重点方面。下面，分别在3.2节、3.3节和3.4节中加以分析。

3.2 如何构建管理单位体制

本书的1.3节确定了国家公园体制机制建设的总体框架（图0），并说明生态文明八项基础制度既是改革的方向，又是具体操作措施和改革方案的基础。根据这一总体框架，本节紧扣《生态文明方案》《试点方案》《实施方案大纲》《总体方案》等，从操作层面来分析管理单位体制分阶段、分类、统筹的构建方案及实现方式。

《关于健全国家自然资源资产管理体制试点方案》提出要"健全国家自然资源资产管理体制，要按照所有者和管理者分开和一件事由一个部门管理的原则，将所有者职责从自然资源管理部门分离出来，集中统一行使，负责各类全民所有自然资源资产的管理和保护。要坚持资源公有和精简统一效能的原则，重点在整合全民所有自然资源资产所有者职责，探索中央、地方分级代理行使资产所有权"。《总体方案》顺承了这个方案，并明确了管理机构的资格："国家公园作为独立自然资源登记单元，依法对区域内水流、森林、山岭、草原、荒地、滩涂等所有自然生态空间统一进行确权登记。"中央和地方**以自然资源资产所有权为基础进行权力划分**，明确在资源管理上谁是产权所有者谁就有相应的权责，**在保护上以国家公园管理机构为基础进行统一且唯一的管理**，在其他政府事务中以地方政府为主，提出"整合设立国家公园，由一个部门统一行使国家公园自然保护地管理职责"，还明确了这个机构有（6+1）项权力："履行国家公园范围内的**生态保护、自然资源资产管理、特许经营管理、社会参与管理、宣传推介**等职责，负责**协调**当地政府与周边社区关系。"

管理单位体制是国家公园管理的基础，管理机构的确定是机构运行的基本前提。要明确管理机构的**权责范围（重点指权力**①**划分）和设置方式**

---

① 权力在本书中仅仅体现在管理单位体制相关改革中，权利则更多强调资金机制的构建。

（机构的形式、级别和人员编制①）。首先，结合总体框架中的现实约束，提出国家公园管理单位体制分阶段的构建方案。其次，明确管理单位体制的权责划分（包括中央层面国家公园管理机构、基层国家公园管理机构和地方政府之间）；对基层国家公园管理机构如何确定管理单位体制，以武夷山国家公园试点区为例，分类、比选后确定具体管理机构的设置方式（包括机构级别等），并给出具体的人员编制的匡算公式。另外，国家公园体制机制的构建是一个动态的、发展的过程，并且管理单位体制的权力在体制机制的重点领域（资源管理体制和资金机制）都有所涉及，故其动态化的调整综合在 3.5 节中。

3.2.1　国家公园管理单位体制在试点区的分阶段构建方案

管理单位体制是国家公园体制中建立难度最大且类别差异最大的体制，其改革就是根据改革目标调整既得利益结构。由于难以在短期内达到较为完善的地步，因此需要基于《试点方案》的方向性要求分阶段地构建，最终形成统筹管理的格局。

本部分主要以武夷山国家公园试点区为具体案例，说明各类管理单位体制的特点并提出"分类、分阶段和统筹"三方面的特征。其中，"分阶段"构建是基本的，也是本部分讨论的主要内容。因为一旦确定了具体的试点，也就确定了其具体保护地类别（1.2 节中对中国的保护地管理类别做了总结，附件 2 中对国家公园的遴选做了系统分析）。对于"统筹"的操作要求，它贯穿于整个制度框架的细化和政策的实施过程，将在 3.4 节具体讨论。而对国家公园体制试点的田野调查，是体制机制构建（尤其是确定重点领域和设计体制机制细节以解决主要利益相关者的利益诉求）的基础

①　管理人员工资（人头费）在发达国家的国家公园经费支出中占据较高比例，但这通常是国家公园体系已经较为成熟、相关基础工作大多做完才会出现的情况。对中国的保护地尤其是国家公园来说，还有大量的基础工作（包括本底调查、科研监测、基础设施建设等）没有完成，因此人头费比例会显著低于发达国家。另外，中国保护地管理机构的人头费是由管理单位体制决定的：这部分资金是在管理机构的"三定"方案确定以后，依据"三定"方案分别纳入不同层级政府的预算中，其不同于项目资金，不需要专门的申请或者专门的部门发放。即人员编制决定了人头费。因此，人头费不需要在资金机制中专门研究，也放在管理单位体制中统一研究。

（主要根据 2.2 节）。

从目标导向来看，按照《试点方案》和《实施方案大纲》的要求，在国家公园体制试点期内，要形成"统一、规范、高效"的管理单位体制、资源管理体制和资金保障机制；从问题导向来看，国家公园体制试点的建立是为了有效整合现有的各类保护地以及保护遗产的完整性和原真性，其涉及的保护地类型通常较多、管理难度较大。基于这一实际情况，可以按照以下步骤来分阶段实施（见表 3 - 2 - 1 - 1）。《总体方案》颁布后，前面较早颁布的《试点方案》，有必要结合《总体方案》进行对标、调整，进一步规范管理。

表 3 - 2 - 1 - 1　国家公园体制试点区分阶段构建方案

	主要解决问题	主要措施	时间安排
第一阶段	统一管理	成立统筹管理试点区范围内所有保护地的国家公园管理委员会，明确界定其权责利范围，实现以统一的规划、统一的制度对试点区内各保护地实施统筹管理。明确原保护地管理机构在国家公园体制下的权责利范围及其与原资金渠道的衔接方法	当前至 2017 年后期
第二阶段	规范管理	参考《总体方案》，制定与国家公园管理委员会及相关保护地的权责利相配套的，与国家公园的愿景、目标和原则相一致的法律法规、政策制度和标准等，使后续各项工作有法可依	2017 年后期至 2020 年
第三阶段	高效管理	对标《总体方案》，制定并启动与国家公园体制相配套的一系列管理机制，包括资金机制（筹资和用资）、协调机制、监督机制、社会参与机制、经营机制、日常管理机制、社会发展机制等，实现信息化平台管理	2020 年以后

3.2.2　国家公园管理单位的权力[①]构成

国家公园管理单位体制关系到不同部门之间、不同层级政府之间既得利益结构的调整和权责的重新划分。管理单位体制权责的划分，需要结合

---

① 此处主要讨论管理机构的权责划分，主要强调权，不强调利，故而表述为权力。

《生态文明方案》和《总体方案》进行细化①，并且要明确试点期和建成期权责划分的差别。由于"现实约束"的差异，不同类别试点区的管理单位体制有不同的实现形式。

建成期的愿景模式：借助"大部制"② 改革契机，在中央设置国家公园管理局（基层国家公园暂时隶属地方政府，但由中央的国家公园管理局进行业务指导、行业监管并给予专项资金补助），享有对基层国家公园管理局和自然资源的统一管理权，并享有对基层国家公园政策执行的监督和考核权③。在机构改革中，通过部门职能的切分和国有自然资源产权权属的划分，设计差异化的基层国家公园的管理模式。

基层的国家公园管理机构是对国家公园范围内的所有自然资源进行统一规划、统一管理的事业单位，享有自然资源管理权、规划权、人事权、资金权、经营监管权和执法权，与相应层级地方政府形成明确的权责分工，即地方政府主要负责市场监管、公共服务、社会稳定等业务。其中各加盟区④享有各自独立的规划权、人事权、资金权和执法权，但必须符合与核心区所签订协议的要求和原则。

本部分主要明确不同权力在国家公园范围内的内涵（参见 1.3 节总体框架部分图 1-3-2）。

（1）**统一的规划权**。规划是国家公园空间发展的指南、可持续发展的空间蓝图，是各类开发建设活动的基本依据。规划权同管理单位体制的类

---

① 《生态文明方案》明确："按照所有者和监管者分开和一件事情由一个部门负责的原则，整合分散的全民所有自然资源资产所有者职责，组建对全民所有的矿藏、水流、森林、山岭、草原、荒地、海域、滩涂等各类自然资源统一行使所有权的机构……分清全民所有中央政府直接行使所有权、全民所有地方政府行使所有权的资源清单和空间范围。中央政府主要对……部分国家公园直接行使所有权。完善自然资源监管体制。将分散在各部门的有关用途管制职责，逐步统一到一个部门，统一行使所有国土空间的用途管制职责……"

② 中央层面若有"统一行使所有国土空间用途管制职责"的大部委，上行下效，各省级政府也会有这样的厅局。以大部委为依托，将价值较高、适合作为国家公园的保护地由一个机构（通常表现形式为大部委下设的副部级国家公园管理局）来统一管理。类似的，各省也能将具有省级层面重要价值的保护地由一个机构来管理。这样就可能形成国家公园和保护地体系自上而下的以资源产权管理为权责依据的统一管理局面。

③ 具体结合生态文明体制改革方案设计，与地方政府干部考核机制结合。中央国家公园对基层的考核更多侧重政策执行效果的横向对比。

④ 具体说明参见附件7。

型密切相关。与前置审批型的管理单位体制对应，规划权的设计也属于前置环节①。国家公园范围内的规划权（含环境相关的项目审批权）要实现统一。**问题导向下**，规划权方面的问题包括：①纵向看，规划主体、发展目标、技术标准、规划期限不统一、不衔接，以致众多规划相矛盾。②横向看，部门间的平行规划存在矛盾冲突。比如地上是风景名胜区而地下是矿产资源区。又比如土地利用规划和城乡利用规划中，国土部门和城乡规划部门选取了不同的土地分类标准、土地利用技术。

规划权基础下的审批权问题，主要是法律法规之间的冲突。①行政命令和上位法律的矛盾，如《中华人民共和国城乡规划法》明确规定未经法定程序不得修改规划，然而地方政府出于经济建设发展的需要，可能直接下达与已有规划不相符的行政命令，使得违反规划的建设项目得以继续实施。②平行法之间的矛盾冲突，如《森林法实施细则》明确规定，直接为林业生产设施服务的林业用地，只办理林地批复手续即可，不需再办理土地使用手续；而《土地管理法》明确规定，使用国有土地必须办理土地使用手续。为解决上述问题，需从规划层面解决保护地管理破碎化问题。为保障管理的高效性，应结合生态文明体制改革要求，在体制机制建立的同时，整合目前各部门分头编制的各类空间性规划，编制统一的空间规划，即"多规合一"，形成国家公园范围内"一个规划，一张蓝图"，从生态、国土、城市规划、产业发展、文物保护等方面明确相关工作是否符合国家公园"最严格保护"和"保护为主，全民公益性优先"的要求。国家公园规划和地方政府规划也应该一致。因此在规划的制定和执行过程中，有必要针对土地利用、资源环境管理、城乡建设等活动建立协调机制。

推动规划制度和审批制度改革，形成国土空间分类、分级统一管控，实现"开放式、多功能"。利用"多规合一"的机会，建立一个基础数据共享、监督管理同步、审批流程协同的"多规合一"信息联动平台，逐步建立平台式的项目审批新机制，即国家公园管理局有统一的规划权，并以综合规划为统一的审批依据，最后实现不同的专项规划在用地边界上的一致

---

① 规划权属于国土空间管制，审批权涉及自然资源资产权属的，要依法、依规划管理。其中个别环节中，规划是审批依据。

性、功能安排上的衔接性、政策属性上的协调性。国家公园范围内不得新设矿产资源类开发项目，现有依法建设的矿产资源类开发项目应当逐步有序退出。国家公园内的建设项目，应当依法办理审批手续，并向国家公园管理机构备案，禁止未批先建、批建不符。在上级政府逐步完善生态保护成效与资金分配挂钩的激励约束机制，并加强对生态保护补偿资金使用状况的监督管理情况下，可以将国土空间用途管制的情况动态上报并进行国家公园范围内的项目排序。对不符合国家公园规划要求的，应当逐步进行改造、拆除或者迁出。未来还应发展国家公园产品品牌服务的数据管理平台，明确相关品牌产品的空间范围和具体管制要求，使得各产品（包括一、二、三产不同类型的产品）的地理标识明确、生态影响清晰。考虑到细化的保护需求，国家公园范围内的土地应实现季节性动态管理，国家公园品牌产业也需要动态管理。这要求"多规合一"综合管理平台与相关国土空间监测数据之间有接口，也要留出公众举报窗口，使"多规合一"综合管理平台具备类似城市数字化网格管理平台的动态管理功能。

（2）**完整的人事权**。人事权是人力资源管理的一种形式。国家公园管理机构的人事权一定要完整，不受地方政府制约，这样才可能正确处理保护与发展的关系。国家公园范围内的人力资源管理，必须在户籍制度、激励机制及人才管理方式、升迁渠道等方面创新，为人才构建高层级国家公园科研管理职位晋升通道，使国家公园在一定程度上成为"人才特区"，使多数偏远区域的国家公园也能延揽与国家公园职责匹配的科研管理人才。

（3）**作为一级预算单位的独立资金权**。有一定（最好是法定）的财政资金渠道保障，统一规范地使用并公开全部收支情况[1]，形成相对完善的筹资和用资机制。

（4）**经营监管权**。国家公园管理机构统一对国家公园范围内及范围外

---

① 从筹资而言，有三条渠道：财政渠道、社会渠道和市场渠道（包括经营渠道和收费渠道）。从用资而言，可将相关支出分成"人头费"（员工工资）、"建管费"（建设管理费）和"补偿费"（生态补偿和野生动物损害补偿等）三块。其中的建设管理费，涉及的事务繁多。为便于事权划分，可依财政学的相关标准（具体参见3.4.1.2节），将其涉及的事务再细分为四类：资源保护和环境修复活动、保护性基础设施建设、公益性利用基础设施和公共服务、经营性利用基础设施建设和相关服务。

使用国家公园品牌（含加盟区）的经营活动进行准入管理和服务质量、价格等方面的监管。

（5）**执法权**。指的是综合执法权，即在国家公园范围内，由国家公园管理机构统一行使与自然资源管理相关的综合执法权。

理念上，国家公园体制设计中，日常管理层面的综合执法需要体现"统一、规范和高效"。即将国家公园所在地方政府与自然生态环境和自然文化遗产相关的执法权力、执法机构、人员编制等**分阶段**进行整合，由国家公园管理局统一实行自然资源环境综合执法。综合执法权的设计也是在管理单位体制的基础上进行的，与之对应的应该是差异化的执法体系。①**从执法范围和内容角度看**，在试点阶段，前置审批的模式中，并不适合将规划、国土资源、林业、农业、水利、环保、文化文物的执法权纳入。而到统一管理阶段，不仅国家公园范围内的这些执法权需要整合到国家公园管理机构，公安部门对破坏环境资源案件的刑事管辖权等（包括林业公安部门依据《森林法》《野生动物保护法》等的刑事管辖权）也需要整合（类似美国国家公园管理局的 Park Police），以"统一、规范、高效"的管理提供司法保障。②**从人员编制角度看**，要组建综合执法队伍，即将国家公园管理范围内的多支执法队伍，归为一支。一旦出现违法，执法部门统一执法（包括环境保护、林业、农牧业、水行政、交通运输、旅游、国土资源、住房和城乡建设、工商行政管理、价格监督管理、消费和权益、道路交通安全、动物检验检疫、文化市场行政管理、旅游行政管理、公安等方面），落实对国家公园范围内山水林田湖等自然生态空间的系统保护。可根据实际需要，授权国家公园管理机构履行国家公园范围内必要的资源环境综合执法职责。

问题导向下，保护地管理中很多不文明、不规范现象同执法权相关，比如类似保护区的地区无权对矿业开采执法，以致省国土资源厅违法批的采矿企业违法、越权开采；拥有森林资源的林场并无实际的执法权，以致难以制止林场范围内的乱砍乱伐行为；景区管理处并无对游客违规行为做出行政处罚的权力；等等。国家公园范围内存在管理漏洞和管理权冲突以及管理（尤其是执法）不力的情况，其制度成因可总结为以下三方面：①**所有权和执法权不匹配、日常管理权和执法权不匹配**（即所有者没有配齐相关权力甚至不能进行日常管理，或者承担日常管理的单位也往往没有执法权）；②**多头、交叉管理与管理缺位并存**（导致有利大家上、无利大家让）；③**体制改革不配套，局部改难以起作用**（地方各级环保部门具有对本行政区内各类自然保护区管理进行监督检查的职能和权力，但由于隶属关系和职务层级等存在差别，县级和市级的环保部门对保护区管理有心无力）。因此，综合执法是非常有必要的。它的最终目标是在机构编制、法定职能等不变的前提下，实现国家公园范围内的权责统一，形成执法合力。《总体方案》中明确：授权国家公园管理机构履行国家公园范围内必要的资源环境综合执法职责。

它有两个基本原则。①要获得这一专业领域与产权所有者匹配的完整的执法权（这个原则是有界限的，是与前面的制度成因分析挂钩的，不能前后脱节，也不能违背现实，如抓卖淫嫖娼的执法权肯定不能给国家公园管理局），从而防止出现对国家公园范围内的某一违法事件，管理局没有管理权的情形。②要保障对复杂执法问题的多部门联动，即充分体现综合执法的特点。对于面积广大、地貌复杂并且跨多个行政区的地区，有必要整合先进的管理手段（卫星遥感等监测平台联动、与群众举报衔接的公众参与平台联动）。

具体操作上，不同的国家公园或者保护地存在的问题各有特点，所以改革重点也有所差异，即应分类施策。①对于管理混乱的国家公园，比如长城国家公园体制试点区，分析管理机构权责空间的差异，改革的重点集中在赋予管理机构执法权，保证空间范围内的权责统一。②对于管理分散的国家公园体制试点区，比如钱江源国家公园体制试点区这种跨区行政的，改革的重点首先应该是集中执法权，是整合已有的管理机构，并赋予执法权。③而对于三江源国家公园体制试点区这种自然资源权属较为清晰、管理模式较为单一的，改革也较为简单，由森林公安局行使园区内外的执法权，由国家公园管委会统一行使资源环境综合执法权，即国家统一行使重要自然资源资产管理与国土空间用途管制。

为更好地处理上述问题，国家公园范围内有必要按照执法的专业类别或者执法所依据的法律法规**分类、分阶段处理**。**分类**主要指在一个统一的综合执法处（隶属于国家公园管理局）下设置不同类型的科室，如治安管理、林业管理、土地管理、旅游行业管理等，从而获得完整的执法权。同时为了和地方政府相协调，一个科室两块牌子，比如治安管理的也是公安派出所，林业管理的也是森林公安科，等等。经过地方政府综合执法权授权后，再借助立法制定地方性法规给予明确，最后在国家公园建成期将职能全部划转到国家公园管理机构（主要指基层），实现综合执法。**分阶段**主要指**试点期间**，没有转化的行政执法职能，由相关的行政主管部门行使，国家公园管理机构不得越权。而一旦**执法权统一后**，相关的行政执法部门（也包括法律法规授权单位）等，除去立案尚未结案的外，则不得行使已经划转的行政执法职能，依然行使的，做出的行政决定无效。

　　空间导向下，国家公园范围内的执法同样需要**分区管理**。比如整个国家公园范围内，要禁止采矿、探矿、房地产开发、水（风）电开发、开垦、挖沙采石等行为。而缓冲区内的旅游开发建设等其他破坏资源和环境的活动是要禁止的，要有相应的管理办法和行政执法权力。对于有原住民的区域，原住民的自用房建设等则需要符合土地管理相关法律和分区管理办法，即新建住房等要沿用当地传统民居风格，不应该对自然景观造成破坏。对于面积大、执法任务重、流动人口多的地区，需要增加执法力量，提高执法人员的配置。

　　最后，设计体制机制的时候，要确定国家公园执法权相关的**权力清单和责任清单**，梳理行政执法权、执法依据和法律依据，优化执法权的运行流程，并且向社会公开部门职责、执法依据、处罚标准、运行程序，对权力清单和责任清单实行动态管理。建立健全执法制度，规范行政执法行为，使流程清楚、要求具体、期限明确。建立行政执法公示制度，依法公开执法人员、执法依据、执法程序等。规范行政执法办案制度，细化行政处罚自由裁量权的基准，同一区域内（核心区或者缓冲区），特别是类似跨省的管理，违法事实、情节基本一致的，行政处罚决定的种类和幅度要基本一致，避免执法的随意性。构建完善的听证制度、告知制度，规范取证活动，依法保障执法对象的参与权、知情权、陈述权、申辩权等。对于重大执法决定，要建立法制审核制度；对重大复杂案件，建立集体讨论制度。建立健全执法监督制度。跨地区跨部门综合执法试点单位和行政执法人员同样要接受法律监督、行政监察和社会监督。强化国家公园内部流程控制，建立健全公开、公平、公正的评议考核机制、奖惩机制和行政执法错案责任追究制度。另外随着现实约束和发展阶段的变化，国家公园管理单位的权力也要随之调整（将在3.5节讨论）。

3.2.3 分类和比选基础上国家公园管理机构运行方式的确定

管理机构运行方式是管理单位体制的重要内容。结合当前国家公园和保护地管理的实际情况，需要对不同的管理模式进行分类，通过比选后确定具体的管理单位体制。

3.2.3.1 分类：国家公园管理单位体制未来在全国不同类保护地的可能实现方式

在国家公园的管理机构设置中，涉及两个问题：①中央的机构如何设置，基层的国家公园管理机构如何设置？②两个层级的管理机构的权责范围分别是什么？如何体现到"三定"方案中？本书认为应先确定机构设置的总体原则，再制定相关的具体方案。

总体原则主要有三个方面（可概括为"三个有利于"）。

①**有利于与中央的大部制、统一专业管理的机构改革方向衔接**。这主要针对中央的机构设置，应对同类型资源实行集中统一的管理，类似美国的体制：国家公园管理局这样的资源管理专业部门，接受其他行业监督部门（如美国环保署）依法监管，避免行业监督部门直接管理资源（既当裁判员又当运动员）。

②**有利于推进生态文明基础制度系统落地**。这对中央和基层的机构都适用：《生态文明方案》提出生态文明八项基础制度（参见表1-3-2），但迄今这些制度很难成龙配套地落地。一个统筹的资源管理部门，易于将国家保护价值最高的区域建设成为生态文明基础制度的先行先试区，并通过自然资源资产确权、"多规合一"等方面的制度建设，使国家公园"保护为主，全民公益性优先"的宗旨获得全方位的制度保障。

③**有利于处理与地方政府的关系**。这主要针对基层管理机构：国家公园体制试点区所在区域，大多数是经济较不发达区域，地方政府若身兼国家公园管委会职责（这在中国较普遍，如黄山等），则会陷入经济学所说的激励不相容境地，难以体现"保护为主，全民公益性优先"。这也要求基层

国家公园管理机构单独设置，而地方政府通过生态文明制度建设形成有利于国家公园的周边环境。

　　基于此，可以大致明确机构设置的具体方案①，其主要的权责在 3.2.2 节中有介绍。

　　①**中央层面的国家公园管理机构设置建议**。与中央的机构改革大方向一致，利用党的十九大后机构改革的机遇，在中央未来设立的自然资源统一管理的大部委（类似美国的内政部）下，设置对全国的国家公园及保护地进行统一行业管理（国家公园暂时隶属地方政府，但由中央的国家公园管理局进行业务指导、行业监管并给予专项资金补助）的国家公园管理局。

　　②**基层的国家公园管理机构设置建议**。独立设置对国家公园范围内所有自然资源进行统一规划、统一管理的机构，在国家公园建设期可先由省级地方政府垂直管理，条件成熟时逐渐上交国家，由国家直接行使所有权。这样，国家公园基层管理机构与地方政府的事权不交叉，各司其职，整合后的国家公园管理机构暂时可保留多块牌子（如自然保护区管理局、风景名胜区管委会），以在中央机构改革完成前衔接既有资金渠道和优惠政策。

　　3.2.3.2　比选：国家公园管理单位体制应用于全国不同类型保护地的利弊比较

　　按照**垂直/属地管理**或者**事业单位/政府管理模式**进行划分，可将当前中国保护地的管理单位体制概分为四类（见表 3-2-3-1）。整合后的国家公园试点区选用哪类管理单位体制需要明确：①垂直管理还是属地管理？②代行地方政府职能还是维持事业单位性质只负责某些公益事务？（其中第

---

　　① 这样的建议并非空中楼阁，其现实可行性可参考 2016 年 3 月 5 日中央印发的《中国三江源国家公园体制试点方案》，其中明确垂直管理、中央事权：所有权由中央政府直接行使，试点期间由中央政府委托青海省政府代行。省级层面，将依托三江源国家级自然保护区管理局，组建由省政府直接管理的三江源国家公园管理局，对公园内的自然资源资产进行保护、管理和运营（合并多个管理机构）。将园区涉及县级政府有关自然资源资产管理的部分队伍和人员整合到管理局，具体统一履行对各园区的管理职责。同时在园区探索开展资源环境综合执法，解决"九龙治水"问题。管理局还将农牧、国土、林业、水利等部门全部整合起来，在草原监理、综合执法方面以管理局为主、地方政府为辅。地方政府只负责市场监管、公共服务、社会稳定（与地方政府大部制改革结合起来）。三江源区的 12 个乡镇设保护站，村设立保护组。

IV类是目前中国多数保护区采用的管理单位体制）然后从其功能和运行效率角度，对垂直/属地以及事业单位/政府管理模式的利弊分别进行比较。以此为基础，提炼出国家公园管理单位体制的三种模式，即行政特区型、统一管理型和前置审批型。在问题导向和目标导向下，以武夷山国家公园试点区为例，可对这三种管理体制进行比选，以确定分阶段（试点期和建成期）的管理单位体制。

表 3－2－3－1　目前形势下保护区管理单位体制的改革目标

	中央或省级职能部门作为产权方（或出资方）垂直管理	属地化地方政府横向管理
生态特殊功能区地方政府	Ⅰ　由中央政府的有关职能部门出资举办并直接领导的生态特殊功能区政府（如四川卧龙保护区管理机构——卧龙特别行政区）	Ⅲ　等同于以某个产业为支柱产业的县级地方政府（如湖北神农架林区）
事业单位	Ⅱ　与地方人、财、物关系分离的非营利机构，承担具体公益事务，如陕西佛坪保护区	Ⅳ　地方政府（多数是省市级地方政府）在特定区域行使特定权力、承担具体事务的一个事业单位，如少数国家级和大多数省市级自然保护区管理局

这四类管理单位体制，以社会学的功能分析方法来看，就其功能和运行效率而言，在以下五个方面存在区别：①上令下达的有效性；②管理力度；③运行成本（包括经费和机构人员等）；④功能多样性（包括对社区的带动功能等）；⑤监督有效性。在改革的基础研究中，必须弄清较为重要的Ⅰ、Ⅱ、Ⅲ类体制的适用范围和前置条件，才可能保证改革顺利进行。这就要比较垂直管理和属地化横向管理之间，以及事业单位管理单位体制和地方政府管理单位体制之间的利弊。

1. 垂直/属地管理、事业单位/政府管理的利弊比较

(1) 垂直管理与（属地化）横向管理之间的利弊比较

实施垂直管理或者横向管理，选择的基础是合理划分中央和各级地方政府的事权，在经济调节、市场监管、社会管理、公共服务等方面让中央和各级地方政府各司其职。属于全国性和跨省的事务，由中央管理，以保证国家法制统一、政令统一和市场统一。属于本行政区域的地方性事务，由地方管理，以提高工作效率、降低管理成本、增强行政活力。属于中央

和地方共同管理的事务，要区别不同情况，明确各自的管理范围，分清主次责任。垂直管理与属地化横向管理这两种管理体制之间是利弊互现的（见表3-2-3-2）。

表3-2-3-2　垂直管理与属地化横向管理之间的利弊

	中央或省级专业职能部门垂直管理	属地化地方政府横向管理
优点	①上传下达高效。工作环节减少，便于提高行业管理的效率。管理工作的任务与要求可以沿从上到下的专业部门业务线进行布置和传达，简化环节，节省时间，有利于提高工作效率 ②管理干扰小，有利于提高管理水平。人、财、物权均由业务部门直接掌握，有利于形成资源价值认识统一、管理目标统一的管理体系，可以有效地防止地方政府对资源价值的认识不统一带来的行政干预。同时，行业内部管理有利于加大工作力度，提高管理水平	①降低管理成本。如果利益取向相同，能够把政府有关部门和社区居民的积极性很好地调动起来。这样一方面可以解决管理人员不足、管护工作量较大的矛盾；另一方面也可以借助县乡政府的行政力量，从一定程度上缓解保护区运行费用严重不足的问题 ②兼顾多种目标。可以较好地发挥保护区的资源功能，为属地创造更多的经济效益，也有利于在保护的同时兼顾扶贫、民族文化保护等多种目标
缺点	①运行成本高。保护区管理机构不属于属地政府的组成部门，自成体系，难以获得地方资源的配合，运行成本高，且不利于形成主动与地方配合、协调的工作作风 ②在保护区的基本建设尚未完成的初级阶段，自我发展能力差，且难以与地方政府配合实现社会发展的全面目标 ③带来大量缺少横向制约的权力空间，可能因为"放权过度、约束不足"造成保护区管理机构自身对资源的"监守自盗"	①保护区的生态目标容易屈从于地方的经济目标或其他发展目标 ②作为国家利益委托代理人的国家有关行业行政主管部门对保护区只有针对特定资源管理的业务指导权，没有对人、财的支配权，在工作安排和行动落实上必须经过与自然保护区管理局主要发展目标不同的地方政府，不仅容易控制不力，也会增添工作环节，影响工作效率
适宜情况	①财力强，能够根据保护区业务活动需要拨付主要经费； ②对保护区资源的经济效益要求不高； ③法规和规划完善，能够确保自然保护区管理局不直接参与经营活动和从中分利	只要满足以下三个条件，横向管理体制还是有明显的投入产出比优势的：①解决了土地权属和林权等问题，从而能够保证基本的管理权；②有了稳定的生态效益补助渠道；③在扶贫资金的使用上有控制权，可以在发展生产时兼顾生态目标
实际情况	仅应用于海关、质检、审计等事关国计民生且市场不能、不宜、不愿干的行业	大多数行业

从投入产出角度看，保护区横向管理相对垂直管理优势明显：保护区

产生的间接经济价值，尽管在总体上其外部性是明显的，即区外受益量远大于区内受益量，但就人均水平而言，则是周边社区内远大于保护区范围外，这也是地方政府对保护有积极性的重要原因。垂直管理有一种成本较低的实现方案①：适用于解决中央和地方信息不对称或者土地规划②、审批等技术性较强但可以集中进行的关键问题，其他的管理仍需在传统体制框架下解决。这种垂直管理办法可以称为"垂直监管下的属地化横向管理"或者"局部垂直管理"。

（2）事业单位管理体制与地方政府管理体制之间的利弊比较

事业单位只是承担某一方面具体公益事务的组织，地方政府则是具有面面俱到职能的权力机关。在大多数地方，不可能由主要职能为负责某一方面具体公益事务的组织代行地方政府职能。对于保护区这样的生态特殊功能区，由于这一区域生态功能显著强于其他功能，同时人口密度相对较低，因此保护区管理机构代行地方政府职能是有可能的。四川卧龙特别行政区就是一例。这两种管理模式的利弊，如表3-2-3-3所示。

如果采用地方政府式管理，保护区管理机构面临两个方面的问题：①如何追求财政开支预算平衡？②如何体现全民公益性，即优先考虑国家生态利益？即保护和开发的矛盾明显。以地方政府式管理的保护区管理机构解决前述矛盾比较成功的做法是：建立机构简单、主要目标突出的政府；政府不再追求财政自理目标，而是以外援经费支持基础上的保护目标兼顾供给制式的居民发展目标为服务目标。这种方式相当于用经济和行政力量限制社区居民和地方政府的各种活动，同时只以生态目标为政府目标，从而高效率地减少了社区对保护区的干扰。但该模式会造成较重的财政负担，也忽视了保护区经济价值可合理利用的部分和社区居民的参与。

（3）选择标准

总之，表3-2-3-1中的四种管理单位体制各有适用范围。选择合适的管理单位体制的主要标准可概括为以下两点。

---

① 主要根据中国质检、环保等地方政府由于自身利益原因而难以承担监督权的部门，以及海关这样因为承担涉及地方重大利益的职能而容易乱权的部门的改革经验。

② 集中规划权是美国国家公园管理局的经验，其将所有国家公园的全部土地规划权集中到美国丹佛规划设计中心，统筹规划，确保规划依法进行。

表3-2-3-3　事业单位组织形式和地方政府组织形式的特点对比

	事业单位	地方政府
一般功能	从事社会公益事业，面向社会或政府提供公益（产品）服务、技术支持等	依法行政管理、依法监督审查和宏观规划、制定政策
特点	①服务目标是公益目标最大化，即不仅以辖区和周边社区的居民福利为目标，而且服务于国家层面的福利最大化 ②主要职能是开展具体的公益事务，没有明确的行政执法权力，缺少必要的执法地位和手段，管理权限主要是一种防范权，对社区居民的行为支配能力较小。如果没有全面掌握辖区内的土地权（包括林权），则这种防范权很弱 ③机构相对精简，工作重点突出，专业技术特色相对突出	①服务目标应该是辖区内的社会全面发展，兼顾公益目标最大化和资源利用效率最大化。但在中国现阶段主要看重短期经济指标的情况下，容易过度追求对直接经济价值的开发和将间接经济价值快速廉价兑现 ②具有对辖区内人、财、物资源尤其是土地资源全面调配的权力，包括规划权、开发权和规范权等，可以全权组织地方资源利用，调控产业结构、居民行为方式和收入方式 ③社会职能过多，必须设置诸多与完成生态目标无关但是作为一级政权必设的机构，造成运行成本高昂，且专业化管理功能易被削弱
资金来源	各级政府财政根据其公益性的不同拨付不同数额的资金，差额部分通过以项目投入方式表现的生态转移支付和出售产品（服务）解决	一般情况下要通过税收自收自支（即经济上要能自我维持），不足部分由省级和中央级转移支付资金解决
总结	①广域服务；②管事不管人；③经费外来为主	①就地服务；②管人、管事；③经费自筹为主
适用单位	绝大多数承担执法操作以外的具体公益事务的组织	各种行政区域的综合管理部门

①要与保护目标和当地各种约束（包括财政资金供给约束和土地权属约束等）相适应，以解决保护区生态地位与经济地位、行政地位不统一带来的问题；

②尽量获得现有资金渠道下的扶贫控制权，以解决未来相当长的时期内生态补偿资金不足的问题，保证生态补偿机制的实施。

2. 适用于国家公园的管理单位体制类型

以上述两个利弊比选为基础，并考虑管理单位体制的适用范围和国家公园试点区的普遍情况，可以提炼得出三类主要的国家公园管理体制类型——行政特区模式（Ⅰ类）是垂直管理模式和地方政府管理单位体制的结合，统一管理事业单位模式（Ⅱ类）是垂直管理模式和事业单位管理体制的结合，前置审批事业单位模式（Ⅲ类）则是属地化地方政府横向管理模式和事业单位管理体制的结合。在此，结合武夷山国家公园的实际情况，对这三类管理模式做细化处理（见图 3-2-3-1、图 3-2-3-2 和图 3-2-3-3）。它们在功能和运行效率方面均存在显著区别，所以要结合国内外国家公园体制建设的经验、改革的目标和实际情况，进行方案比选、利弊比较，确定最终的管理体制机制。

（1）特区政府型（行政特区型）

对于具有较大面积的全球或全国层面的典型或敏感生态系统和资源类型、涉及保护地类型众多、管理强度和管理单位体制类型不一、各类保护地的管理体制统筹难度较大的国家公园而言，可以配备特区政府型管理体制，实施最统一、高效的管理。

这一类是统筹管理力度最强的国家公园管理体制。管理局不是单纯的履行国家公园管理职能的事业单位，而是代行地方政府职能、具有行政功能的管理委员会。它需要履行国家公园常规的主要职能，而且配有专门的公检法等机构，拥有财政权、人事权、司法权等，具有最大的资源调动权，因而能实现最有效的管理。然而，在现实中，这种管理体制也面临比较大的挑战：一方面，高效的管理必定需要较大成本的投入，管理委员会的人员少、工作任务重；另一方面，与其他国家公园管理机构相比，这类管委会在推动民生社会发展方面面临更高的要求，它们要像政府一样着力改善当地的生活，提高经济发展水平。而这些工作对于管委会来说，存在着较大的挑战。武夷山国家公园体制试点区采取行政特区型管理体制的基本格局如图 3-2-3-1 所示。

（2）统一管理事业单位型

对于生态系统和资源重要性较高、涉及保护地类型相对较少、各类保护地管理强度和管理单位体制较为接近、易于统一管理的国家公园而言，可以配备统一管理型的管理体制，即对国家公园涉及的各项业务（除公安执法以外）统一实施实质性的管理。

这一类是统筹管理力度中等的国家公园管理体制，除了执法方面与公安等机构没有实现统筹以外，保护与经营的职能可以实现较为完美的统一，并设置高配的国家公园管理委员会，由较高层的政府领导牵头。其职能包括保护生态环境、规范经济行为、引导产业升级、进行招商引资、带动社

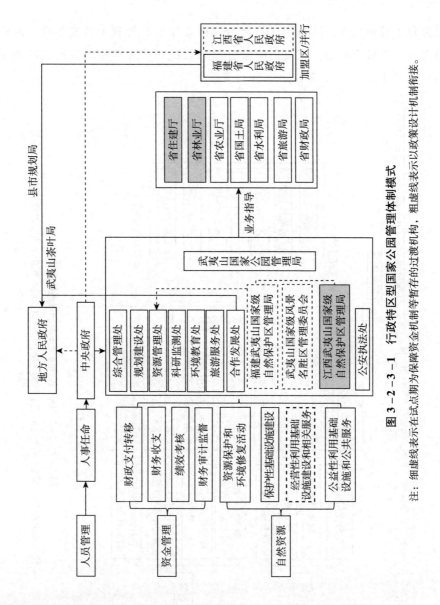

图 3 - 2 - 3 - 1　行政特区型国家公园管理体制模式

注：细虚线表示在试点期为保障资金等暂存的过渡机构，粗虚线表示以政策设计机制衔接。

区发展等。国家公园范围内原有保护地相关机构自身的体系并不改变，而是被纳入这个管委会，成为其二级机构。管委会统一部署公安执法以外的保护、科研、旅游等各项工作，协调各方的利益和矛盾，推动共同发展。由于在真正意义上实施了统一管理，这类管理体制使相关部门的权责利实现了统一。虽无公安执法权，但与特区政府管委会相比，这类管理体制明显降低了管理成本，且适于应对部分地区在生态和管理上的复杂性，因而管理的成效较为突出。武夷山国家公园采取统一管理事业单位模式的基本格局如图3-2-3-2所示。

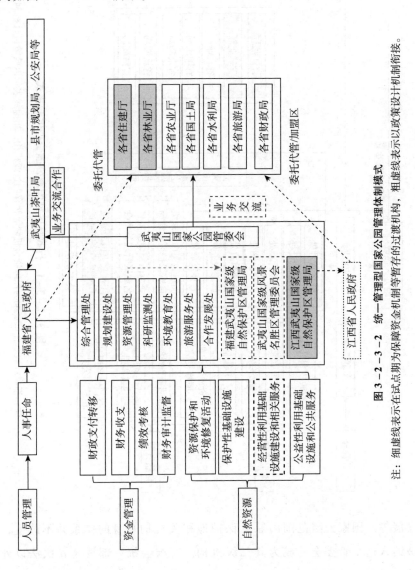

图3-2-3-2 统一管理型国家公园管理体制模式

注：细虚线表示在试点期为保障资金机构等暂存的过渡性机构，粗虚线表示以政策设计机制衔接。

（3）前置审批事业单位型

对于在生态系统和资源的典型性和敏感性方面相对不突出，涉及保护地较多，虽然不同类型的保护地管理强度较为接近，但其管理体制类型差别较大、统筹管理难度较高的国家公园，可以配置前置审批事业单位型的管理体制，即并非对所涉及的业务进行实质型管理，而是通过前置审批的环节，以最小的改革成本，实现对相关行为的初步把控。

这一类是统筹管理力度相对较低的国家公园管理体制。何为前置审批？即国家公园管理机构没有上述两类管理体制下对公检法、保护、经营等方面的全部或部分高度统一，但是在履行其常规的职能以外，被赋予一项特殊的职能——对所有涉及国家公园的行为活动进行一轮初审，只有管委会认可的和批准的，才能进入国土、水利、农业、林业等相关实权部门的审批。这种管理体制下，管委会虽然没有统一管理的实权，但通过前置审批，可以对一些明显不符合要求的行为有初步的把控，如控制犯法行为进入国家公园等，也能较为全面地掌握国家公园所有相关行为活动的信息，对其进行通盘的规划部署。对于国家公园体制构建而言，采取这种管理体制改革的力度最小，路径最短。武夷山国家公园采取这种管理体制的基本格局如图 3 - 2 - 3 - 3 所示。

3. 对国家公园三类管理单位体制的比选

不同方案具有不同的适用条件和范围，并且在上令下达有效性、管理力度、运行成本（包括经费和机构人员等）、功能多样性（包括对社区的带动功能等）和监督有效性等方面也存在显著区别。结合武夷山地区的实际情况（主要以 2. 2. 3 节为依据），对三类国家公园管理体制的特点和优缺点进行总结，如表 3 - 2 - 3 - 4 所示。

这三种不同类型的管理单位体制，均在不同程度上实现了统一和规范的要求。虽然统一的程度有强弱之分，管理的成本和效果也各有不同，在满足管理共性要求的同时也各自具有鲜明的特点，但是在目标导向下，从生态系统的资源属性、保护地类型数量、不同保护地的管理强度、管理体制的统筹难度等方面来看，这三种管理模式各有弊端，都不能保证"高效"的需求。为规避这一情况，如 3. 2. 1 节的讨论和建议，在国家公园体制机制建立的过程中，有必要分阶段建设：试点期分别满足统一、规范和高效三方面的要求，建成期时则结合中央对国家公园的统一部署和改革方案（包括对福建生态文明试验区的有关要求），设计满足目标导向和问题导向双重需求的"愿景模式"。

中国国家公园体制建设研究

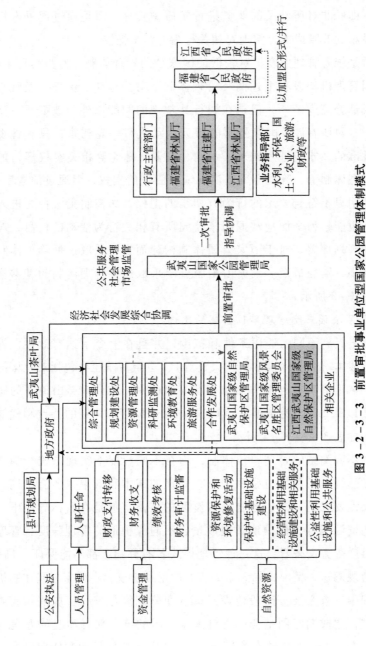

图 3-2-3-3　前置审批事业单位型国家公园管理体制模式

注：细虚线表示在试点期为保障资金机制等暂存的过渡机构，粗虚线表示以政策设计机制衔接。

表 3－2－3－4　武夷山国家公园管理单位体制三种整合方案比选①

	行政特区模式	统一管理事业单位模式	前置审批事业单位模式
保护地管理体制基本特征	国家公园管理局代行地方政府职能，除负责一般意义上的国家公园工作以外，还配有专门的公检法等机构，拥有财政权、人事权、司法权。将所有与国家公园管理相关的工作都纳入这个特区政府的范畴，理论上具有最大的资源调动权，能实现最有效的管理	自然保护区和风景名胜区等保护地，成为国家公园管理局的二级机构，在管理局的统一部署下开展保护、科研、旅游等工作。除执法方面与公安等机构没有实现统筹以外，对保护、经营、社区发展等职能实现统一管理	县级政府的派出机构管理的少数国家级自然保护区管理局和大多数省市级自然保护区管理局，对自然保护区或风景名胜区进行统一规划和运营，但相关审批（如土地、林业和产业项目等）还在省市级地方政府职能部门。保护地内的项目，涉及这些权力的，均要先报批保护区管委会，由保护区管委会进行前置审批
管理体制整合/调整方案	设立武夷山国家公园管理局，经费由中央拨付，业务由林业部等相关部门指导，行政上由省政府直管	设置对全国的国家公园进行统一行业管理（国家公园暂时隶属地方政府，但由中央国家公园管理局进行业务指导、行业监管并给予专项资金补助）的国家公园管理局，所有权由中央政府直接行使，试点期间由中央政府委托福建省代管，组建由省政府直接管理的武夷山国家公园管理局，对公园内的自然资源资产进行保护、管理和运营（国家级自然保护区和风景名胜区作为其二级机构）	武夷山国家公园管理局试点期间由中央委托福建省代管，没有将公检法、保护、经营等方面的全部或部分职能高度统一，但是在履行其日常规职能以外，对所有涉及该国家公园的行为活动有权进行一轮初审，只有管理局认可和批准的，才能进入国土、水利、农业、林业等相关实权部门的审批
优点	①具有对辖区内人、财、物资源尤其是土地资源全面调配的权力，包括规划权、开发权和规范权等，可以组织利用地方资源，调控产业结构、居民行为方式和收入方式；②管理干扰小，有利于提高管理水平；③政府不再追求财政自理目标，而是以外援经费支持基础上的保护目标兼顾供给制式的居民发展目标为服务目标；④高效减少社区对保护区的干扰，有效缓解保护与发展的矛盾	相比特区政府而言，其管理成本相对较低，且适宜于应对某些特定类型生态系统在生态和管理上的复杂性：①上传下达高效；②管理干扰小，有利于提高管理水平。人、财、物权均由业务部门直接掌握，有利于形成资源价值认识统一、管理目标统一的管理体系，可以有效地防止地方政府对资源价值的认识不统一带来的行政干预。行业内部管理有利于加强工作力度，提高管理水平	对不符合要求的行为有初步的把控，能较为全面地掌握国家公园相关所有行为活动的信息，对其进行通盘的规划部署，并且改革的力度最小、路径最短。①保护区地方政府的积极性较高；②机构相对精简，工作重点突出，专业技术特色相对突出；③公益性较强；④降低管理成本，兼顾多种目标

---

① 本表暂不讨论江西武夷山自然保护区。

续表

	行政特区模式	统一管理事业单位模式	前置审批事业单位模式
缺点	**投入的管理成本大**,管理委员会的人员少、工作任务重,同时有改善当地生活、提高经济发展水平的使命,挑战较大:①财政负担较大,对本来可以形成保护力量的居民进行了基本以外援为财源的计划经济式管理,也忽视了保护区直接经济价值和间接经济价值可合理利用的部分,忽视了通过资源合理利用使社区居民也成为保护力量;②社会职能过多,必须设置诸多与完成生态目标无关但是作为一级政权必设的机构,造成运行成本高昂,且专业化管理功能易被削弱;③成本高昂,普适性较差	**无公安执法权**,执法力度比特区政府模式略弱:①自成体系,难以获得地方资源的配合,运行成本高,且不利于形成主动与地方配合、协调的工作作风;②在保护区的基本建设尚未完成的初级阶段,自我发展能力差,且难以与地方政府配合实现社会发展的全面目标;③带来大量缺少横向制约的权力空间,可能因为"放权过度、约束不足"造成保护区管理机构自身资源的"监守自盗"	是一个虚拟的管理委员会,没有管理各项事务的实权,对国家公园的有效管理不能起到决定作用:①这种模式获得上级政府的支持不够,也难以实现跨行政区的管理;②土地权属不统一,缺乏行政执法权,防范权很弱,不能将生态效益作为首要目标;③保护与开发存在矛盾,保护区的生态目标容易屈从于地方的经济目标或其他发展目标;④作为国家利益委托代理人的国家有关行业行政主管部门,对保护区只有针对特定资源管理的业务指导权,没有对人、财的支配权,不仅容易控制不力,也增添了工作环节,影响了工作效率
其他地区的实际情况	特区管理机构代行地方政府职能	国家公园体制试点建设期可以将保护区运行的监测、监督部门优先纳入中央或省级业务部门垂直领导,其他管理维持在传统体制框架下,实现"垂直监管下的属地化横向管理"或者"局部垂直管理"	大多数行业使用这种模式
适用范围	适用于辖区内的居民活动有特殊性或者地方政府的不当开发倾向显著的情形	这种垂直管理只用于解决中央和地方信息不对称或者土地规划、审批等技术性较强并可以集中处理的关键问题,其他的管理仍在传统体制框架下解决	①传统模式(即归于县级政府管辖)能在少数矛盾突出的地方过渡时采用。已经批复的5个试点区都没有采用这种模式,都有更高的统一管理要求。②可以经过相应调整,用于试点阶段
适用条件	①财力强,能够根据保护区业务活动需要拨付主要经费;②对保护区资源的经济效益要求不高;③法规和规划完善,能够确保自然保护区管理局不直接参与经营活动和从中分利;④无法移民且难以实现封闭隔离管理	①公益一类保护区;②无法移民且无法实现封闭隔离管理;③地方政府的不当开发倾向显著或已经形成事实;④只要土地权属问题解决,土地规划权的垂直管理就是可行的	①解决了土地权属和林权等问题,从而能够保证基本的管理权;②有了稳定的生态效益补助渠道;③在扶贫资金的使用上有控制权,可以在发展生产时兼顾生态目标

续表

	行政特区模式	统一管理事业单位模式	前置审批事业单位模式
统筹程度	高	中	低
体制试点建设期的主要障碍	中央事权与地方事权的划分 土地权属问题 原有资金渠道和审批关系的维持	中央事权与地方事权的划分 土地权属问题 原有资金渠道和审批关系的维持	专项资金支持 中央事权与地方事权的划分
案例	四川卧龙自然保护区	青海湖景区（包括青海湖自然保护区和风景名胜区）	武夷山风景名胜区

在试点期，上文已分析，根据《试点方案》对武夷山国家公园管理单位体制的要求，将试点区内全民所有的自然资源资产委托给国家公园管理局管理，国家公园管理局行使自然资源管理和国土空间用途管制的职责，各部门继续依法行使自然资源监管权（实现国家公园范围内自然资源资产管理和国土空间用途管制"两个统一行使"）。地方政府行使辖区内（包括国家公园试点区）经济社会发展综合协调、公共服务、社会管理和市场监管等职责。武夷山国家公园管理局有权对所有涉及该国家公园的行为活动进行一轮初审。只有管理局认可的和批准的，才能进入国土、水利、农业、林业等相关实权部门的审批。国家并没有设立针对国家公园试点期建设的专项基金。为了衔接原有的资金渠道和优惠政策，保障试点期内能有一定的资金支持国家公园建设，在这个时期武夷山国家公园的管理单位体制适合采用前置审批的模式，也就是各项事务依然要经省级单位/国家级别相关部门批复，才能保障获得其资金支持。试点期内，保留武夷山国家级自然保护区管理局等，将其直接作为国家公园的二级单位。这里更重要的是将原来属于不同县/市管辖范围的保护区，提升为由福建省统一管理，在省内解决不同行政区划下的管理问题。这也是改革力度最小、成本最低的一种管理体制设计方案。

在国家公园建成期，需要保证"一地一牌"和"一地一主"，不再有风景名胜区、自然保护区等多块牌子，所有保护地的自然资源由自然资源管理处统一管理。在建成期，武夷山国家公园的运行若继续采用前置审批模式，会遭遇很多瓶颈，比如难以协调多市/地区的参与等。而行政特区模式和统一管理事业单位模式各有优缺点，可结合两者的优势，描绘出未来国家公园管理单位体制的"愿景模式"：垂直并整合各种管理机构权限的事业单位模式（见图3－2－3－4）。在这样的模式下，地方政府充分利用自身优势，发挥社区参与的力量，起到公共服务和市场监管的作用，"全民公益性"则主要靠中央政府直接管辖的国家公园管理局来实现。

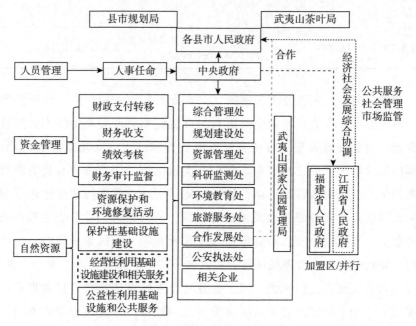

图3－2－3－4　建成期的国家公园管理单位体制的"愿景模式"

注：细虚线表示在试点期为保障资金机制等暂存的过渡机构，粗虚线表示以政策设计机制衔接。

　　未来在武夷山国家公园建成期管理体制机制的设计上，要正确处理好国家公园管理局和当地政府之间的关系，划分中央和地方的事权（既是管理的基础，也是资金机制的基础），尽可能地降低管理成本，并提高公共福利和社区居民的生活水平。试点结束后，可以将国家公园试点暂时由省级地方政府垂直管理，条件成熟后上交中央（如成立中央层面的国家公园管理局），由其直接行使所有权。

3.2.4 国家公园管理机构人员编制的确定

无论何种形式，国家公园管理机构都是政府下属的机构，其必然需要通过编制来规范。在编制确定（"三定"方案的重要内容）过程中，除去权责的划分（3.2.2节），以及机构运行方式（3.2.3节）外，还要明确其人员编制（3.2.4节）。本小节基于国家公园体制的终极目标，从"保护"和"全民公益性"等国家公园的功能出发，结合3.2.3节中给出的基层国家公园管理机构的内部机构设置，确定管理机构人员编制数量（未考虑兼职、志愿者以及合同制人员的情况）（见图3-2-4-1）。

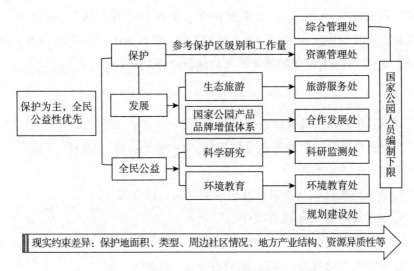

图3-2-4-1 国家公园人员编制确定思路

人员编制数量的确定要建立在对国家公园分类的基础上，即要参照表1-3-3进行。分类的两个维度如下。

第一，土地权属造成的统一管理难易。管理的工作量在相当程度上建立在土地权属基础上。这属于资源保护类工作，属于"保护"角度的人员配置。人员的数量反映其保护的工作量及其重要程度，参照国外流行的通过对单位面积土地的投资来核算[①]。作为重要的保护区，从管理角度看，国

[①] 国外国家公园和自然保护区的管理体制千差万别，其中对工作人员的定义也存在诸多差别，与中国的基本没有可比性。

家公园所需工作人员不仅与保护区的面积有关，也与保护区的类型、功能（保护级别）、周边社区状况（包括人口和生产方式等，这是决定管理工作量的重要因素）和其他国家特殊政策因素（如民族自治区等）有关。这使仅从满足管理需要的角度确定所需人员非常困难。参考以全职工作人员管理为主的有关国家的相关研究①，并基于国内的数据情况，在对国家公园分类的基础上，可以根据其面积、类型和周边社区状况，测算"保护需求角度"的工作人员编制。这部分主要对应管理单位体制设立中资源管理处、综合管理处、规划建设处的编制数量，各试点可结合自身工作量协调具体名额。

参考已有编制文件支撑的《关于广东省自然保护区管理体制和机构编制等问题的意见》② 中的"自然保护区人员编制计算公式"，在公式（1）的基础上，考虑中国国家公园的具体情况③，结合表 1 - 3 - 3 的分类，可以得到表 3 - 2 - 4 - 1 中保护部分的人员编制计算公式：

$$B = (5X + N/2 + S_1/4000 + S_2/6000) \times L \times T \times K \qquad 公式（1）$$

其中：B 表示人员编制总数；

X 表示自然保护区的等级（国家级：3；省级：2；市县级：1）；

N 表示保护点个数；

S_1 表示陆地面积（含森林及内河湖水面，以公顷计）；

S_2 表示海域面积（以公顷计）；

L 表示保护区的类型（森林和野生动植物及湿地类：1.15；海洋生态水产资源珍稀水生动物类：0.7；地质遗迹类：0.6）；

T 表示所在地区类别（发达地区：1.2；一般地区：1；落后地区：0.8）；

---

① 例如，印度尼西亚自然保护区的核算标准（不考虑保护区的类型、级别以及周边社区状况等）是：①所有保护区都至少需要 20 名工作人员；②大于 200 平方公里但小于 2000 平方公里的保护区，每增大 10 平方公里就需要多增 1 名工作人员；③超过 2000 平方公里的保护区，每增大 400 平方公里需要多增 1 名工作人员。

② 2001 年，广东省机构编制委员会和财政厅共同下发粤机编办 [2001] 387 号文《关于广东省自然保护区管理体制和机构编制等问题的意见》，其中提出根据保护区的级别和工作量计算保护区人员编制的办法。

③ 目前和未来可能划入国家公园的大部分区域，大多是国家级或省级保护地，管理基础相对较好，社区的认知、群众配合程度等方面要高于普通的保护地，因此公式（1）中和社区相关的参数可以调小。

K表示保护难度系数（亚热带常绿阔叶林及珍稀动植物：1.1~1.2；高山森林湿地及珍稀动植物：1~1.1；红树林、森林及野生动物、珍稀水生动物：0.9~1；生态林、海水资源、地质地貌：0.8~0.9）。

第二，资源的异质性。在"保护"对应的人员编制确定后，再确定"发展"与"全民公益"事务相关的人员编制数，并对应不同国家公园管理中的现实约束。即根据国家公园所在地的产业结构、自然和文化资源特点、交通情况等，确定其余人员编制[①]。从发展角度看，生态旅游的重要影响因素是游客的人数，但是国家公园的生态旅游不同于大众观光旅游，更多地体现为一种国民接触自然的方式，因此旅游服务处对应的编制属于公益性岗位。合作发展处最重要的职能是协调与地方政府、周边社区的关系，并进行旅游以外的特许经营管理。对于科学研究监测相关事项，核心要素在于资源环境的科学研究价值；环境教育则对应自然、文化资源等的教育意义。从这个角度看，科研监测和环境教育的编制计算方法一致。以此两部分分析为基础，可以提出体现发展和全民公益的人员编制的计算方法。

（1）发展

①旅游服务处

旅游服务处的编制数 = α × 该省旅游系统的编制数 × 国家公园范围内

总人口/该省的总人数　　　　　　　　　　　　公式（2）

α与该国家公园试点的知名度、地理位置有关，$0 < α < 1$[②]。

②合作发展处

合作发展处的编制数 = 该省不同行业的平均编制数 × 国家公园范围内

总人口 × ß/该省的总人数　　　　　　　　　　公式（3）

合作发展处全面负责国家公园与地方政府、周边社区的衔接工作，包括特许经营管理工作（包括国家公园产品品牌增值体系的建设和管理[③]）。

[①]　社区现状、经济发展水平已经在保护相关的人员编制中体现，即凡保护相关的重要因素在公式（1）中体现的，在发展和全民公益中不再额外做分析，具体调节机制可以采用兼职、合同工或者项目制等形式运作。

[②]　武夷山国家公园作为世界自然、文化双遗产取值1。

[③]　参见3.4.2.2节和附件6的相关说明。

ß 指合作发展工作难度系数（0 < ß < 1），即协调难度越高、国家公园品牌的产业结构和产品种类越丰富，该系数接近于 1。有的地方，如浙江仙居，其可能涉及国家公园产品品牌增值体系的产业结构包括一产、二产、三产，一产又可以包括大宗农作物（如水稻）和经济作物（如杨梅等）及农副产品（如蜂蜜等），涉及的产业结构复杂、产品种类很多，其 ß 值接近 1；而三江源等地区的产业结构较单一，ß 值较小。ß 值可根据各国家公园的申报材料（包括实施方案等），由专家统一打分评价获得。武夷山这类国家公园，产业较多，管理也较复杂，因此 ß 值较高（在后面的计算中该值取 0.8）。

（2）全民公益性
①科研监测处

科研监测处的编制数 = 该省科学研究技术服务和地质勘查领域的编制数 ×

国家公园范围内总人口/该省的总人数　　　　　　公式（4）

②环境教育处

环境教育处的编制数 = 该省水利、环境和公共设施管理系统的编制数 ×

国家公园范围内总人口/该省的总人数　　　　　　公式（5）

其中，该省科学研究技术服务和地质勘查领域的编制数，以及该省水利、环境和公共设施管理系统的编制数主要来自该省统计年鉴。

必须说明的是，这样计算得到的是编制的下限。受保护强度、管理办法、管理力度、政策制度基础、市场情况等影响，实际编制数可结合国家公园的现实约束做相应的调整，比如东部地区编制增加的难度明显高于西部。《生态文明方案》对国家公园的要求——"实行更严格保护"，意味着管理强度的加强，即"保护"范围下需从事保护的人力资源有待提高。另外，还需要更强地带动社区"发展"，体现"全民公益"。**即从保护和全民公益性这两方面的工作量会显著增加来看，大部分试点区的编制人数要增加**。建成后，对于从省代管变成中央直管的国家公园，在中央层面的编制数量有限的情况下，如不能满足编制需求，由省一级政府分担，或平衡搭配。管理机构管理单位体制的具体形式，对管理强度有影响，强度大的管理意味着编制人员的增加。

表 3-2-4-1　国家公园管理机构人员编制的核算标准

面积因素（基准因素）		保护			发展		全民公益性	
		级别因素	周边社区状况	自然条件等因素	旅游服务	合作发展	科研监测	环境教育
森林	100 平方公里以下 20 人；超过 100 平方公里后，每增大 10 平方公里多配 1 人	省级保护区编制为国家级保护区编制的 70%，市县级为 50%	周边社区每有 200 人，在基准因素上递增 1 人	少数民族地区和国家级贫困县，在基准因素上递增 10%	参照省内旅游管理编制的数量，按公式(2)计算	主要服务于国家公园产品品牌增值体系以及信息化平台的搭建等，主要影响因素为地方资源的异质性：产业结构和国家公园品牌产品的复杂程度，按公式（3）计算	与资源价值相关，但服务于全民公益，适宜事业单位编制的确定，按公式(4)计算	与资源价值和文化价值，以及游客人数、保护本底面积直接相关，但是服务于全民公益，适宜事业单位编制的确定，按公式(5)计算
湿地	50 平方公里以下 20 人；超过 50 平方公里后，每增大 10 平方公里多配 1 人		周边社区每有 100 人，在基准因素上递增 1 人					
野生动植物	100 平方公里以下 20 人；超过 100 平方公里后，每增大 10 平方公里多配 2 人		周边社区每有 100 人，在基准因素上递增 1 人					
草原	500 平方公里以下 20 人；超过 500 平方公里后，每增大 100 平方公里多配 1 人		周边社区每有 2000 人，在基准因素上递增 1 人					
荒漠	10000 平方公里以下 20 人；超过 10000 平方公里后，每增大 10000 平方公里多配 1 人		周边社区每有 200 人，在基准因素上递增 1 人					

人员编制的具体形式，取决于单位类型（行政或事业单位）及管理单位的隶属关系（属于省直管，还是中央直管）。本部分的计算方法主要是针对建成后的人员编制，在试点期中央和各省对国家公园管理机构有较多约束，大多数情况下难以满足编制需求[①]。

以武夷山国家公园试点为例，按上述公式计算后，可以得到理论上的人员编制数量下限："保护"方面的事务需要编制 412 人，"发展和全民

---

① 如神农架国家公园管理局，合并了原有的五个正处级管理机构后仍然只是正处级，管理局的编制总数反而少于原五个机构的编制总人数。这与国家公园管理涉及更多事务、有更高要求显然背道而驰。

公益"方面的事务需要编制 43 人（其中旅游服务处 10 人，合作发展处 18 人，科研监测处 9 人，环境教育处 6 人），共计 455 人。目前，《武夷山试点方案》中，两个管理机构人员总数才 314 人①，显著低于我们的计算值。10 个试点区均是这种情况。这说明，现在国家公园相关的保护地管理机构的人员编制和国家公园实际管理需求不符，这样的人员编制难以满足国家公园在保护和全民公益性方面的事务要求，有待中央及省政府补充人员编制。

3.3 如何形成统一的资源管理体制
——以土地权属制度为重点

资源管理体制是国家公园体制机制设计的重要方面②，也是自然资源资产产权制度、国土开发空间保护制度，以及资源有偿使用和生态补偿制度在国家公园范围内落地的举措之一③。其中，土地资源的管理是体制机制建设的重点和难点。因此，资源管理体制应以土地权属制度的调整和创新为

---

① 福建省武夷山国家级自然保护区管理局（以下简称管理局）隶属于福建省林业厅，为财政核拨的正处级参照《公务员法》管理的事业单位，下设 8 个科室、4 个管理所和 1 个办事处，均属科技管理单位，现有事业单位编制 70 人，另有南平市公安局武夷山国家级自然保护区森林分局行政编制 34 人。武夷山风景名胜区管委会（以下简称管委会）为武夷山市政府派出机构（副处级），下设党政办公室、纪检监察室、财政局、世界遗产局、园林局、建设发展局，景区事业机构有景区执法大队、森林公园管理处和宣传文化中心等。现有工作人员合计 210 人，其中：景区机关工作人员 104 人，一线执法人员 57 人（不含执法协管员 37 人），森林公园管护人员 49 人（2000 年，武夷山市政府从加强保护上游生态的角度出发，将原四新、程墩采育场职工成建制划归景区管理）。故在此按照 314 人计算。
② 结合《试点方案》，资源管理体制设计的第一步就是功能分区，主要是对特别保护区、严格控制区、生态修复区和传统利用区的划分，并以此为基础实施相应的管理措施（《试点方案》中已经有明确的划分，相关研究在本套丛书的其他书中均有细化）。
③ 《中共中央国务院关于加快推进生态文明建设的意见》提出了健全自然资源资产产权制度和用途管制制度的要求：需对水流、森林、山岭、草原、荒地、滩涂等自然生态空间进行统一确权登记，明确国土空间的自然资源资产所有者、监管者及其相应的责任；完善自然资源资产用途管制制度，明确各类国土空间开发、利用及边界保护，实现能源、水资源、矿产资源按质量分级、按梯级利用；严格实施节能评估审查、水资源论证和取水许可制度工作；坚持并完善最严格的耕地保护制度和节约用地制度，强化土地利用总体规划和年度计划管控，加强土地用途转用许可管理；完善矿产资源规划制度，并加强矿产开发准入管理；有序推进国家自然资源资产管理体制改革工作。

重点①。

　　国家公园首先要加强保护，有效的保护必须建立在**明确保护对象、设定保护目标并细化保护需求**的基础上。**保护需求的细化**是建立适当的土地利用方式的前提，也是设计相应制度保障的科学依据。具体土地利用在空间上的实施，需要借助诸如地役权这样的制度落实，而涉及**具体空间和管控方式的地役权**，又需要借助政府事权，在不同的空间根据不同的保护需求和现实约束，使保护需求和合理利用等事务成为高级别的明确的政府事权，以推动地役权制度的实现。因此，在管理体制上，必须**明确国家公园管理机构的事务范围并进行中央和地方政府的事权划分**，在管理机制上体现**资金机制的核心地位**并进行测算（3.4节），在管理目标上明确空间上的保护需求和相应的管理方式，最终将资金用到实处。而在保护需求上，则要在**空间上明确保护需求和利用方式的强度**，避免封闭式保护的不合理性，并将不同的**保护和利用需求与政府事权**对应，以明确包括**生态补偿**等在内的**资金需求**和保障渠道。

　　在关于"权"的制度中，土地权属制度是难点（也直接关系到空间整合），尤其在武夷山目前的土地权属下，"地"的约束尤显突出。从武夷山进行国家公园试点的具体困难和生物多样性保护的需求出发，对武夷山相关事务的事权划分要和空间（包括边界）结合起来。如何在不改变土地权属的情况下，让彰显"保护为主，全民公益性优先"的管理体制落地？这需要通过地役权的形式来实现②。

---

① 以武夷山为例，其集体土地比重较高，"地"的约束突出。在国家公园体制建设中，妥善处理土地权属关系，是处理社区利益和国家公园体制建设矛盾的基础。结合《试点方案》，资源管理体制的设计思路为：确定功能分区、确定自然资源权属目标（国有自然资源和集体所有自然资源权属目标的确定）、确定自然资源流转以及经济补偿方案，并在此基础上明确具体的制度保障。

② 目前，武夷山风景名胜区内集体所有的土地相关资源，按以下三种方式流转：通过征收土地获得集体土地的所有权，通过租赁土地获得集体土地的经营权，与集体土地的所有者、承包者或者经营者签订地役权合同。前两者，属于传统的土地所有权处理模式，地方政府或管理机构对其操作和实施较为熟悉。但这两种方式均难以根据某地块具体的保护需求实现较低成本的符合保护需要的统一管理。地役权是可能的较好的制度创新。在与当地管理机构充分交流的基础上，我们认为，传统的通过土地流转实现土地统一管理的方式可升级为地役权制度。

107

这是因为细化保护需求的行为靠地役权落实，地役权本身就是在不改变土地权属的情况下实现土地资源统一管理以加强保护的低成本形式。但在中国，需要借助政府的事权，在不同的空间根据不同的保护需求和现实约束，让部分地役权成为高级别政府的事权，只有这样，才可能推动地役权及其配套制度的构建。

从技术角度而言，这种可降低保护成本、兼顾各方需求的制度创新，需要细化保护需求。如前所述，一套合理的空间规划需要针对具体特定的**保护对象**，明确为保持其现有状态，或对其进行改良，或避免其恶化，需要采取哪些保护方式以达到**保护目标**，即梳理具体的**保护需求**，形成一套在空间上可以示范的行为准则，并将其与现有的土地权属和利用方式进行比较，提出土地利用的空间管制程度和方法，并**针对保护需求划定管理功能区域**。达到保护对象的保护目标所需要的行为，往往与生物因子和非生物因子都有关系，也正是通过对它们的量化，才能看到保护需求的空间分布。保护对象、目标和需求的确定，需要建立在细致的本底调查和专家打分基础之上。这里，对第一部分中的"保护需求"展开分析，形成技术路线（见图 3-3-1-1）。

3.3.1 保护需求和行为清单

要明确保护需求，首先必须清楚保护对象和保护目标。仅从陆地生态系统而言，保护对象包括但不限于以下所述。

物种和种群：珍稀濒危物种；关键种；土著种；建群种；特有种。

群落及生态系统：典型生态系统（原生，次生，人工）；独特生态系统；植被区系过渡带。

地质地貌等环境本底：地质剖面；地质遗迹；河流水系。

保护目标则要针对具体的保护对象设定，要依据长期观测中所定义的"正常"状态来确定，要有一个可参照的标准。因此，保护目标要描述保护结果，要具体，要适合量化，要有意义，并能被良好地传达。相应的，保护需求是描述达到保护目标的行动，或维持和优化以达到目标，或禁止和减轻以达到目标，即**保护需求体现为两方面**：①空间划界、鼓励行为及相关的机构建设和资金配套等；②限制或禁止行为清单，以及具体的监测和

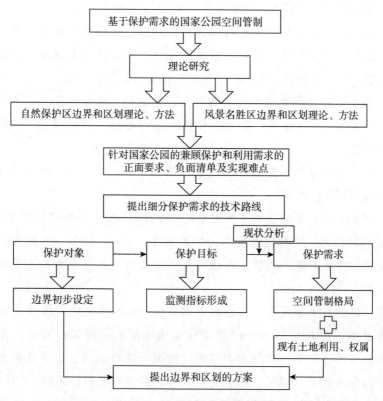

图 3－3－1－1 关于保护需求和空间管制实现的技术路线

处理办法。只有采取这样的措施，才能保证**保护需求落地并有行政力量支持，并与前述事权划分和资金测算相结合。**

　　针对上述保护对象达到一个适宜的保护目标，并根据保护目标形成监测指标，并根据要素分析生成的环境和生态现状考虑保护需求大小，并根据保护对象初步设定边界。大致而言，保护需求包括但不限于以下几方面。

　　第一，保持物种和种群数量和分布，指标举例：物种动态。

　　a. 鼓励行为：再引入物种，适当人工干扰，人工授粉，防治病虫害，气候变化预警；

　　b. 限制行为：严禁引入外来物种，严禁采伐，严禁捕杀，严禁搭建人工设施，防止将分布地边缘化。

　　第二，维护群落及生态系统服务功能，指标举例：物种丰富度、种群动态、演替阶段、生产力、分解率等。

a. 鼓励行为：再引入物种以改善种群结构，适当人工干预促进林下更新，封山育林、退耕还林还草、退耕还湖，有条件的人工造林，禁牧、休牧、轮牧，防治病虫害，防治污染物，气候变化预警；

b. 限制行为：严禁引入外来物种，严禁道路、建筑建设，严禁采伐和采摘，严禁踩踏、火烧等干扰（特殊生态系统除外），严禁捕杀，严禁改变土地利用类型。

第三，保持地质地貌和环境本底，指标举例：污染物监测、侵蚀率、土壤分层和理化性质等。

a. 鼓励行为：采取防风固沙等方式，以减少风化、水蚀等多种侵蚀；

b. 限制行为：严禁提取标本，严禁垦荒、采石、挖沙、开矿等，严禁将污染物排放至水体，严禁工程破坏，严禁改造自然景观为人工景观，严禁破坏植被，限制用水。

在具体的技术路线中，将根据要素分析评估的等级结果进行不同强度的行为限制。其中表3-3-1-1给出武夷山国家公园保护需求，在地理信息系统软件界面下，选择具有代表性的因子进行分析，从而得到重要属性的空间分布和现状等级，形成针对物种、群落和地质地貌的不同级别保护需求的空间分布，将保护需求和利用行为对应，进而进行边界和功能区划。

保护需求及其空间体现的细化：由分析要素得到某个保护对象的属性分布，根据其属性分等定级确定相应的保护需求。保护对象属性在空间上具有分布差异性，在时间上具有动态性，因此，保护需求一定也是分等定级具体化的，并且在很多情况下体现为保护对象的威胁因子。出于对大型、完整和原生生态系统的保护，国家公园的落脚点仍然是**基本的物种和种群保护**，遵循岛屿生物地理学、种群生态学、集合种群等理论，而其**与环境本底的互动、在生态系统水平上**的结构和动态，则是**景观生态学**可以支持的。因此，保护需求的设立应从物种和种群出发，考虑景观动态，最终在空间上对土地利用进行重新规划，形成合理的边界和分区。以武夷山国家公园试点区情况为例，就物种和群落保护而言，主要需要分析以下**两个方面**。

表 3 - 3 - 1 - 1　武夷山国家公园保护对象 - 目标 - 需求以及分析要素

保护对象	保护目标	监测指标	分析要素（数据需求）	保护需求及其空间体现
珍稀濒危物种（国家Ⅰ级、Ⅱ级保护植物，国家Ⅰ级、Ⅱ级保护动物）	恢复、维持并增加物种、种群数量	物种个体数目；种群密度；种群大小等	珍稀濒危物种分布图（面状）；植物种群分布和动物栖息地分布图（点状和面状）；现有物种监测分布图（点状）；气候变化不同情景下栖息地变化（面状）	鼓励行为：病虫害控制，火灾控制，天气和气候监测；限制行为：引入外来物种，采伐、捕猎
亚热带常绿阔叶林生态系统；地带性优良树种；垂直带谱	砍伐迹地经多年逐渐恢复为典型常绿阔叶林；维持群落正常更新；促进群落正向演替	建群种、物种动态；物种丰富度；演替阶段；植被生产力；土壤理化性质等	植被群落分布（面状）；植被生产力分布（栅格）；土壤类型分布（面状）；土壤主要理化性质分布（面状或栅格）	鼓励行为：适当人工干预促进林下更新，封山育林，防治病虫害，气候变化预警；限制行为：引入外来物种，采伐和采摘，捕杀；禁止行为：道路、建筑建设，工程建设
砂砾岩，红色砾岩风化、侵蚀和流水地貌；九曲溪水系	维持出露重要剖面、地质构造、地貌特征、水系	大气质量监测指标；地表水质监测指标；土壤理化性质	地质地貌图（面状）；数字化高程图（生成坡度、坡向图，栅格）；地质水文图；河流水系分布图	鼓励行为：防洪；限制行为：提取标本，改造自然景观为人工景观；禁止行为：破坏植被，垦荒、采石、开矿等，水污染
历史文化遗迹资源分布状况；以城村汉城遗址为首	维持周边自然风貌；保护和恢复地上文物景观和形态	与文物受侵蚀有关的气象气候等指标	空间点位置或范围、缓冲区图（面状）	鼓励行为：植被恢复，文物修缮；限制行为：采伐、开垦、捕猎、基础设施建设；禁止行为：无序拆迁
土地利用情况和权属现状；林地类型和分布；林地权属空间分布			土地利用总体规划（面状）；土地利用现状图（面状）；土地权属图（面状）；道路、建成区等人类生态系统分布（线状、点状、面状等）	
气候变化趋势			气候模型预测结果空间分布图	

第一，是否每个空间都需要进行严格保护，摒弃所有除保护外的生产利用行为？需要根据**种—面积曲线格局**和**被保护物种的生活特性**，明确某个板块是否处于保护中心。在满足物种多样性和更新需求的基础上，划分不同强度保护地段，使某些地段上现有的其他利用方式，如茶山和毛竹林，在控制其空间扩大趋势和生产强度后，可以与天然林共存。只要天然林斑依据其种—面积曲线，并考虑**边缘效应**，就可以维持其群落动态。

第二，是否每个空间都不能进行任何人工干预？需要分析**群落演替**所处的不同阶段，明确其处于正向演替还是逆向演替，从而给予适当的保护和利用。例如，对尚未达到顶级群落的次生灌丛地带进行开发破坏，则会加速走向植被退化的逆向演替；反之，对其进行封育，则会促进其向森林正向演替。

以上保护需求主导的空间管制级别的确定，会与事权划分相结合。这样，每一类保护和利用行为的管制，都会有明确的事权归属。而基于空间管制级别而划分的边界和功能区内的保护和利用行为，在资金投入和支出上也可以有明确的数量和来源依据。基于这个认识，细化保护需求，针对保护地具体情况形成具体保护和限制行为清单，整体上可以称为"保护一致性"谱（conservation-compatibility）。作为对某一空间管控的指导，谱系一端的行为具有最高的保护一致性而另一端的保护一致性最低，是违背保护的行为。保护一致性行为根据人为干扰强度可以归纳为三种：①监测性保护；②干预性保护；③工程性保护。监测性保护主要指通过设立并定期查看数据来掌握保护对象状况。干预性保护指为了促进或限制生态系统结构优化和功能实现而对生态系统进程进行干预。工程性保护多指利用工程方式进行较大规模的保护。限制/禁止行为（保护不一致）可以归纳为：①生态系统产品和非物质产品利用；②环境资源/能源利用；③建设开发利用。生态系统产品利用一般是指生态系统供给服务提供的产品，非物质产品利用则是指对生态系统通过认知和体验得到的收益。环境资源/能源利用则是对非生物的自然资本的利用。建设开发利用主要指为满足经济和社会需求进行的基础设施建设等对自然环境干扰很大的活动。负面清单的这三种分类大致可以反映对自然生态系统的干扰和损害程度，但并不全然如此，如基础建设本身的规模有大有小，需要从细致的行为上加以判断，同时一项行为的实现方式也有不同，比如消遣与游憩可以是步行，也可以是机动车，其影响强度有差别。基于以上分类和对武夷山国家公园试点区的考察，一个指导性的框架清单设计如表3-3-1-2。

表3-3-1-2　武夷山国家公园试点区"保护一致性"清单

保护或利用类型	行为举例
监测性保护	设置生态、环境监测设备
干预性保护	病虫害控制
	森林防火
	外来物种控制
	引种
	控制杀虫剂和农用化肥
	林下更新
	封育
	幼林、成林抚育
工程性保护	生态廊道建设
	造林
生态系统产品和非物质产品利用	木、竹纤维产品
	茶叶、笋、食用菌、粮油作物
	药材
	取水
	自然风光和文物古迹
环境资源/能源利用	开矿
	水电开发
	采石
	挖沙
	取土
建设开发利用	交通道路设施
	建筑
	通信设施

3.3.2 空间管制的实现

武夷山国家公园试点区在保护和发展上存在的主要矛盾，是森林生态系统服务中供给服务与支持和调节服务功能的矛盾，即对森林资源的物质获取和开发旅游的使用与维持森林生态系统并发挥其生态公益性功能的矛盾。这种保护和利用的矛盾长期存在，特别是在山权和林权经历了多次变化、征地政策和保护政策存在历史遗留问题的情况下显得格外突出。

在调查中发现的两个典型社区，因为保护和发展而存在的主要林权矛盾如下。

在星村镇，主要矛盾集中于风景名胜区和自然保护区规划用地。

①邻里矛盾：林地界限不明，存在历史纠纷；

②保护区与村民的矛盾：限制区内桐木村、程墩村的茶山发展，封闭管理禁止薪柴砍伐；

③景区与农民的矛盾：景区以保护资源为名通过经营活动盈利，农民保护了水源等资源却没有受益；

④林地所有者和经营者的矛盾：所有者发包给经营者 20～30 年的林地经营权，但后来出现的禁伐政策导致经营者无法收益，不愿意在承包期满后归还所有者；

⑤由于生态林没有办法带来收益，所有者也想被收储（村民、村集体），但不可行；

⑥村民对新房、厂房等生产生活空间的需求造成的土地矛盾，如盖违章建筑、侵占农林田、侵占基本农田等。

在武夷街道，土地矛盾包括：土地制度和征收政策的历史变动；城市扩张和景区外围开发。

①对以往的土地征收过程，农户不认可；

②以前的征收补偿太低，农户现在要求再给予补助；

③在征地补偿上相关法规与民约的矛盾，如外嫁女补不补；

④征地后与招商项目之间周期长形成二次抢种要求补偿的问题。

目前，根据现有政策，为征地后的失地居民提供生产生活保障用地，按照每征地 100 亩配套保障 6 亩计算；还提供失地养老补助，人均面积

0.822 亩以下予以补助。

此外，在涉及文化遗产的社区，如武夷街道管辖的中国历史文化名村下梅村和世界遗产地城村，主要的保护和发展矛盾同样与土地权属密不可分：

①民居保护的外迁安置户不愿放弃对老宅的所有权；

②政府没有对高价值的民居和村落风貌进行评估和整体规划；

③缺乏市场机制介入民居保护和开发。

细化保护需求空间的重要目的是在土地权属破碎化的情况下促进保护行为和限制行为在具体地块上的实现，即对土地所有权人的具体使用活动类型、方式和强度进行规范，并予以制度化的奖励或补偿。针对中国保护地普遍存在的土地权属问题，制度的发展方向应立足以下四个方面。

①土地所有权不应有根本性的变更；

②对保护土地的行为应当予以补偿；

③补偿的形式可以是直接补给，也可以是建立资源可持续利用的社区共管；

④上述内容可以契约方式加以固定。

国际上其实已经通过环境地役权来实现类似功能，即通过限制土地所有者或使用者的某些土地经营权或收益权从而达到保护目标，并给予利益受损者相应补偿，即为了达到保护目标而有针对性地限制具体的活动并尽量避免对其他利用活动的干扰。

以上林权和土地权属矛盾的焦点集中在以下两点。

①对土地所有权变动的敏感性；

②对土地利用收益丧失的补偿。

地役权的提出，既是针对这两个矛盾焦点，也符合国家公园公益功能和社区发展并举的要求。目前，在文化遗产保护方面，调查中地方提出以股份制、合作社、私人买断经营权等不影响房屋所有权的方法，让民居所有人得到安置，为其提供社会保障，以贷款形式让政府作为中介建立投资商和居民的联系，进行修缮开发并以未来收益偿还债款等；在风景名胜区管理方面，武夷山风景名胜区自 2002 年以来，借着《物权法》和全国集体林林权制度改革的全面推进，提出了山林"两权分离"的管理模式。上述建议和实践的本质，都是在不碰触土地所有权的情况下，将使用权、经营权和收益权分离出来。特别是"两权分离"，可以认为是地役权制度的一个开端：

①土地所有权方面，林地、林木所有权归村委会所有；

②土地使用权由武夷山风景名胜区管理委员会统一管理；

③山林实行有偿使用，补偿标准考虑经济林出材量收益和景区门票收入等比例测定；

④山林确权和有偿使用协议书由各村村民代表签字同意、双方法定代表人签字盖章并进行公证。

与地役权相比，"两权分离"可能存在四个方面的不足：

①使用权的全部转让存在一刀切和笼统的问题，没有考虑依赖自然资源的生产生活的合理需求；

②由于"一刀切"，在补偿测定方面只针对林木生产和文化服务（旅游等），没有考虑居民保障其他生态系统服务，如保护水源地的贡献；

③只有风景名胜区管理委员会一方出资，没有尽可能地扩大补偿资金来源；

④由于使用权全部转让，在居民行为规范上的投入力度可能较小。

因此，地役权在设计上应把握三个方面：

①使用权或收益权细分；

②保护行为和限制行为权责明晰；

③资金补偿和非资金补偿并重。

这样，才能够在"两权分离"的基础上，更加明确利益相关者的得失，细化保护和发展目标，在前述事权明确的基础上，明确财政资金来源，提高扩大资金来源的可能性。

3.3.3 基于武夷山现有数据的保护地役权设计

保护地役权的实现主要包括四个方面：供役地人，受役地人，保护地役权合同规定的供役地人的权利和义务，受役地人的权利和义务。保护地役权必须目的明确，地役权合同涉及的内容多样。武夷山国家公园试点区多年来较为突出的保护需求，是对中亚热带常绿阔叶林生态系统的保护。

原住民最大的干扰活动则是经济作物种植等活动，长期以来主要是茶树和毛竹的种植。经济作物的种植，特别是最近兴起的林下经济活动，必然对自然生态系统产生干扰。然而，茶树的种植、茶叶的采摘和制作承载着武夷山百年来的文化，甚至是推动世界文明交流的重要代表。因此，设计针对茶农作为供役地人的"森林保护地役权"，在保护森林生态系统和维持传统文化的平衡上具有一定的可行性。

"森林保护地役权"的设计可以有如下步骤，其中保护等级和分布情况可以根据数据情况酌情分析。

①明确森林群落种类和演替的空间分布，明确现有茶树的分布，明确地形和土质的空间分布。

②根据演替、珍贵树种分布情况建立缓冲区，根据地形和土质确定土壤易侵蚀区。

③根据地形条件，确定现有茶树分布范围可以保留和需要削减的部分；根据森林保护需求，确定保留部分中需要控制生产方式的部分。

④根据第③条，结合土地权属分布，确定需要限制茶树扩张并规定茶树种植的各项细节，并统筹设计规模性生产方案。

⑤估算由于限制而造成的经济损失，从负面影响的控制角度进行资金需求评估。

⑥确定需役地代表机构（政府、企业、非政府组织等），并设计合同样式和细节。

武夷山国家公园试点区中，武夷山市域范围内的数据较为齐全。本研究以此为代表区域，进行国家公园试点区地役权制度设计说明。

试点区范围内，林种区域划分差异明显，东、西以特用林为主，保护等级较高；而中部九曲溪生态保护区林种丰富且分布细碎，以用材林为主（见图3-3-3-1a）。从起源上看，总体而言，天然林仍然占绝大部分，人工林集中在试点区中部（见图3-3-3-1b）。从优势树种上，可以看出试点区内森林群落的类型和演替动态。由于原生地带性植被多已被破坏，目前各种植被类型均属于次生类型，处于不同的动态演替阶段。武夷山森林生态系统的保护目标之一，应当是在没有人为干扰的情况下推进陆生森林顺向演替，即地衣阶段→草本阶段→灌木阶段→森林阶段。应当注意，在中亚热带常绿阔叶林地带，由于历史上人为不断干扰并破坏，森林群落发生退化的逆向演替：常绿阔叶林→常绿落叶阔叶混交林→落叶阔叶林→荒山灌丛。以马尾松为优势树种的马尾松林，是处于退化演替阶段的主要群落类型，其本身是遭受人为强烈破坏之后出现的，需要辅以自然发展，以便顺向演替至常绿阔叶林，避免再次受人类活动干扰后成为次生灌丛。所以，杉木和马尾松林在保护需求的判断上是避免干扰的重点群落斑块类型。同时，茶树种植分布范围广，斑块细碎，多出现在其他优势群落边缘，体现了茶树种植见缝插针的特点（见图 3 - 3 - 3 - 1c）。区内土壤酸性较强，特别是崇阳溪、九曲溪沿岸阶地（见图 3 - 3 - 3 - 1d）。

　　本研究根据数字地形高程模型，提取了试点区内的坡度和坡向。这是山区植被生长影响水热分配的直接地形要素。其中，坡度分为六级，微坡为小于 5°，较缓坡为 5° ~ 8°，缓坡为 8° ~ 15°，较陡坡为 15° ~ 25°，陡坡为 25° ~ 35°，急陡坡为大于 35°。坡度分级图直观反映了试点区内山地、丘陵的坡度陡峭程度，明显地显示了东西两部分的坡度差异（见图 3 - 3 - 3 - 2a）。

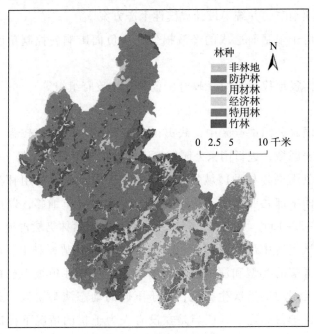

a

b

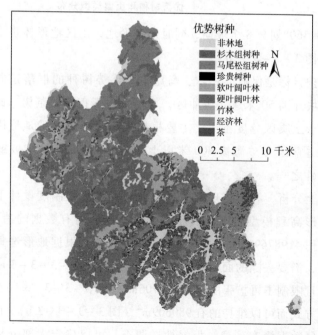

c

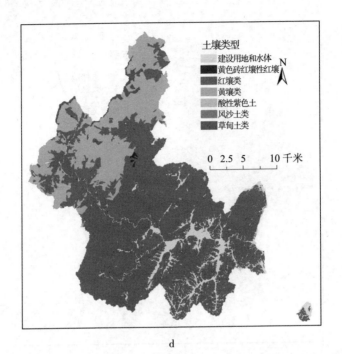

d

**图 3-3-3-1　武夷山国家公园试点区世界遗产地内林种、起源、
优势树种和土壤类型分布**

坡向图以 0~360°划分 8 个坡向，同时还有平地，山区地形体现出明显的坡
向分异（见图 3-3-3-2b）。

由于保护目标是保障以杉木、马尾松为优势树种的群落正向演替，所
以在这些斑块外围 50 米建立缓冲区，规定区内不宜种植茶树，此为关键生
物要素；由于土质区分度不大，主要根据限制水热因子的地形因素，确定
茶树生长不适宜区为"海拔 800 米以上、坡度 30°以上的陡坡或者处于北
坡"三个条件之一。

根据以上分析，我们将现有的茶山分布和地役权制度设计下的茶山分
布叠加在地形高程模型之上。目前武夷山试点区内有数据的遗产地部分，
现有茶园面积 41987699m²（见图 3-3-3-3 a），根据地形选择留下的有
14988315m²，需要去除的面积有 26999383m²（见图 3-3-3-3 b），需要控
制生产方式且限制不可扩张的有 14007706m²（图 3-3-3-3 b），其余不需
要控制生产方式而可以维持的有 980609m²（图 3-3-3-3 b）。由于目前最
新的林地权属数据没有到位，根据抽样调查，可以确定大部分林地属于集

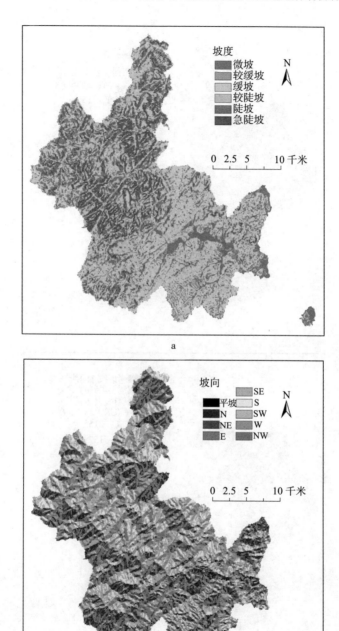

图 3 – 3 – 3 – 2 武夷山国家公园试点区世界遗产地内的坡度分级图和坡向图

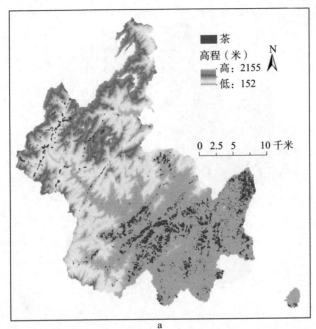

a

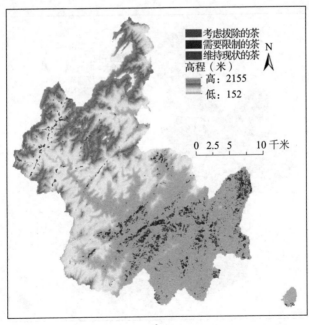

b

图 3 - 3 - 3 - 3　武夷山国家公园试点区世界遗产地内现有茶山（a）和
地役权制度设计下建议的茶山分布（b）

体所有、个人承包经营，因此地役权合同需要与农户直接签订。

根据"保护一致性"谱，茶树种植属于生态系统产品和非物质产品利用，具体的茶山拔除、茶树种植和管理方式控制，可以从以下几个方面入手。

茶山拔除后，根据地形位置和周边植被条件，恢复本地树种、林下或陡坡植被，切忌让土壤裸露或种植不适宜树种。

在茶山生产规模控制方面，目前主要要禁止茶农将林木树皮环切，从而造成枯树，使土壤养分流向林下茶树。

在茶山管理方面，山地茶园必须保水、保土、保肥，保证由梯级园面、蓄水沟、道路组成，注意立体防护，建立立体式人工复合生态茶园。

第一，在大面积茶园的上风口、周边、道路、沟渠等茶园空旷地带种植地被植物防风。

第二，在茶园进行合理间作，防止暴雨时分水流对茶园内土壤的侵蚀，特别是在幼龄茶园。幼龄茶园，可根据立地条件，选择具有固氮作用的豆科作物或其他生长快的经济作物（如黄豆、花生、甘薯、油菜等），进行合理套种，合理密植，防止与茶树争肥争水。

第三，选择适当品种，调整茶树群体结构，提高光合效率。如高海拔山地茶园，茶树个体发育较弱、骨架小，宜种植灌小叶种或中叶种、抗逆性强的茶树，可适当密植；而海拔较低的茶区，可稍稀种植大叶种、抗逆性弱的茶树。

第四，在裸露、光秃的梯壁上，种植护梯绿肥或保护原有绿草，减轻雨季雨水冲击和人为行走脱土，牢固梯壁，提高茶园保肥、保水能力。

第五，避免出现施用化肥导致的土壤化学残留多、营养元素流失严重、土地贫瘠化、保水保肥能力降低等问题；施用发酵后的有机肥，避免土壤中厌氧菌造成的土壤微生物二次发酵"烧根""烧苗"，以有机质及有益微生物促进土壤团粒结构形成，改善土壤的微生态环境，增强土壤的透气性及保水保肥性能，促进土壤中的磷钾元素释放，重新被作物吸收利用，提高作物对肥料的利用率。

以上管控方式，可以在连片的茶园开展，降低管理成本；而对于分布式种植，特别是特殊地理位置的茶树，则需要发掘其文化价值，与名枞、古法制茶、古茶厂、古茶路等相联系，突出其生态系统服务的文化产品供给和价值，将其与茶园景观一起，作为非生产性附加值的实现方式进入"保护一致性"谱的行为管控。

武夷岩茶目前已经是中国地理标志产品。这种品牌认证可以有效地提高产品附加值，也是对知识产权、农业遗产和传统文化的保护和弘扬。结合保护目标，武夷山国家公园试点区中岩茶和红茶的种植和管理，更应当突出生态效益和绿色理念，可以在生态标志认证方面进一步推进，加入国家公园品牌可以承载的中国传统文化中人地关系的和谐、心灵的涤荡、本土的智慧等生态系统和人类福祉的理念，在地域性知名产品的基础上增加品牌效应和保护效果，促进消费者关注武夷山国家公园实体精品，增加茶农收入，促进保护一致性管控的推行。在成本—效益分析上，品牌效应也会体现其优势，比如，进行地理标志登记后，农产品平均价格有 20% ~ 30% 的提高。

在地役权制度设计中，成本—收益测算方面，茶叶产值净变化可以通过下面的公式计算，主要针对处于运行期的茶园：

茶农净损失 ＝ 茶山拔除面积 ×（原亩产 × 原单位价格 － 原单位生产成本）

土地调整后净收益变化 ＝ 调整后茶山面积 ×（原亩产 × 亩产变化系数 × 原单位价格 ×

单位价格变化系数 － 原单位生产成本 × 单位生产成本变化系数）

资金补偿总量 ＝ 茶农净损失 － 土地调整后净收益变化

根据访谈，生长旺季茶树每亩毛茶产量约 100 斤，2 斤毛茶可以加工 1 斤精茶，估价约 100 元/斤，则每亩经济价值约 5000 元；根据《全国农产品成本收益资料汇编》（2008 年版）有关茶叶的统计，2007 年福建省乌龙茶单位生产成本为 1132 元/亩，假定每年通货膨胀率为 4.5%，估计当前生产成本约为 1683 元/亩，则需要拔除的茶山当前价值约 1.34 亿元。

如果对需要控制的、可以维持现状的茶山都进行规模化生产，施用有机肥，预计亩产增加 10% ~ 30%；如果再加入品牌效应对价格的影响 20% ~ 30%，并控制生产成本不变，则调整后的茶山产值可以增加 3597 万 ~ 7756 万元。从试点区整体来看，茶山总产值在目前粗略估计下减少 5643 万 ~ 9802 万元，这个数值则是对茶农补偿资金的一个初步估计。

目前估计的资金补偿量由于数据问题，并不准确。单位成本、单位价格、单位面积产量，随着生产规模、精细管理方式和品牌效应的变化，可以有更好的估计，从而得到试点区内更精准的补偿数据。

此外，考虑到试点区内 2013 年开始对重点生态区位商品林进行全面禁伐和收储，特别是九曲溪上游，因此地役权还可以对此类用材林地内的行为进行限制，对原有的两权分离进行更细致的行为划分，使砍伐行为不是被全面禁止，而是有所限制。目前已有 2000 多亩商品林被政府购买，花费 500 多万元，估计价格为 2500 元/亩。政府在 2016 年提出采取租赁和合作经营的方式，地役权在这个区域的试点将是一个契机。

3.4　如何构建资金机制

资金机制主要是为了解决"钱"的问题。本部分从梳理各类保护地入手，整理其**不同的筹资和用资机制**，并以武夷山国家公园试点区为例设计符合《生态文明方案》和《总体方案》的资金机制。其中，重点是筹资机制中的财政渠道和市场渠道。①重点设计筹资渠道的主渠道——财政渠道。根据财政学原理，**给出事权划分**的依据，结合武夷山国家公园以及周边社区的具体管理需求，**对事权进行细分**，并在此基础上**测算武夷山国家公园资金需求**以及中央政府和地方政府分别承担的比例。②设计筹资渠道中的市场渠道，给出符合保护要求并能体现全民公益性的国家公园产品品牌增值体系，既使其成为财政渠道的补充渠道，也使国家公园能带动周边区域实现绿色发展。

3.4.1　国家公园管理机构资金机制的构成

3.4.1.1　筹资、用资机制的构成及其对应关系

国家公园管理机构的资金机制主要包括两个方面：筹资机制和用资机制。其中筹资机制是资金机制的重点，即解决钱的来源问题。在 3.4.2 节中，将专门论述筹资机制的重点内容，即财政渠道和市场渠道。

以武夷山国家公园试点区为例，尽管《试点方案》已给出资金机制中运行成本（主要包括人员经费、公用经费、生态补偿经费、资源保护工

程建设经费、生态修复区设施工程建设经费、科普宣教体系建设经费、科学研究经费和社区发展支持经费）的测算方法，然而这些项目并没有充分考虑"保护"、"全民公益性"和"带动地方绿色发展转型"，特别是"全民公益性"和"带动地方绿色发展转型"。项目设计的最初并没有充分结合生态文明制度改革。重要项目的资金计算方法，有必要进行优化，特别是关于人员经费。由于"保护"、"全民公益性"和"带动地方绿色发展转型"需求加强，管理机构的人员数目需要增加，人员经费也有必要提高。这是管理单位体制中的重要内容，也直接影响资金机制中的筹资和用资。

另外，《试点方案》更多的是以过去经验为基础，考虑当前的管理现状。《总体方案》对下一步工作做了进一步的判定，在具体的操作上有待细化。本书则更多的是放眼于未来，探索今后可持续的国家公园发展方向，以及相关体制机制的设计，不只针对武夷山国家公园试点，也适用于其他类型的国家公园试点，因此有必要进一步细化和比对国家公园体制试点的筹资、用资渠道。

1. 国家公园体制试点的筹资渠道

筹资机制（包括财政渠道、市场渠道和社会渠道的资金筹措机制）是资金机制的重点（其中的财政渠道和管理单位体制对应）。

如1.2.2节所分析的，"钱"的问题是当前保护不力的重要原因，且国家公园的资金机制要确保和原有保护地的资金渠道相衔接，并与国家相关改革要求相符。考虑管理单位体制的分阶段变化情况，资金机制尤其是筹资机制的建设也应分类、分阶段。在不同类别、不同阶段，作为国家公园筹资主渠道的财政渠道的作用和构成有不同变化，具体的变化应根据事权划分和当地历史问题的大小来确定。无论是试点期的前置审批事业单位模式，还是建成后的垂直管理并整合各种管理机构权限的事业单位模式，都需要有与之对应的资金机制，才能保证事权和财力匹配，统筹解决好"权"和"钱"的问题。

在试点期，与前置审批管理单位体制对应的，应该是延续性较好的政府差额拨款的筹资机制，即财政渠道和其他渠道共同构成资金来源。财政渠道包括本级政府的财政拨款和上级政府的专项资金等。财政资金用于公益性支出，其他渠道的资金（如经营收入等）可主要用于财政预算以外的项目，并反哺保护。

2017 年，财政部专门颁布了《中央对地方重点生态功能区转移支付办法》，明确了对国家生态文明试验区、国家公园体制试点地区等试点示范和重大生态工程建设地区的转移支付办法，即：

$$某省重点生态功能区转移支付应补助额 = 重点补助 + 禁止开发补助 + 引导性补助 +$$
$$生态护林员补助 \pm 奖惩资金$$

在第二、第三阶段，制定与相关事权对应的筹资和用资机制，在细化保护需求的基础上，部分地区建立有针对性的地役权制度试点，从而达到以有限的资金实现高效保护的目的。此外，还要规范和拓展市场渠道，构建以国家公园产品品牌增值体系为主的特许经营机制，建立多渠道的资金投入机制，建立多样化的、合理的生态补偿机制。具体的筹资渠道如表 3 - 4 - 1 - 1 所示。最终，国家公园的资金要实行收支两条线管理，财政拨款、经营所得收入及社会投资收入存入收入资金账户，资金必须用于国家公园的维护管理、生态保护、环境教育、游客管理等，使用时需要提前提交申请，并由监督机构实行全面监督。

表 3 - 4 - 1 - 1　国家公园可能的筹资渠道及在武夷山
国家公园试点区的体现形式

筹资渠道		具体内容
财政渠道	中央财政	中央政府财政投资，如林业系统国家级自然保护区补助资金
	地方财政	地方政府财政投资，如省财政资源管护资金
	其他补助	贷款贴息
市场渠道	门票收入	收取游客的游览费用，如风景名胜区二日游门票
	其他经营（不包括门票）	营利性社会力量通过特许或承包经营等方式，直接或与自然保护地共同开展经营创收活动，如武夷山旅游（集团）公司竹筏专营权
	融资	银行贷款等，如世界遗产二期拆迁安置费
	自然资源有偿使用费	管理机构自身开展经营创收活动和有关服务收费，如风景名胜区内集体土地有偿使用费
	国家公园产品品牌增值体系	以特色产业等为主要产品的国家公园品牌产品

续表

筹资渠道		具体内容
社会渠道	国外政策性贷款	世界银行、法国开发署
	基金会捐赠	保尔森基金会、WWF（世界自然基金会）、GEF（全球环境基金）等
	企业捐赠或对保护地捐资共管	桃花源基金会等
	其他形式的捐赠	例如，个人通过微信、支付宝等平台捐助试点区特定筹资项目

在试点期的工作基础上，国家公园建成后，根据事权划分的结果，测算资金的需求以及中央和地方承担的比例。《总体方案》明确要建立财政投入为主的多元化的资金保障机制——中央政府直接行使全民所有自然资源资产所有权的国家公园支出，由中央政府出资保障……委托省级政府的，由中央政府和省级政府根据事权划分分别出资保障。加大政府投入，推动国家回归公益属性。即构建以高层政府事权为主的财政渠道，体现国家公园全民公益性和公众性两个核心内涵，避免过度经营。

可以武夷山国家公园体制试点区为例，来详述筹资机制的体现形式。结合表3-4-1-1以及对武夷山地区的调查，可以梳理出武夷山试点区的筹资机制现状。

（1）**财政渠道**

武夷山国家级森林公园、风景名胜区生态补偿资金渠道，主要是武夷山市林业部门拨入主景区及上游的生态公益林补助；武夷山国家级自然保护区财政渠道的经费，主要是中央财政、省级财政专项拨款，用于资源管护、科学研究、执法与监督等；闽越王城遗址公园财政渠道的经费，也主要源自中央财政和省级财政预算。

（2）**市场渠道**

①门票收入。武夷山风景名胜区门票价格由福建省物价委核定，包括门票、车票和竹筏门票等，门票专营权采取转让形式，由风景名胜区管委会授权武夷山旅游发展股份有限公司经营，并且是其主营业务收入；自然保护区没有门票收入（全面停止了大众旅游），森林公园也没有门票收入（由风景名胜区管委会代为管理）。

②**其他经营收入**。经营渠道包括内部、外部两方面：内是指自然保护地管理机构以自有资金开展经营活动，并将收入用于区域管理；外是指营利性社会力量以投资方式在自然保护地范围内开展或参与开展经营活动，并将部分收入交给管理机构反哺保护。武夷山风景名胜区管委会将门票、竹筏和观光车专营权转让给武夷山旅游发展股份有限公司。该公司将景区门票收入的50%、竹筏门票收入的40%作为资源保护费和专营权使用费上缴景区，将10%的竹筏门票收入作为专营费用上缴武夷山旅游（集团）有限公司。该公司自留50%的门票和竹筏门票收入，用于游览区内所有旅游设施的维护，以及相关人员的管理费用和营业费用。从数量上看，通过景区财政上缴武夷山市财政，再拨回景区用于行政事业、遗产保护、社区发展等公益事业的款项，不及该公司自留收入多，可能会导致对保护目标的保护效果不及旅游开发的效益好。

③**自然资源有偿使用费**。其征收渠道是中央政府或地方政府向受益于自然保护地的单位、个人收取一定的使用费，再根据具体情况补助有关利益方。武夷山风景名胜区对其内集体土地、林地的租赁，设定了有偿使用费（2006年起每年26.5元/亩），并随景区门票收入增加而同比例增长，这是同社区协商的结果；征地费用则依据国家标准，还存在面议情况。因此，这种渠道相对依据零落，管理混乱，缺乏统一标准，未必反映了自然资源的市场价值，也难以保证征收费用用于自然资源保护。

（3）**社会渠道**

相对于以上筹资渠道，通过机构或个人捐赠，以及直接投入人力、物力以用于自然保护在中国还不是主流，志愿者组织相对落后。武夷山国家级自然保护区目前没有任何社会捐赠数据，风景名胜区曾接受过联合国教科文组织驻华代表处的捐赠，并且每年有组织志愿者活动。但是，社会捐赠还远远没有形成常态机制。作为资源丰富、保护需求多样且国际声誉较大的武夷山，在社会渠道筹资方面应当有所突破。

从以上对武夷山国家公园试点区现有保护地筹资渠道的分析可见，**武夷山当前的筹资机制有以下两个特点**。

第一，中央和地方财政投入资金比例在不同类型保护地差异巨大。武夷山自然保护区为省级财政拨款单位，从2011年到2015年中央财政投入资金的比例接近 50%。自然保护区存在建设资金不足导致生物资源保护工作滞后、对灾害抵御能力和恢复能力低、现代化预报和监测能力不足等问题。风景名胜区的财政资金则由景区授权武夷山旅游发展股份有限公司经营而得。从 2008 年起，风景名胜区管委会作为武夷山市财政的预算单位，实行收支两条线管理，中央财政完全没有介入。

第二，除了风景名胜区的山林有偿使用费和武夷山市林业部门对主景区及上游生态公益林的补助外，风景名胜区的资源保护依赖于获得经营权的股份有限公司的经营收益，特别是门票收入。这一方面造成为了增加盈利总量，将旅游经营列为景区管理重点，忽略了资源保护；另一方面，实际收入受制于市场大小年，造成可以投入保护和社区发展的资金不够稳定。而且，市场经营种类较为单一，景区的门票和竹筏门票收入是主要收入来源。

武夷山自然保护区管理局在管理上隶属福建省林业厅。自然保护区没有开展旅游活动，其运行和维护完全依赖财政支持。从目前的数据里可以明确看到的，仅有人员经费和运行经费的财政预算，从 2011 年到 2015 年这两类经费分别合计为 1908.2 万元和 462.37 万元，没有看到明确的用于生态监测、设备维护、巡护执法等方面的预算。相对于自然保护区而言，风景名胜区旅游开发力度大，管理体制机制区别明显。风景名胜区管理委员会依法行使政府派出机构行政管理职能，行使景区及森林公园的保护、管理、开发、利用等职能；同时武夷山旅游（集团）有限公司作为管委会下属的全资国有公司，代表景区履行国有资产出资人职责，负责经营管理国有资产，按照现代企业制度运作，重视效率优先，以效益为重，每年向景区上缴税后收入。相对于自然保护区，风景名胜区面临的问题更为复杂，包括景区林地权属和补偿资金问题、景区成为世界遗产地后的建设管理和村民安置资金需求等问题。从 2014 年的景区财政收支来看，在不包括其他筹资渠道获得的收益时，其下属企业将自身经营国有资产的收入［包括景区门票收入的 50%（含资源保护费每人次 11 元）和竹筏票收入的 40%（含资源保护费每人次 12 元）］作为资源保护费和专营权费上缴景区的数额达到当年景区支出的 1.3 倍。尽管缺乏武夷山市财政对景区上缴财政的截流比例，但仍可以看出门票收入是非常可观的资金来源，甚至是地方财政的重要来源。中央放权到地方进行保护地管理，给予地方一定的财权、事权空间，是为了在权责对等的原则下充分发挥地方政府对本地情况熟悉、可促进社区发展等优势，对保护地资源进行合理维护和利用。然而，这个良好的初衷很可能退化成地方政府对经济发展和利益最大化的追求，通过全民公益事业为地方谋利，严重违背了保护和利用自然资本以长期发展的目标。

2. 国家公园体制试点的用资渠道

一般而言，国家公园的资金支出从用途而言，主要可以分为人员工资、建设管理费和补偿费①。

（1）人员工资

国家公园体制的用资渠道中，人员工资是重要的支出项目②。它主要包括保护地管理机构编制内员工和临时聘用人员的工资、津贴、补贴、奖金以及社保等福利开支。其中，编制内管理人员的工资是重点。**由于国家公园是公益事业单位，因此其在管理单位体制确定的时候（"三定"方案中），会明确具体的人员编制数目、机构性质（确定管理国家公园的政府级别、单位类型等）（3.2.4节），而结合国家/本省人员工资标准（岗位工资和其他相关福利），即可得到人员工资③。** 其中，中央直管的国家公园，人员工资由中央财政拨款，而各省直管的编制下，则由省级财政拨款。具体计算方法见3.4.2.1节。

（2）**建设管理费**

一般来说，保护地的建设管理费，包括"自然和文化资源核心保护活

---

① 上缴财政的费用直接按照国家相关规定执行，不在此处讨论。

② 这部分资金的特殊性，在筹资渠道中已经论述。

③ 中国的保护区是公立事业，保护区管理机构是受机构人员编制约束的事业单位。在报批保护区管理机构时，各地机构编制办公室都会在考虑保护区所属系统人员编制总量约束的情况下，根据各保护区管理机构递交的报告从保护区的重要性、管护工作量以及这一领域财政资金状况，确定其单位性质（全额拨款、差额拨款、自收自支）、级别和人员编制，而相关财政投资一般情况下（只有少量与林业重大工程建设或国家级扶贫项目有关的例外）均与编制挂钩（人头费由人员编制决定，其他经费由机构级别和职能决定）。另外，中国的保护区建设和管理是纯粹的公立事业，而许多国家不仅存在大量私立性质（即保护区建立在私人所有的土地上）的保护区，且保护区的工作量有相当一部分由兼职人员和志愿者完成）。

动"、"保护地运行维护管理"、"基础设施建设"以及"保护地展览、活动规划和宣传"四个方面的费用。具体而言，各类保护地应当按照相关保护规定完成基础设施建设，配备相应的管理设备并开展基本管护活动，并在相应功能区根据法定区划进行相应保护和利用。对于国家公园而言，产生的费用主要用于**"保护"、"发展"和"全民公益"**三个方面，包括：资源调查和巡护、资源状况和游客容量监测、环境修复和物种繁育、基础设施建立和维护、基本游览服务设施的修缮和维护、科普宣教项目、设施的规划实现、带动地方发展的国家公园产品品牌增值体系等。建设管理费和国家公园的事权有直接的对应关系。

（3）补偿费

补偿费，主要是依据土地所有权和自然资源经营情况，对保护地内和周边受到管理需求影响的居民进行补偿。武夷山国家公园试点区内现有各类保护地，主要涉及山林有偿使用费和生态公益林补助，而未来涉及土地利用方式调整时，可能会出现新的方式，如租赁、赎买，以及地役权制度的引入（这部分在3.3节中详述）。

根据预决算报表，武夷山自然保护区管理局和武夷山风景名胜区管理委员会用资构成相对简单，主要分为经常性支出和项目性支出（主要是基本建设支出）。其中，从财务上看，按照支出的经济用途进行划分，风景名胜区经常性支出包括"工资支出""商品和服务支出""对个人家庭补助支出"等项目。

3. 筹资、用资对应的关系

保护地的类型多样，要形成"统一、规范、高效"的管理，需要明确当前不同管理单位体制对应的资金机制，并整合到国家公园的资金机制中。只有完善且充足的筹资来源，才能保障用于"保护"、"发展"和"全民公益"的用资渠道。

国家公园是一项公益事业。IUCN在其《保护地管理分类导引》里，对"类型Ⅱ：国家公园"的管理目标做了明确的说明：其首要管理目标是实现物种和基因多样性的保存、保持环境服务以及实现旅游和休闲目标；其次，需要提供科学研究和教育机会，并进行荒野、特殊自然及文化属性的保护；最后还可以对自然生态系统内的资源进行可持续利用。在中国，国家公园要充分体现"全民公益性"，因此其不仅要承担保护相关的事务，也要承担为公众提供公益服务（科研科普、环境教育等）和支持社会发展并转变发展方式的事务。前者一般被纳入建管费中（在很多地方是日常工作，有预算），后者则因其工作范围超越了国家公园边界且所需资金量巨大，而保障程度较差。而这方面的资金受益范围（正外部性范围）主要在当地且信息不对称程度较高，不属于高层级政府事权，必须主要依靠筹资机制中的市场渠道。因此，这方面市场渠道的构建要体现"保护为主，全民公益性优先"，与传统保护地的靠山吃山、靠水吃水（消耗性利用自然资源）有很大区别，需要针对国家公园的具体情况专门设计资金机制。最后需要指出，以上三部分用资费用和国家公园的诸多事务对应（见 3.4.1.2 节事权划分部分）。在差异化的"现实约束"下，国家公园自身特点不同，这部分费用的来源可以有多种，但是在**"保护为主，全民公益性优先"的前提下，依然以财政渠道为主**。

武夷山国家公园试点区涵盖了多个保护地类型，生物多样性丰富，景观资源质量好，自然保护区建设起步较早，示范性强（2006 年被国家林业局列为中国首批自然保护区示范单位）。但是，仅就武夷山自然保护区而言，目前仍然存在资金不到位造成的日常巡护设备难以更新、防灾救灾能力不足、社区发展项目难以为继等问题，同时还存在人才断层、仪器缺乏、科研方法落后等部分或间接由资金不足所造成的问题。自然保护区认识到了这一点，在《福建省武夷山国家级自然保护区总体规划（2011－2020年）》中规划总投资 17056.5 万元，涉及中央投资 13169.4 万元，占总投资的 77.2%；省地配套等投资 3292.4 万元，占总投资的 19.3%；自筹 594.7 万元，占总投资的 3.5%。涉及项目包括保护工程投资 12319.2 万元，科研工程投资 671.5 万元，宣教工程投资 742.5 万元，基础设施投资 1234.0 万元，社区扶持投资 804.0 万元，以及其他费用 1285.2 万元。

因此，从武夷山国家公园试点区现有保护地的用资机制看，无论是以财政资金、行政事业收费还是以资产经营为保护地管理机构收入来源，**其用资结构大致相同，问题主要在筹资机制上**。在武夷山自然保护区，人员和公务运行经费完全依赖于省级财政，中央财政专项转移支付则要求专款专用。武夷山国家级自然保护区面积广大，区内工作地点偏远，有限的地方财政难以提供吸引人才、更新设备的资金，导致目前保护区内存在因设备老化而导致火灾等森林安全隐患。从目前数据来看，省级财政在2011～2015年还提供每年金额不等的资源管护资金和科学研究专项资金，但数额波动巨大。风景名胜区则存在世界遗产地内居民迁出安置问题、出于保护需求的经济作物赎买以及生态补偿等问题，当前的资产经营形式还涉及进入企业工作的当地居民今后的发展问题。

从用资顺序看，保护机构通常是先人员工资、次建设、后办公，即在资金安排的优先顺序上先保证员工工资，再安排基础设施建设，然后才考虑日常管理需要，最后才是保护。相对于风景名胜区，自然保护区几乎没有自身的经营收入，又不像博物馆免费开放已经被纳入中央和地方专项资金中。特别是武夷山自然保护区在2008年后停止了生态旅游项目，目前尚未恢复。由于缺乏风景名胜区经营性收益的详细数据，因此暂时无法得知经营反哺保护的具体比例。从现有的资料看，可以将武夷山国家公园试点区筹资机制与用资机制对应起来，如表3-4-1-2所示。

表3-4-1-2 武夷山国家公园试点区现有保护地类型筹资机制和用资机制的对应关系

筹资渠道	用资渠道	人员工资	建设管理费				上缴财政	补偿费
			资源核心保护	保护地运行维护管理	基础设施建设	保护地展览、活动规划和宣传		
财政渠道	中央财政		√	√	√			
	地方财政	√	√	√	√			
市场渠道	门票收入	√	√	√	√	√	√	
	其他经营（不包括门票）	√	√	√	√	√	√	
社会渠道	融资①							
	自然资源有偿使用费②		√	√	√			

注：①景区借贷资金用于世界遗产地范围内居民迁出，不算在此处用资渠道里。②山林有偿使用中没有具体说明用资渠道。

自然保护区没有门票收入，而风景名胜区目前的门票定价为景点一日游140元/人，车票一日游70元/人；景点二日游150元/人，车票二日游85

元/人；景点三日游 160 元/人，车票三日游 95 元/人；竹筏门票是 130 元/
人。门票、竹筏和观光车三项，由风景名胜区管理委员会授权武夷山旅游
发展股份有限公司经营。目前，景区有三个法人分配主体，即风景名胜区
管委会、武夷山旅游（集团）有限公司和武夷山旅游发展股份有限公司。
门票收入主要有以下三个去向。

　　一是景区门票收入的 50%（含资源保护费每人次 11 元）和竹筏门票收
入的 40%（含资源保护费每人次 12 元）作为资源保护费和专营权费上缴景
区。风景名胜区管委会作为武夷山市财政的预算单位，金额实行收支两条
线管理，收入直接上缴市财政，扣除当期应上缴金额（上缴递增比例与市
上一年地区生产总值增长比例同步）后所剩金额作为景区经费并及时拨给，
用于支付景区的行政事业经费，遗产资源的保护、规划、绿化、宣传费用，
扶持景区周边乡（镇）、村，归还贷款，等等。

　　二是竹筏门票收入的 10%，作为专营权费上缴集团公司，作为集团公
司主营业务收入，用于支付利息、摊销申报世遗的费用、资本运作和保证
融资的资信需求。

　　三是另外 50% 的景区门票收入和竹筏门票收入，由武夷山旅游发展股
份有限公司自己留存，主要用于游览区内所有旅游设施的维护以及相关人
员的管理费用和营业费用。

3.4.1.2　国家公园管理中的事权划分

　　国家公园管理中的事权划分，是筹资渠道中财政渠道的重要根据，与
用资渠道中的具体事务对应（主要是与 3.4.1.1 节中的建设管理费对应）。
从管理的难点角度看，目前在中国国情下，财权层层上收、事权层层下放，
财政渠道中更重要的是体现高层级政府事权。因此需要划分事权，以确保
国家公园管理中基层管理机构的财力与事权相匹配。

　　1. 国家公园管理中的事权划分

　　作为筹资主渠道的财政渠道，确定其构成的主要依据是事权划分。基
于问题导向，确定财政渠道的考虑有二。①要明确中央政府与地方政府的
事权划分。事权划分不明，会造成中央政府缺位，资金数量不足，导致难
以开展公益性强的保护地管理。特别是风景名胜区现有的国有资产企业经
营，在国家公园试点期内要应用特许经营等方式，规范与保护没有直接关

联的经营项目。而对自然资源和景观的保护，由于具有很强的公益性，要在划分事权的基础上明确各级政府权责。②规范国家公园内居民的生产生活，须在事权划分的基础上体现到不同空间的资金分配上，即在明晰各级政府出资责任的同时，也确保原住民的权责利相匹配，使其在获得补助资金的同时也要规范自身行为。目前武夷山国家公园试点区内不同类型保护地的管理方法不同，但是在具体目标上并没有明确地方政府和中央政府的权责，或忽视了政府在公益事业上应有的责任。这**一方面造成自然保护区资金来源单一且总量不足，难以满足保护需求；另一方面造成风景名胜区和森林公园这样的保护地过于依赖市场渠道**，对门票和游憩收费过度依赖，考虑全民公益性不够。在这种考虑中，重点在①，即通过事权划分强化政府尤其是高层级政府的支出责任，主要通过财政渠道构建体现"保护为主，全民公益性优先"的经济基础。

十八届三中全会《决定》明确提出，要**建立事权和支出责任相适应的制度**。合理划分不同层级政府之间的事权，是合理分配和使用财政资金的先决条件。具体而言，《决定》指出，"适度加强中央事权和支出责任，国防、外交、国家安全、关系全国统一市场规则和管理等作为中央事权；部分社会保障、跨区域重大项目建设维护等作为中央和地方共同事权，逐步理顺事权关系；区域性公共服务作为地方事权。**中央和地方按照事权划分相应承担和分担支出责任**。中央可通过安排转移支付将部分事权支出责任委托地方承担。对于跨区域且对其他地区影响较大的公共服务，中央通过转移支付承担一部分地方事权支出责任。保持现有中央和地方财力格局总体稳定，结合税制改革，考虑税种属性，进一步理顺中央和地方收入划分"。根据中国国情，决定国家公园中央和地方事权划分的**主要原则有以下三个**。

①**外部性范围原则**。经济学的外部性是指一个经济主体的行为直接影响到另一个相应的经济主体，却没有给予相应支付或相应的补偿。所以，外部性有正面和负面之分。应用到事权划分上，外部性指的是一个事务如果其主要影响范围超越了地方管辖的范围，则该事务就应当由高层级政府管辖；反之，一个事务的主要影响如果仅限于地方，则应当由地方管辖。具体到财权上，则意味着对于国家公园的相应事务，中央财政应支付一定比例的成本。

②**信息对称原则**。所谓信息对称，是指在市场条件下，交易双方掌握

的信息必须对称，以实现公平交易和资源分配效率最大化。应用到事权划分上，如果一项事务涉及的信息多样、具体、不易识别或时效性强，则可能造成沟通双方的信息不对称，则该事务应当尽量由地方负责，发挥其熟悉基层事务能够迅速掌握信息的特点；反之，则可以由上级机构进行管理。

③**激励相容原则**。这一原则主要指一种制度安排，如果可以使理性行为人追求个人利益的行为与实现其所在集体价值最大化的目标吻合，则该制度安排就是"激励相容"的。具体到财政制度，则意味着需要让地方政府管辖的事务满足其自身利益并达到国家利益的最大化。如果事务不符合这样的利益诉求，比如地方政府无法得到利益甚至需要做出牺牲来满足国家利益，就必须由中央政府介入。

公共产品是由供给主体提供的、以满足社会公共需求为目的、为全体社会成员所消费的商品和劳务的总称，具有非竞争性和非排他性。即一部分人对产品的消费和收益不影响他人对这一产品的消费和收益。同时，消费中的收益不会为某个人或某些人所专有。由于公共产品的供给存在市场失灵，所以其供给主体应是政府（私人不愿，如有制度保障，并非不能）。基于非竞争性和非排他性，公共产品的特有属性之一是对其提供者具有外部性，并可根据其外部性的空间影响范围分为全国性公共产品、地方性公共产品和具有辖区外溢性的公共产品。

全国性公共产品是指与国家整体有关的、全体社会成员均可享用的物品和服务，其受益范围是全国性的。地方政府对此类具有超越本地域的外部性的产品因为无法得到相应的回报而没有提供的积极性，一般也没有财力提供保障，若勉强提供，则会造成供给不足并导致整个社会效率低下。因此，全国性公共产品的受益范围在空间上是整个国家，提供者应该是中央政府。

地方性公共产品是相对于全国性公共产品而言的，只能满足特定区域（而非全国）范围内居民公共需要的物品和服务，其受益范围具有地方局限性。考虑供给效率，在现有的适度分权的财政体制下，地方政府更能针对本地居民的消费偏好，以尽可能小的成本提供本辖区内的一般性公共产品，从而避免出现中央政府统一提供产品而忽视地方消费偏好差异和需求价格弹性造成的效率损失。

具有辖区外溢性的公共产品，往往指外部性具有一定跨区域性的公共产品和服务，其外溢性跨越了地方边界。因此由地方政府提供可能因缺乏合理补偿而导致供给不足，需要诉诸中央政府以区域发展角度将外溢性内化。但是由于存在中央政府对地方居民偏好等信息获取不足的问题，因此需要中央政府以转移支付的形式补偿受外溢性影响较大的地方，而地方政府也要分摊一定比例费用以提高公共产品供给效率。

以此分类为依据，可以界定中央政府和地方政府的事权划分，把公共产品的供给职责在中央和地方间进行分配，从而确定公共产品的供给主体，保证公共产品的供给效率。事权划分的根本目的，是在经济学福利最大化的指导下，比例分担依法、依规划分各级政府事权，保证各类公共产品的外部性在合适的地理区域得到内化。因此，对国家公园涉及的各项事务，需要判断其是全国性公共产品、地方性公共产品还是区域性公共产品，以界定事权为中央事权、地方事权还是共同事权（混合型事权）①，其中共同事权中涉及的公共产品供给主体是地方政府，所需资金由中央对地方的转移支付资金加之地方按比例分摊的资金共同解决。

2. 武夷山国家公园的事权划分案例

根据事权划分的外部性、信息对称和激励相容原理，可以武夷山国家公园试点区为例（田野调查中已经充分设计事权等划分依据），对国家公园建设和管理中具体事务的出资责任进行划分，得到以下可以参考的中央与地方事权划分依据表（见表3-4-1-3）。其中，外部性分为具有明显外部性（3分），具有一定外部性（2分），没有明显外部性（1分）；信息对称原则分为信息对称（3分），信息较为对称（2分）和信息不对称（1分）；激励相容原则分为相容（2分）和不相容（4分）。基于总得分，某项事务

---

① 可能以后跨边界的，需要地方合作。本书说法与2013年《中共中央关于全面深化改革若干重大问题的决定》对事权的界定用语略有不同。《决定》提出，适度加强中央事权和支出责任，国防、外交、国家安全、关系全国统一市场规则和管理的等作为中央事权；部分社会保障、跨区域重大项目建设维护等作为中央和地方共同事权，逐步理顺事权关系；区域性公共服务作为地方事权。中央和地方按照事权划分，承担和分担相应支出责任。中央可通过安排转移支付，将部分事权支出责任委托地方承担。对于跨区域且对其他地区影响较大的公共服务，中央通过转移支付承担一部分地方事权支出责任。应保持现有中央和地方财力格局总体稳定，结合税制改革，考虑税种属性，进一步理顺中央和地方收入划分。

得分4~6分，划为地方事权；得8~10分，划为中央事权；得7分，则划为共同事权。基于表3-4-1-3的划分，表3-4-1-4给出了武夷山国家公园试点区中央政府和地方政府事权划分的结果。该得分基于对武夷山市政府主要职能部门的调查得出。参与调查的部门包括武夷山市文化局、发改局（2份）、旅游局、住建局、教育局，以及兴田镇人民政府，风景名胜区管委会，武夷街道等。调查中可能出现的问题如下：①地方由于希望中央承担更多职能而有倾向性地将分数打高；②有的地方职能部门认为在国家公园管理上参与度低，不仔细按照要求填写。

考虑上述情况，参与本期调查的部门去掉了文化局，样本包括：教育局、住建局、发改局、风景名胜区管委会和兴田镇人民政府。调查组专家与地方职能部门之间、地方职能部门和管理部门之间对事权划分的判断，存在比较大的差异。专家判断的结果大致如表3-4-1-4所示。

中央事权涉及规划编制、重要资源的修复和保护，相关内容包括：资源修复，重点物种原地和迁地保护，地质地貌和水体保护，国家公园总体规划、标识和功能区划设立，基本的公共卫生、供水和供电，以及游客安全防护。

地方事权涉及区域性的公共产品和服务，包括：保护地的日常巡护，文化遗址保护，环境监测，国家公园基础设施建设，科普人员和社区人员能力建设等相关工作，旅游基础设施和配套设施建设，基本的公共卫生、供水和供电，游客安全防护，以及科教文卫等区域社会发展和产业发展相关事务。

中央与地方共同事权涉及跨区域的公共产品和项目，需要中央政府和地方政府共同参与建设，包括：灾害防治，外来物种防治，资源保护相关的基础设施建设和科普宣教建设，资源巡查和数据分析，以及保护地居民搬迁和设施撤离等事务。

地方政府和相应职能部门对事权划分的判断，与笔者的主要分歧在于以下几个方面：他们认为公共卫生、供水和供电等保护性基础设施建设，以及游客安全防护是地方事权；认为旅游基础设施建设是中央事权；认为有害生物防治、科教体系建设、基本展览展示设施是地方事权，而保护引起的征地安置是中央事权。此外，部门间的认识分歧非常大，判断相对一致的事项整理如下（存在与评估的不一致性）。

①资源保护和环境修复：规划编制、界桩、灾害防治、有害生物防治、

表3-4-1-3 中央与地方事权划分依据

事项	内容	外部性原则	信息对称原则	激励相容原则	得分	事权划分
一、资源保护和环境修复活动	编制国家公园总体规划及专项规划	具有明显外部性	信息对称	不相容	10	中央事权
	界桩	具有明显外部性	信息对称	不相容	10	中央事权
	对生态、环境监测设备和保护地的日常巡查、维护（包括巡护公路、森林公安公务用房、保护站管理用房、消防库房、瞭望塔、哨卡、围栏、野外巡护设备装备、环境监测站设备设施、物种保护站设施、生态定位站设备设施、公安监控系统、数字化监测平台、信息网络服务等）	没有明显外部性	信息不对称	相容	4	地方事权
	灾害防治（包括病虫害防治、松材线虫防治、森林火灾防治、极端天气如低温冻害、强对流和暴雨洪灾防治、长期气候变化应对）	具有一定外部性	信息对称	相容	7	中央、地方共同事权
	符合规划的资源修复（如丘陵陡坡水土流失治理、植被恢复、湿地恢复、农田恢复、文物古迹局部保护性维修）	具有一定外部性	信息较为对称	不相容	8	中央事权
	有害生物防治（包括外来物种，如九曲溪内巴西龟）	具有一定外部性	信息不对称	不相容	7	中央、地方共同事权
	重点生物物种的原地和迁地保护（包括大王峰、隐屏峰常绿阔叶林的生境维护和改善、残存性常绿阔叶林孤立树种的抚育和再引种、生态廊道建设、促进顺向演替定向培育和封育、珍贵树种的人工繁育、动物救助等）	具有明显外部性	信息较为对称	不相容	9	中央事权
	地质地貌和水体保护（如九曲溪河岸带防护、特殊地貌保护、标准剖面保护、出露性矿脉保护）	具有明显外部性	信息较为对称	不相容	9	中央事权
	传统农业景观和历史文化遗迹保护（包括传统土地利用方式、建筑遗址遗迹、民族文化景观等）	具有明显外部性	信息不对称	相容	6	地方事权
	环境监测：大气、水体（地表水、地下水）、噪声	没有明显外部性	信息不对称	不相容	6	地方事权
	管理能力建设（管理机构办公、人员培训等）	没有明显外部性	信息不对称	相容	4	地方事权
	涉及保护地功能实现的征地、居民迁移和设施撤离	具有一定外部性	信息不对称	不相容	7	中央、地方共同事权

续表

事项	内容	外部性原则	信息对称原则	激励相容原则	得分	事权划分
二、保护性基础设施建设	各类标识（包括大门、界桩、标识、道路指示牌等含有公共信息的标志和标记）	具有明显外部性	信息较为对称	不相容	9	中央事权
	资源保护相关基础设施（包括巡护公路、公务用房、管理用房、消防库房、生态定位站、环境监测站、数字信息化平台或系统）	具有一定外部性	信息不对称	不相容	7	中央、地方共同事权
	国家公园管理机构基础用房（保护基地综合楼、下属办事处、各种公务用房、职工生活用房、教学实习用房）	没有明显外部性	信息不对称	相容	4	地方事权
	公共卫生设施（包括污水处理设施、厕所、垃圾箱等）	具有明显外部性	信息对称	相容	8	中央事权
	供电设施	具有一定外部性	信息对称	相容	7	中央、地方共同事权
	供水设施	具有一定外部性	信息对称	相容	7	中央、地方共同事权
三、公益性利用基础设施和公共服务	科普相关基础设施和宣传材料（包括访客中心、科技馆、导览讲解体系、博物馆和宣教馆等及其相关设备、解说词、宣传书籍和影像等）	具有一定外部性	信息不对称	不相容	7	中央、地方共同事权
	国家公园科普相关工作人员的招聘、培训和项目设计	具有一定外部性	信息较为对称	相容	6	地方事权
	基于资源巡查和环境监测的科研数据采集和处理、成果发布（人员培训、数据采集和分析）	具有明显外部性	信息不对称	不相容	7	中央、地方共同事权
	游客安全防范	具有明显外部性	信息对称	不相容	10	中央事权
	基本展览展示设施（包括道路、观景设施、标识等）	具有一定外部性	信息不对称	相容	6	地方事权
	周边环境整治（如村镇风貌整治）	具有一定外部性	信息不对称	不相容	9	中央事权
	社区管理能力建设和产业扶持（包括生态旅游、环保教育、有机生态产业等、以及专业人才培训）	没有明显外部性	信息不对称	相容	4	地方事权
	其他区域性社会事务管理（包括为原住民提供的治安、基础教育、医疗卫生、社会保障等）	具有一定外部性	信息不对称	不相容	6	地方事权

续表

事项	内容	外部性原则	信息对称原则	激励相容原则	得分	事权划分
四、经营性用基础设施建设和相关服务	房地产项目（包括核心区域拆迁居民的安置房）	没有明显外部性	信息不对称	相容	4	地方事权
	旅游基础设施建设（包括观光游道、实体和网络宣传平台等）	没有明显外部性	信息不对称	相容	4	地方事权
	配套服务设施建设（竹筏、索道、运营车辆、民宿、餐饮等）	没有明显外部性	信息不对称	相容	4	地方事权
	游憩体验设施（包括观景平台、休憩场所等）	没有明显外部性	信息不对称	相容	4	地方事权

表 3-4-1-4 中央与地方事权划分结果

事项	内容	中央事权	地方事权	共同事权
一、资源保护和环境修复活动	编制国家公园总体规划及专项规划	√		
	界桩	√		
	对生态、环境监测设备和保护地的日常巡查、维护（包括巡护公路、森林公安公务用房、保护站管理用房、消防库房、瞭望塔、哨卡、围栏、野外巡护设备设施、环境监测站设备设施、物种保护站设备设施、生态定位站设备设施、公安监控系统、数字化监测平台、信息网络服务等）		√	
	灾害防治（包括病虫害防治、松材线虫防治、森林火灾防治、极端天气如低温冻害、强对流和暴雨雨雪）	√		
	符合规划的资源修复（如丘陵陡坡水土流失治理、植被恢复、湿地恢复、农田恢复、文物古迹局部保护性维修）			√
	有害生物防治（包括外来物种，如九曲溪内巴西龟）			√

续表

事项	内容	中央事权	地方事权	共同事权
一、资源保护和环境修复活动	重点物种的原地和迁地保护（包括大王峰、隐屏峰常绿阔叶林的生境维护和改善、残存常绿阔叶林孤立树种的抚育和再引种、生态廊道建设、促进顺向演替的定向培育和人工繁育、动物种救助等）	√		
	地质地貌和水体保护（如九曲溪河岸带防护、特殊地貌维护、标准剖面保护、出露性矿脉保护）	√		
	传统农业景观和历史文化遗迹保护（包括传统土地利用方式、建筑遗址遗迹、民族文化景观等）		√	
	环境监测：大气、水体（地表水、地下水）、噪声		√	
	管理能力建设（管理机构办公、人员培训等）		√	√
	涉及保护地功能实现的征地、居民迁移和设施撤离			√
二、保护性基础设施建设	各类标识（包括大门、界桩、标识、道路指示牌、功能区指示牌等各有公共信息的标志和标记）	√		
	资源保护相关基础设施（包括巡护公路、公务用房、管理用房、消防车房、生态定位站、环境监测站、物种救护站、数字信息化平台合成系统）			√
	国家公园管理机构基础设施（保护基地综合楼、下属办事处、职工生活用房、各种公务用房、教学实习用房）		√	
三、公益性利用基础设施和公共服务	公共卫生设施（包括污水处理设施、厕所、垃圾箱等）	√		
	供电设施			√
	供水设施			√
	科普相关基础设施和宣传材料（包括访客中心、导览讲解体系、科技馆、博物馆和宣教馆等及其相关设备、解说词、宣传书籍和影像等）			√
	国家公园科普相关工作人员的招聘、培训和项目设计		√	

续表

事项	内容	中央事权	地方事权	共同事权
三、公益性利用基础设施和公共服务	基于资源巡查和环境监测的科研数据分析（人员培训、数据采集和处理、成果发布等）			√
	游客安全防护	√		
	基本展览展示设施（包括道路、观景设施、标识等）		√	
	周边环境整治（如村镇风貌整治）	√		
	社区管理能力建设和产业扶持（包括生态旅游、环保教育、有机生态产业等，以及专业人才培训）		√	
	其他区域性社会事务管理（包括为原住居民提供的治安、医疗卫生、基础教育、社会保障等）		√	
四、经营性利用基础设施建设和相关服务	房地产项目（包括核心区域拆迁居民的安置房）		√	
	旅游基础设施建设（包括观光游道、实体和网络宣传平台等）		√	
	配套服务设施建设（竹筏、索道、运营车辆、民宿、餐饮等）		√	
	游憩体验设施（包括观景平台、休憩场所等）		√	

物种保护、保护相关的征地和安置；（6/12）①

②保护性基础设施建设：国家公园管理机构基础设施、公共卫生设施；（2/6）

③公益性利用基础设施和公共服务：科普相关建设、游客安全防护、基本展览展示设施；（3/8）

④经营性利用基础设施建设和相关服务：无；（0/4）

从中可以看出，越是涉及具体经济利益的，不同单位之间的分歧越大。

每个部门或单位的打分具有一致性，总体打分由高到低，即倾向于将事务判断为中央事权到倾向于判断为地方事权在这几个单位间的顺序是：风景名胜区管委会＞武夷山市教育局＞武夷山市发改局和兴田镇人民政府＞武夷山市住建局＞武夷山市旅游局。

3.4.2　筹资机制工作的重点（财政渠道和市场渠道的构建）和难点

筹资渠道的重点是财政渠道的完善和市场渠道的构建。其中财政渠道是高层事权的体现，也是全民公益性的保障；而带动地方发展，则需要构建以国家公园产品品牌增值体系为主的市场渠道来满足。当前政策环境下，国家公园筹资机制工作的难点也需要引起足够重视。

3.4.2.1　财政渠道的投入测算——以武夷山国家公园试点区实现有效管理所需资金为例

1. 人员工资

如前所述，人员工资是重要的用资渠道，但其取决于管理单位体制。**在中国国家公园管理体制中，国家公园是公益事业，国家公园管理机构为公益性事业单位，人员工资的主要渠道是财政渠道（中央政府或者地方政府）。中央直接行使所有权的国家公园的人员工资由中央财政出资，省级政府管理的国家公园的人员工资由省财政出资。在国家公园管理机构的"三定"方案确定后，即可计算出人员工资。**具体计算方法为岗位数×对应级别下人员工资的累加（岗位工资和相关福利②）。其中，岗位工资参见中央

---

① 分母表示参与投票的人数，分子表示赞成的人数。

② 比例参数的选取主要参考各省保护地实际工资/福利的发放，以武夷山国家公园为例，可重点参考《试点方案》中给出的人员经费。

和各省出台的事业单位工资管理办法，相关福利结合实际情况按照一定的比例计算。在不同的时期，国家公园人员工资在整个用资中的占比有所变化，细节参见3.5节。

2. 从事权划分看资金机制

武夷山国家公园试点区财政渠道投入的测算，基于对现有保护地资金机制的整合和事权的划分，具体思路如下（见图3-4-2-1）。

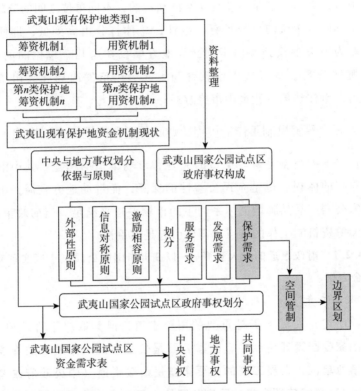

图3-4-2-1 武夷山国家公园中央事权和地方事权的划分及资金机制研究路线

根据武夷山市的地方财政状况，在事权划分的基础上对过渡期的中央财政需求提出建议：经济较发达区域国家公园中央财政投入与地方财政投入比例为1:3，国家级贫困县为3:1，经济中等地区为2:2。根据上述详细的事权划分，需要对相应的资金需求进行调查统计，得到每项事务单位面积的资金需求，进而根据国家公园试点区规划的面积得到武夷山国家公园试点区建立和运行的财政资金需求。这里应该注意，试点区建立伊始，对基础设施建设的初始投入应不同于其后期运行维护费用。因此,三年试点期的年度财政资金需求有差异,这里可以认为测算的是第一年初始资金需求。

具体匡算技术路线如下:根据现有保护地运行的资金机制、财物状况、实地访谈和调查,对每项事务的单位成本进行估算,并根据武夷山国家公园试点区规划面积进行总成本核算。首先,根据公式(6),进行各项事务单位面积运行资金成本测算:

$$A_i = \sum_{j=1}^{n} a_i \Big/ \sum_{j=1}^{n} s_j \qquad \text{公式 (6)}$$

其中:A_i 为第 i 项事权的平均资金需求量,单位:万元/平方千米;

a_j 为第 i 项事权在第 j 类保护地的资金需求,单位:万元;

s_j 为第 i 项事权在第 j 类保护地的事务影响面积,单位:平方千米;

n 为国家公园试点区中第 i 项事权所涉及的现有保护地类型数。

根据现有资料初步估算,得到武夷山国家公园试点区相关事务的单位管理面积资金成本(见表 3 - 4 - 2 - 1),结果是武夷山风景名胜区管委会根据其管理经验,将涉及人次和个数等非面积因素的数据进行了单位面积估算,并将原始数据放到表中。利用公式(7)将各个事权资金需求进行加总,估算出武夷山国家公园试点区的财政资金需求,约为 20.13 亿元。

$$C = \sum_{i=1}^{m} A_i \times S \qquad \text{公式 (7)}$$

其中:C 为武夷山国家公园财政资金需求量,单位:万元;

A_i 为第 i 项事权的平均资金需求量,单位:万元/平方千米;

S 为武夷山国家公园试点区规划面积(987.39),单位:平方千米;

m 为事权类型总数。

根据中央与地方的事权划分结果、各项事务单位面积资金成本,根据不同的分配比例测算中央和地方应承担的财政投入比例。中央提供的财政资金覆盖中央事权以及中央与地方共同事权里中央应承担的部分,按照一定的规则进行比例划分,**依据有三**:①按照现有的武夷山市及其所辖县市财政收入中中央财政和地方财政的比例进行测算;②按照现有的自然保护区中央财政与地方财政 1:1 比例进行测算;③通过专家讨论和可行性评估,按照其他比例进行计算。如按照 1:1 测算,中央财政需提供 5233 万元。

表 3－4－2－1　根据现有资料进行事权划分得到相关事权的单位管理面积资金需求

事项	内容	资金需求 [万元/(平方千米·年)]
一、资源保护和环境修复活动	编制国家公园总体规划及专项规划	总计600万元
	界桩	
	对生态、环境监测设备和保护地的日常巡查、维护（包括巡护公路，森林公安公务用房，保护站管理用房，消防车房，瞭望塔，哨卡，围栏，野外巡护设备装备，环境监测站设备设施，物种保护站定位站设备设施，公安监控系统、数字化监测平台、信息网络服务等）	15.0
	灾害防治（包括病虫害防治、松材线虫防治，森林火灾防治，极端天气如低温冻害，强对流和暴雨洪涝游防治，长期气候变化应对）	0.5
	符合规划的资源修复维修（如丘陵陡坡水土流失治理，植被恢复，湿地恢复，农田恢复，文物古迹局部保护性维修）	1.0
	有害生物防治（包括外来物种，如九曲溪内巴西龟）	1.0
	重点物种的原地和迁地保护（包括大王峰，隐屏峰常绿阔叶林的生境维护和改善，残存性常绿阔叶林孤立树种的抚育和再引种，生态廊道建设，促进顺向演替的定向培育种，珍贵树种的人工繁育，动物救助等）	10.0
	地质地貌和水体保护（如九曲溪河岸带防护，特殊地貌维护，标准剖面保护，出露性矿脉保护）	10.0
	传统农业景观和历史文化遗迹保护（包括传统土地利用方式，建筑遗址遗迹，民族文化景观等）	50.0
	环境监测：大气，水体（地表水，地下水），噪声	20.0
	管理能力建设（管理机构办公，人员培训等）	1000元/人次，每年100人次
	涉及保护地功能实现的征地，居民迁移和设施撤离	2.1

续表

事项	内容	资金需求 [万元/(平方千米·年)]
二、保护性基础设施建设	各类标识（包括大门、界桩、标识、道路指示牌等、功能区指示牌等各有公共信息的标志和标记）	0.3
	资源保护相关基础设施（巡护公路、公务管理用房、消防站、生态定位站、环境监测站、物种救护站、数字信息化平台或系统）	15.2
	国家公园管理机构基础设施（保护基地综合楼、下属办事处、各种公务用房、职工生活用房、教学实习用房）	15.2
	公共卫生设施（包括污水处理设施、厕所、垃圾箱等）	1.0
	供电设施	3.0
	供水设施	2.0
	科普相关基础设施和宣传材料（包括访客中心、导览讲解体系、科技馆、博物馆和宣教馆等其设备，解说词、宣传材料等）	15.2
三、公益性基础设施和公共服务	国家公园科普相关工作人员的招聘、培训和项目设计	0.1
	基于资源巡查和环境监测的科研数据分析（人员培训、数据采集和处理、成果发布等）	1.0
	游客安全防护	0.1
	基本展览示展设施（包括道路、观景设施、标识等）	0.3
	周边环境整治（如村镇风貌整治）	15.0
	社区管理能力建设和产业扶持（包括生态旅游、环保教育、有机生态产业等，以及专业人才培训）	6.1
	其他区域性社会事务管理（包括为原住居民提供的治安、医疗卫生、基础教育、社会保障等）	15.2

续表

事项	内容	资金需求 [万元/（平方千米·年）]
四、经营 性利用基 础设施建 设和相 关服务	房地产项目（包括核心区域拆迁居民的安置房）	1
	旅游基础设施建设（包括观光游道、实体和网络网络宣传平台等）	1
	配套服务设施建设（竹筏、索道、运营车辆、民宿、餐饮等）	1
	游憩体验设施（包括观景平台、休憩场所等）	1

3.4.2.2 市场渠道的构建——以国家公园产品品牌增值体系为例

财政渠道的建设可以通过事权划分来加强和规范，市场渠道的建设更为复杂——涉及更多的利益相关者并受制于更多的现实约束。考虑到中国国家公园建设中的"人、地"约束，需要结合问题导向和目标导向提出**主要用于社区且管理机构也能获利的绿色发展机制**，以构建可持续的市场渠道，形成对财政渠道的补充，并更好地体现国家公园体制的"全民公益性"。

问题导向下，资源环境优势（绿水青山）如何转化为产值优势（金山银山），需要通过制度形成绿色产品增值体系；目标导向下，《关于设立统一规范的国家生态文明试验区的意见》提出，试验重点之一是"有利于推动供给侧结构性改革，为企业、群众提供更多更好的**生态产品、绿色产品的制度**"，《国家生态文明试验区（福建）实施方案》则提出"**生态产品价值实现的先行区**"的概念，这使资金渠道的构建有了更明确的定位。而《关于完善主体功能区战略和制度的若干建议》指出了"要统筹推进山水林田湖草一体化治理，要严格保护好生态安全和农产品供给安全……要建立健全生态产品价值实现机制，挖掘生态产品市场价值，增强重点生态功能区自我造血功能和自身发展能力，使绿水青山真正变成金山银山"。这也符合十九大报告中提出的"我们要建设的现代化是人与自然和谐共生的现代化，既要创造更多物质财富和精神财富以满足人民日益增长的美好生活需要，也要提供更多优质生态产品以满足人民日益增长的优美生态环境需要"。因此，结合生态文明基础制度和国内外经验，国家公园须在现实约束下建立一套以国家公园品牌为代表的具有特色的绿色产业品牌发展制度（国家公园产品品牌增值体系），社区和国家公园管理机构可通过特许权获利，以构建筹资机制的市场渠道。其中市场渠道的构建充分反映了要素市场化的思维。下面以国家公园产品品牌增值体系的构建为例，分析不同现实约束下国家公园资金机制中市场渠道的构建和国家公园管理机构在其中的权责利。

1. 现实约束和技术路线

（1）现实约束

即使在共同的建设目标下，不同类型的国家公园试点区对市场渠道的需求也是不同的，且这一过程存在一定的现实约束。具体来看，现实约束

151

包括四个方面，分别是：①土地权属；②原住民的人口密度及收入结构；
③地方政府的相关政策和制度①；④市场发育条件。这些约束在不同类型的
国家公园中差异性较大，直接影响了国家公园产品品牌增值体系所具体涉
及的产业结构、产品种类、社区参与模式、相关制度调整等，使不同国家
公园资金机制中的市场渠道存在差异。

可根据表1－3－3，选取典型的三类国家公园试点区（三江源、武夷
山、钱江源），分析不同的国家公园在构建市场渠道时所面临的这些现实约
束差异（见表3－4－2－2）。

表3－4－2－2　代表性国家公园试点区的现实约束差异性对比

试点区代表	土地权属	原住民的人口密度和收入结构	地方政府的相关政策和制度	市场发育条件	对市场渠道的需求
三江源	易于通过土地流转和赎买等方式统筹土地权	原住民极少，收入以传统畜牧业为主	已经通过财政渠道建立原住民新的收入结构（护林员制度），但市场渠道方面缺少配套制度设计	较差，且相关产品远离主要消费市场，交通成本很高	弱且构建的难度较大
武夷山	地权复杂，国有土地占比低，调整和规范土地利用方式的难度大	原住民密度高，收入渠道多，但在相当程度上依赖对国家公园资源不规范的利用且已经有较高的收入，已经在一定程度上获得品牌溢价的收入	财政渠道较弱，地方政府统筹管理土地的力量较弱。只有先建立统一管理的国家公园管理局，才可能构建统一管理的资金机制的市场渠道	很好，本身是茶叶等大宗产品的集散地，交通条件有利，已经形成较好的产业配套	强且必须构建
钱江源	地权较复杂，但规范土地利用方式的成本不高	原住民密度较高，收入渠道多，但除了旅游业外，基本没有品牌溢价收入	①财政渠道扶持力度较大；②建立统一管理的资金机制的市场渠道难度较小	中等，旅游等第三产业靠近主要客源市场	中等

除去以上约束，**历史遗留问题**也是一个重要的约束——对既有开发项
目的处理②。这些项目如果是国有，相对容易结合"全民公益性"进行调

---

① 换个角度看，这些约束也构成了消耗性利用青山绿水的动因。
② 10个试点区中为数不少，如武夷山的竹筏漂流、南山的奶牛场和风电站、神农架的水电站和矿山等。

整；如果是私有或者外资所有，则改革难度较大。这些以营利为目的的企业，较难在其经营理念中体现全民公益性，不利于统一管理；但是品牌效应却能激励其积极参与国家公园产品品牌增值体系的构建。因此，这些项目相关产品如果被纳入国家公园产品品牌增值体系，需要在政策设计的时候区分对待。

（2）技术路线

以"保护为主，全民公益性优先"为目标，以规范的制度建设为手段，构建国家公园资金机制市场渠道的技术路线主要指实现这样的转化：**将资源环境的优势转化为产品品质的优势，并通过品牌平台固化推广体现为价格优势和销量优势，最终在保护地友好**[①]**和社区友好的情况下实现单位产品价值明显提升**（具体见附件4）。这样的转化需要依托国家公园产品品牌增值体系[②]来实现。只有明晰这个体系的技术路线，才可能明晰支撑这个体系的体制机制。

国家公园品牌产品增值体系的要点有三：**品牌、体系、增值**（见图3-4-2-2）。一、二、三次产业[③]产品的共性特征是**品牌**，将其整合到多部门参与的一套管理**体系**中，借助信息化手段，最后实现由品质和市场认可度提高所带来的单位产品的**增值**（增值的原理分析可见图3-4-2-3），从而在开发利用面积基本不扩大的情况下带动社区人均收入提高，并使国家公园管理机构获得传统的门票及资源有偿使用费以外新的财源。该体系主要包括：**产品和产业发展指导体系、产品质量标准体系、产品认证体系、品牌管理推广体系（包括知识产权保护）、品牌增值检测和保护情况**

---

① 保护地友好有两方面含义：①生产方式的环境友好。即相关生产是环境友好型的，如第一产业不使用农药、化肥、转基因技术、激素等有害化学物质，遵循有机农业，且不得种养有入侵风险的外来种，不能导致生态系统单一化。如果是采集野生产品，必须保证采集后还可再生。如果从事养殖，需采取措施应对养殖动物与野生动物的竞争，以及捕食或者食用野生生物等问题。②对自然保护地，要达到一定的保护管理水平要求，即当地的保护地管理机构必须愿意且能够监测保护地友好产品生产对保护地造成的影响。具体内容见附件4。

② 具体的框架结构和内容、制度设计见附件6第五部分。

③ 第一产业包括当地有一定基础的农产品以及农副产业；第二产业，主要是有文化、资源特色的手工业等；第三产业，主要包括酒店（农家乐等）、商店、交通、快递、旅游服务公司和文化遗产保护等服务业。

评估体系①。技术路线可参看图 3-4-2-4。这样的技术路线，产业带动面更广，且是"小面积开发、大面积保护"的依托，也与中央的要求合拍②。

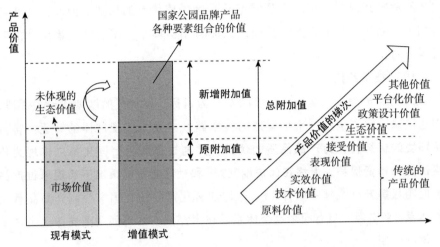

图 3-4-2-2　国家公园产品品牌增值体系中增值要素分析

2. 国家公园产品品牌增值体系的相关制度设计

设计国家公园产品品牌增值体系相关的制度，是为了更好地服务于体制运行和在市场中发挥作用，需要从体制和机制两个方面进行设计。

（1）体制

体制主要包括管理单位体制和资源管理体制。

---

① 从第一产业来看，它是发展高效生态农业的必然选择，可推进农业结构调整，转变农业增长方式，引领农业发展，提高农产品竞争力，并且能够培育农业文化，强化自主创新。从第二、三产业看，国家公园品牌可推动"中国制造"加快走向"精品制造"。它可以促进和引领国内消费品与国际标准对标，引导企业加强从原料采购到生产销售的全流程质量管理、产品认证和第三方质量检验检测，建立并严格实施缺陷产品追溯召回制度，增强大众对国产消费品的品质信任度和品牌认可度。打造国家公园品牌系列产品有利于培育地方一、二、三产业，形成产业链，创造地域品牌效应，实现资源—产品—商品的升级，使产品增值，可成为现阶段农民增收和区域绿色发展的重要形式。

② 国务院总理李克强 2016 年 5 月 11 日主持召开国务院常务会议，部署促进消费品工业增品种、提品质、创品牌，更好满足群众消费升级需求；会议认为，消费是最终需求。促进消费品工业升级，发挥消费对经济发展和产业转型的关键作用，是推进结构性改革尤其是供给侧结构性改革、扩大内需的重要举措。各级政府要着力完善政策，充分发挥市场机制作用，围绕消费者多样化需求，推动消费品工业增品种、提品质、创品牌。另外 2016 年 12 月发布的《国务院办公厅关于建立统一的绿色产品标准、认证、标识体系的意见》也是重要参考。

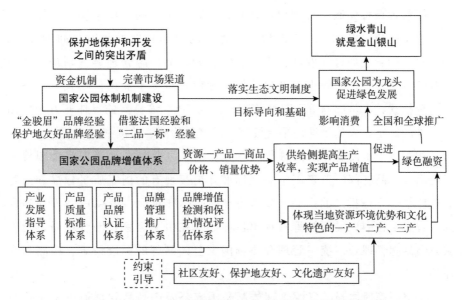

图 3 - 4 - 2 - 3　国家公园产品品牌增值体系的技术路线图

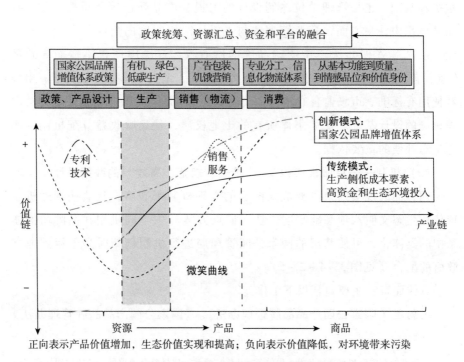

正向表示产品价值增加，生态价值实现和提高；负向表示价值降低，对环境带来污染

图 3 - 4 - 2 - 4　国家公园产品品牌增值过程分析

155

①**管理单位体制**。管理单位体制的设计，主要为了明晰国家公园品牌管理机构的权、责、利。考虑到行政管理的效率和地方政府之间的互动，在国家公园管理局合作发展处下设国家公园产品品牌管理科（对应3.2中行政特区模式、统一管理事业单位模式和前置审批事业单位模式三种不同的管理模式，人员编制等和具体管理模式对应）。该科室的具体职责包括品牌标准的制定，人员培训，平台管理，品牌的检测、监测和抽查等。

相关改革也需要分阶段进行。在试点期，主要是在基层国家公园管理局层面上，品牌部门负责制定品牌标准并衔接现有的国家质量标准和品牌管理体系（全球推广的产品需要考虑和国际标准对标、衔接）①。而在建成期，有必要在中央层面统筹管理单位体制。在中央国家公园管理局下设国家公园品牌管理处，统一管理和协调国家公园品牌的标准设定、检测和认证等。

②**资源管理体制**。资源管理体制是国家公园产品品牌增值体系建立的根据和基础，也是管理单位体制设计的前提和产品筛选等的重要依据。在品牌体系中，一方面，资源管理体制主要从产权制度的角度，在《国家公园产品品牌管理办法》中明确品牌的所有权，解决因产权不清而导致的"所有者虚位"和"公地悲剧"等公共品难题，做到品牌"产权清晰、申请和使用有标准、市场监督有法可依"。而另一方面，资源管理属性是相关政策机制的设计基础。比如集体所有的土地权属，是品牌收益分配机制中实施生态补偿的重要依据。

（2）机制——克服现实约束、"统一、规范、高效"的政策设计

四方面的现实约束需要成龙配套的管理机制来破解，且这些管理机制应依托生态文明八项基础制度，是《试点方案》中不同机制在品牌增值体系中的具体化，可使基层的国家公园管理局进行机制创新时易于得到地方政府的配合（见图3-4-2-5）。

具体而言，主要包括以下工作。

①**制定《国家公园产品品牌管理办法》**。《国家公园产品品牌管理办法》

---

① 现有的品牌管理包括商务部主导的商标法保护模式、质量监督管理局主导的地理标志产品保护模式，以及农业部主导的农产品地理标志保护模式。

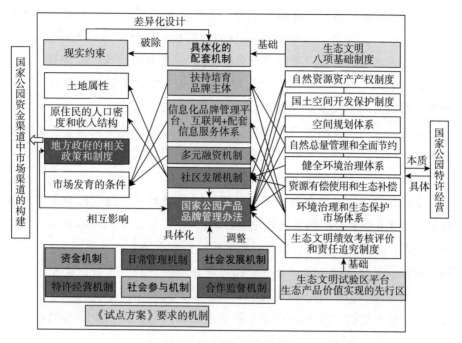

**图 3-4-2-5 以生态文明制度为基础的对应四个现实
约束的政策机制设计框架**

注：同底色表示试点方案的机制和具体化的配套机制相对应。

是品牌体系建立、管理和运行的法律保障，也是不同的体制机制的文本化形式。具体而言，它既应包括管理单位体制和资源管理体制的执行方案，也应包括保障品牌增值体系良好运行的政策机制（如资金机制、日常管理机制、社会发展机制、特许经营机制、社会参与机制和合作监督机制）。品牌相关的制度建设是《国家公园产品品牌管理办法》的重点，包括产业发展指导办法、品牌质量标准和管理办法、品牌认证标准、品牌推广管理办法、产品抽查和检测办法、品牌清退制度、第三方评估制度、国家公园产品品牌增值体系平台管理办法等（见附件6、7）。比如，在品牌质量标准体系中，要从基地、选种、原料、工艺、包装等方面设立标准，要充分考虑保护地友好、社区友好和文化遗产友好等；在品牌增值检测和保护评估体系中，要明确国家公园品牌年检制度，对相应产品展开年度质量资格检查，对质量事件和影响品牌发展的事件要依法处理，建立和完善不定期抽检制度等。

②**采取措施扶持和培育品牌主体**。采取扶持性政策，比如和精准扶贫等政策结合，支持龙头企业积极参与品牌建设，鼓励广大农户积极参与，并明确写入《国家公园产品品牌管理办法》。积极鼓励形成"品牌授权——龙头企业带动"的国家公园产品品牌发展模式，实现国家公园品牌的快速市场化。借助产业发展指导体系、品牌增值检测和保护评估体系，筛选当地有条件、有品牌基础的优秀企业，确定为国家公园品牌企业。构建国家公园品牌特许经营模式，在产业发展指导体系中，明确品牌所有、品牌申请、授权使用、使用规则、定期监督检查等内容。

③**建立国家公园品牌管理平台，借助"互联网＋"建设配套信息服务体系**。搭建和国家公园信息化管理平台衔接的①、涉及不同利益相关方的国家公园产品品牌管理平台，提高管理效率，拓宽市场渠道（见图3－4－2－6）。依托该平台，建立国家公园产品品牌管理体系和国家公园产品信息网络，并和电脑端、手机移动端进行关联。平台内容主要包括：收集、分析和发布全球产品供需状况和商业趋势信息，为国家公园企业挖掘商机；提

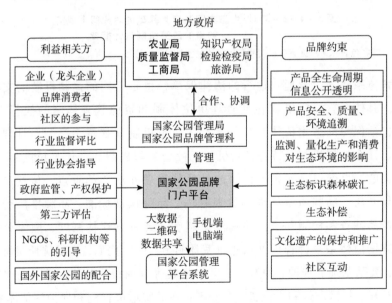

图3－4－2－6　国家公园品牌门户平台的主要框架

①　见附件6。

供咨询服务，包括以提供市场价格走势信息为主的专家在线咨询，提供农艺学家、牲畜养殖顾问与农户之间的在线交互式服务，提供各类产品生产经营和管理工具，为生产者提供各类产品经营管理软件和各类表格等；建立完善的国家公园产品销售网络系统，利用"互联网＋"，促进电子交易在各个产业的普及，实现生产资料和产品的共同订货、发送、结算、产品质量追溯等，并发展连锁经营、现代物流、电子商务等新型流通业态。

④**采取多元化的融资机制**。通过规划引导、规范管理和资金支持，鼓励各类社会资金进入资源和文化保护领域。在特许经营机制下，鼓励和引导不同资本和金融信贷参与国家公园品牌的经营，将所获收益按比例用于公园内的保护、事务的管理和原住民的生态补偿。鼓励银行开展绿色信贷业务，设立国家公园基金（如：产业投资基金、区域生态环境保护基金和行业性的创业投资基金），并对符合特区生态文明约束标准的企业给予优惠贷款支持。开展绿色金融服务，探索构建以直接投融资、银行贷款等金融工具为支撑的、服务于国家公园品牌的绿色金融体系。探索建立以农村土地承包经营权为基础的农村集体土地产权抵押贷款的融资机制。按照"开发者付费、受益者补偿、破坏者赔偿"的原则，通过财政转移支付、项目支持、技术援助等措施，对社区和公园管理给予合理补偿。

⑤**建立涉及面更广的社区发展机制**。在国家公园范围内，大部分原住民是农民，农业生产通常是当地居民赖以维持生计的主要活动和收入来源，也是人与自然关系的主要载体。必须充分考虑社区参与的重要性，考虑农民自身特点（如受教育水平不高等）。在《国家公园产品品牌管理办法》中，既要允许社区合理利用国家公园内的资源，也要特别考虑给予社区不同类型的生态补偿，对其开展与国家公园品牌相关的培训，分享品牌效应，即实现社区友好。比如，在产业发展指导体系中，明确龙头企业的管理、经营和就业等要向当地社区倾斜；只有充分考虑社区回报和补偿的企业和产品，才能被授予国家公园品牌的使用权。专门设置社区居民培训资金和机制，使当地居民了解国家公园品牌，并且认识到品牌价值和资源环境优势、文化优势之间的关系，使之主动参与生态、文化保护。

3. 国家公园产品品牌增值体系的不同实现方式

设计国家公园产品品牌增值体系的目的，主要是在扶持社区发展的基础上拓宽筹资渠道。因此它的应用有所侧重：更适合于社区或地方保护与发展矛盾较为突出的国家公园，且在不同类国家公园试点区有不同的实现方式。**不同类主要指约束条件存在差异化**。前述四方面约束的差异，都会对品牌体系在不同类别国家公园的体现形式有不同程度的影响。例如，在三江源国家公园试点区，其人地关系简单，原住民较少，资金主要依靠财政渠道，其市场渠道的资金需求相对较少。而发展三江源国家公园品牌，其产品结构也相对单一，主要集中在畜牧业，且涉及的政府部门少、品牌体系较简单。对于武夷山、钱江源等这些原住民多、土地权属复杂、人地关系更复杂而市场发育条件和产业基础也迥异的国家公园试点区，差异化的约束带来了差异化的产业结构、产品种类、社区参与模式，对应的制度设计等有所不同；而有较好产业基础的仙居（环保部确定的国家公园试点区）则可能建设更加复杂的品牌体系（见表3-4-2-3）。

表3-4-2-3　代表性的国家公园产品品牌增值体系的差异性表现形式

国家公园	三江源	武夷山	浙江仙居
适宜内容和特征	产品种类较少，限于农牧业，且没有品牌基础	兼有第一、第三产业，茶叶、漂流等已经有一定的品牌基础，民宿在快速发展中	兼顾第一、第二、第三产业（民宿），其中第二产业中的木制相框等可与国家公园品牌体系结合的产品（工艺品）在全国领先
主要受益范围	国家公园范围内	国家公园所在县域	一产、三产涉及国家公园所在县域，二产可扩大到相关产品（如工艺品）的供应链所在的区域（在国家公园外）
社区参与度	低，目前受益程度不高	高，已经体现的品牌效益呈现获利大、覆盖面广等特点	可能较高，目前品牌有一定的基础，但需要建设品牌体系，品牌效益有待提高
对市场渠道的需求	低	高且在试点期可能是主渠道（在目前的土地权属和原住民收入水平下，不可能以财政渠道为主构建资金机制）	高，情况与武夷山类似，但对市场渠道的依赖度较低（原住民收入较低、国家公园产品品牌涉及的产业较多），却易于让市场渠道发挥更全面的作用

国家公园	三江源	武夷山	浙江仙居
需要的配套制度重点	生态补偿机制、与行政管理体制改革配合的管理单位体制（更多方面拥有地方政府职能）	管理单位体制（对品牌体系统一管理）、土地权属制度的创新（地役权）、社会力量参与机制、绿色金融制度等	管理单位体制（对品牌体系统一管理）、与生态补偿机制创新结合的土地权属制度的调整

从表 3－4－2－3 可以看出，对于不同类别的国家公园，其产品品牌增值体系建设重点、涉及范围和对相关制度的需求重点等都存在差异。**要允许各地在符合"保护为主，全民公益性优先"目标的要求下，结合自身需求和既有基础，构建不同形式市场渠道及其配套体制机制。**

3.5　明确不同层面的国家公园管理机构对应的权力清单和运行方式

重点领域体制机制的推进，需要确定与之相对应的权力清单以及管理机构的运行方式。这是管理体制整合和空间整合的保障，应该在《国家公园管理办法》中予以明确。

3.5.1　差异化的国家公园管理模式对应的权力清单

3.5.1.1　国家公园管理机构的权力清单

差异化的国家公园管理模式，对应着不同的管理机构的权力清单，影响着管理的具体操作模式。表 3－5－1－1 呈现的是三种不同的管理单位体制对应的国家公园、地方政府、中央政府的权力清单。

以武夷山国家公园试点区为例，权责清单的明确是为了防止出现多头管理的情况（在此重点针对地方政府和国家公园之间，而非不同的保护地之间），有必要在《武夷山国家公园管理办法》中明确管理机构的职责。

资源管理体制和资金机制对管理机构的权责也提出了要求。首先，基层国家公园管理局对区域范围内的水流、森林、山岭、草原、荒地、滩涂等自然生态空间资源进行确权后实行统一管理。对**土地权属制度**，则需要

表 3-5-1-1　不同管理体制模式对应的管理单位的权力清单

时间段	管理模式	国家公园管委会	地方政府	中央政府
试点期	特区政府型（行政特区型）	国家公园范围内自然资源资产管理和国土空间用途管制（自然资源空间管理权和规划权），国家公园内建设和日常管理职责以及代行地方政府责任（公安执法权、保护地内经济发展、社区参与保护、公共服务、市场监管）等	较少干涉，高层地方政府享有人事权	较少干涉，把握方向，试点方案批复等
	统一管理型	国家公园范围内自然资源资产管理和国土空间用途管制（自然资源空间管理权和规划权），国家公园内建设和日常管理权，对保护和经营实质性管理，代行地方政府责任：公共服务、市场监管、规范经济、引导产业、带动社区等	公安执法权，高层地方政府享有人事权	较少干涉，把握方向，试点方案批复等
	前置审批事业单位型	国家公园范围内自然资源资产管理和国土空间用途管制（自然资源空间管理权和规划权），国家公园内建设和日常管理权，项目一次审批权以及国家公园内相关的管理职责	社会管理、公共服务、市场监管、公共参与、社区的协同保护、执法权、人事权、最后的审批权等	较少干涉，把握方向，试点方案批复等
建成期	愿景模式	国家公园范围内自然资源资产管理和国土空间用途管制（自然资源空间管理权和规划权），国家公园内日常管理职责，包括资源环境综合执法等	公安执法、社会管理、公共服务、市场监管、公共参与、社区的协同保护、基础设施建设等	人事权、规划权、立法审批权、专项资金分配

结合国家公园的具体情况分析。类似于三江源这种大部分土地归全民所有的情况，要赋予三江源国家公园充分的资源管理权限，而地方政府的权力更多地体现在维护地方稳定、开展基础设施建设、保障公共服务等方面。类似于武夷山地区，土地权属复杂，需要充分考虑社区的生态补偿，合理分割并且保护土地所有权、管理权和特许经营权等。武夷山国家公园管理机构的权责，在更多地体现在细化保护需求的基础上，借助地役权给予社区合理的生态补偿。

其次，因为不同国家公园存在差异，所以人资金机制角度的权力清单也应有所区别。类似于三江源的保护地，其自然资源主要归国家所有，中央和青海省财政资金投入巨大①。这种情况下，国家公园管理局和地方政府在筹资方面的压力较小。中央事权下，园区建设、管理、运行等资金需要纳入中央财政支出范围，试点期间由青海省财政统筹。而对于武夷山地区，中央和地方的财政投资有限、公益性非公益性不清，涉及大量原住民的参与，需要借助权责划分，明确地方政府和国家公园管委会在筹资、用资方面的差异：中央政府以支出责任为主，将具体事权交于基层国家公园管理局。借助生态补偿制度，统筹资金渠道并进行预算管理。在功能分区的基础上，划分政府和市场的界限，对餐饮、住宿、交通等严格采用特许经营的方式，确保社区在相关经营上的优先参与。借助国家公园产品品牌增值体系的建立，拓宽资金的市场渠道。在全民公益性约束下，鼓励多渠道的社会资本参与，并且将市场、社会和财政的资金统一纳入国家公园管委会管辖。实行收支两条线管理：试点期，门票收入、特许经营收入（包含国家公园产品品牌收益）需要上缴省级财政，由省级财政统筹安排，给予地方政府财政拨款、财政转移支付（包括支持国家公园品牌的专项转移支付）。建成后，则需要上缴中央财政，由中央财政统一安排，对地方政府进行专项基金补助或者财政转移支付（更好地体现全民公益性）。下面以国家公园产品品牌增值体系为例，分析武夷山国家公园管理局、武夷山市政府、省级政府（即较高层面的政府）和中央政府的权力清单。

试点期，以武夷山国家公园为例，品牌体系的构建主要是地方政府和基层国家公园管委会的责任。地方政府需要充分动员龙头企业参与（以茶叶产业链为核心），使其和当地社区居民能充分分享"国家公园品牌"红利。而对于钱江源国家公园，地方政府和国家公园管委会对国家公园品牌的探索，更多地要建立在对省级政府的财政转移支付基础上。

建成期，国家公园产品品牌增值体系适合由中央级别的国家公园管理

---

① 2005年1月，国务院批准实施《青海三江源自然保护区生态保护和建设总体规划》（以下简称《总体规划》），规划面积为15.23万平方公里，涉及玉树州、果洛州、黄南州、海南州和格尔木市共4州16县1市的70个乡镇，建设总投资75.07亿元。从2014年起，开始实施二期工程，总投资160亿元。省财政已安排专项资金4000万元，用于项目前期、园区门禁设施建设、国家公园形象标志和宣传语征集等；从地方政府债券资金中统筹安排1亿元，用于园区保护站、公共服务和环境教育设施等建设；整合三江源生态保护和建设二期工程等项目，开展山水林草湖系统修复。

表 3-5-1-2　国家公园产品品牌增值体系涉及的多方权力划分

时间段	基层国家公园管理机构（专门的品牌科室负责）	武夷山市政府	省级政府	中央国家公园管理局（专门的品牌部门负责）
试点期	确定体系的具体内容，设定筛选标准、产品范围、约束条件，负责品牌申请、设计、评估、信息化平台搭建，培训社区和企业等	借助不同渠道的资金（省级财政或者地方企业融资等），完成国家公园产品品牌增值体系的基础工作（多部门参与）和试点的开展，鼓励行业协会参与技术指导和市场监督，调动地方龙头企业	省级财政统筹，给予地方支持国家公园品牌建设的专项资金*	—
建成期	品牌部门确定不同体系的具体内容，设定筛选标准、产品范围、约束条件，负责品牌申请、设计、评估、信息平台的完善和推广，以及与国外的国家公园品牌签订具体协议，培训社区和企业	配合国家公园品牌管理，结合本地特色，提供品牌清单（国家公园范围内和外），鼓励行业协会参与技术指导和市场监督，调动地方龙头企业	结合生态文明特区/生态文明示范区相关要求等，给予地方政府一定的政策优惠和适宜绿色发展的宽松政策环境（比如取消GDP考核，绿色生态企业优先发展等政策），行业技术指导	设定针对地方政府和基层国家公园管委会的支持国家公园品牌建设的专项资金，进行国家公园品牌知识产权保护，统一的国家公园产品内涵和标准，进行认证、标识、监督、评估、行业指导、品牌推广，统一的国家公园品牌信息化平台建设，以及与国外国家公园品牌签订框架协议，品牌互认等

注：* 在试点期，省级政府是否给予可用于国家公园产品品牌增值体系的专项资金，取决于各省的财政预算。

机构统筹、整合、管理，实现绿色产品领跑，带动地方绿色经济发展转型。一方面，突破不同种类国家公园产品认证的问题；另一方面，完成国家公园品牌在全球范围的推广以及与国际的接轨。与生态文明基础制度结合，在生态文明示范区的平台上，构建和营造绿色产品发展的环境以及推动绿色市场的营建。

3.5.1.2　国家公园及其加盟区之间的权力清单

国家公园及其加盟区之间权力清单的确定，是国家公园"统一、规范和高效"管理的重要保障。借鉴法国国家公园加盟区管理模式的特点，加盟区要遵循"保护生态系统完整性和文化遗产原真性，促进地方经济绿色发展转型"的基本原则，要同基层国家公园管理机构签订相关协议，并且在协议中明确加盟区的权责。

从空间管理上讲，加盟区需要是国家公园统一生态系统或者特色文化遗产中的一部分。而从行政管理角度讲，原则上，加盟区行政区划不做调整，并且实行自愿加入，但是必须边界四至清晰、保护地范围适宜（可以是乡镇、村落或者自然保护区等）。表3-5-1-3是加盟区针对重点领域的具体权力清单（见表3-5-1-3）。加盟区享有和国家公园主体区（即试点方案批复的国家公园区域）同样的项目设计、执行、社区参与等权力，并且可以分享国家公园品牌的红利，实行特许经营。具体的操作，要根据人地关系、土地权属、地方政府的财力、行政编制的情况，以及当地的经济发展状况等进行调整，即每一个国家公园都可以和其加盟区签订有自身特色、双方能达成的协议。中央层面的国家公园管理机构对协议具有最后的批复权。

表3-5-1-3　国家公园加盟区的权责及其与国家公园主体区的关系

体制机制	加盟区的权责	和国家公园主体区的关系
管理单位体制	原则上行政区划和管理模式不做调整，可以设立专岗或者专门的科室，负责和国家公园主体区的工作衔接	设立和国家公园主体区衔接的管理办法、中长期计划，部分岗位可以实行兼职
土地权属为例	确权的基础上，对集体土地通过地役权方式，使得社区居民获得不同形式的生态补偿	同类型的土地权属，实行统一的生态补偿标准（以生态价值做区分）
资金机制	特许经营，在签订协议时，明确和国家公园主体区之间的利益分配方式（比如因为国家公园而获利的行业需向国家公园缴纳部分收益）	统一的准入标准
国家公园产品品牌增值体系为例	加盟区自愿设立原则，如果编制允许，可以设立专岗，或者专门的品牌部门；如不允许，可以参照国家公园所在地方政府对品牌的管理模式（即为国家公园品牌提供服务）。从资金角度看，需要向国家公园管委会缴纳一定比例的因为国家公园品牌而产生的收益，或者提供相关的公益性服务或资金等	和国家公园主体区的品牌管理一致：统一的logo、管理模式、标准等
其他	加盟区的社区居民也优先享有参与国家公园建设的权利	和国家公园主体区一致，加盟区居民有权接受和国家公园主体区范围内居民相同的培训等

3.5.2 资金机制是国家公园运行的重要保障

在管理单位体制和资源管理体制确定后，资金机制是国家公园管理机构运行的动力，也是其他机制运行的重要支持和保障（包括《实施方案大纲》中的日常管理机制、社会发展机制、社会参与机制和合作监督机制）。基于事权的划分，筹资机制和用资机制相互关联。3.4.2 节已经重点对筹资机制进行了分析，本部分以武夷山国家公园试点区的**用资机制**为例，主要包括人员费用以及对应的建设管理费（主要对应事权划分中的资源保护和环境修复活动、保护性基础设施建设、公益性利用基础设施和公共服务，以及经营性利用基础设施建设和相关服务）。其中人员费用在管理单位体制和人员编制确定的情况下结合福建省情况计算[①]，建设管理费在 3.4.2.1 节中计算，最后得到以下用资结构（见图 3 - 5 - 2 - 1）。

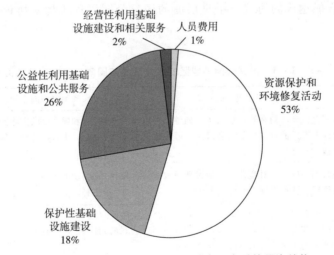

图 3 - 5 - 2 - 1　武夷山国家公园试点区今后的用资结构

如图 3 - 5 - 2 - 1 所示，从用资角度看，大部分资金用于资源保护和环境修复活动、保护性基础设施建设、公益性利用基础设施建设和公共服务。

[①] 人员工资参照 2016 年福建省事业单位基本工资标准对照表以及实际投资，基本岗位工资和财政投入按照 0.13：1 核算。武夷山国家公园管理单位体制中，在福建省政府直管下的，建议人员编制为：1 个正厅、5 个副厅、10 个处级、30 个副处级、30 个正科、60 个副科，一般人员 319 人。具体的人员费用有待建成期定编后确定。

随着国家公园从建设期到建成期的转变，其用资结构也将发生转变，比如人员费用占比会增加，而用于环境修护的资金、保护性基础设施建设投入占比会逐渐降低等。**当前中国国家公园同发达国家国家公园的用资结构不同，最明显的一点是发达国家国家公园的人员工资占比较高。这主要因为发达国家国家公园的运行和管理已经相对成熟，基础设施已经完善，甚至保护较好的国家公园不需要进行环境修复；而中国的国家公园处于起步阶段。实际上，以当前中国管理较为成熟的林业系统的自然保护区为例，其资金投入水平远远无法满足保护需求。资金的很大比例用于人头费即人员工资**①，日常巡护和科研活动开展困难②。这时，很多保护区会在资金安排上优先保障员工工资，再进行基础设施建设，然后才是日常管理，最后考虑生态补偿③。就武夷山国家公园的两个主要保护地为例（武夷山国家自然保护区和武夷山国家级风景名胜区），它们属于管理成熟的保护地，2015 年人员工资占比近 39%④。而随着国家公园的建成，结合武夷山原有经验，可以预测人员工资占比将会上升。

《试点方案》中有关资金机制的设计，给出了资金的需求额度。但是方案既没有给出具体的测算方法，也没有充分考虑"全民公益"和"绿色发展"（比如国家公园产品品牌增值体系部分的资金需求）。因此，在和当地管理机构沟通协商后，我们对本部分的方法论进行了优化。另外，3.4 节所提出的资金测算方法，不止着眼于现在，更考虑了今后国家公园体制机制的普适性，即不只适用于武夷山，也适用于其他国家公园。

不同的国家公园试点之间也会有所差别，如受管理基础、生态文明基础制度改革的进展程度、国家公园所在区域的经济发展水平、社区居民状况这些现实约束的影响。这也反映了国家公园管理模式动态化运行的特点。

---

① 沈兴兴、马忠玉、曾贤刚：《中国自然保护区资金机制改革创新的几点思考》，《生物多样性》2015 年第 5 期。

② 梅凤乔、张爽：《中国自然保护区资金机制探讨》，《环境保护》2006 年第 2 期。

③ 沈兴兴、马忠玉、曾贤刚：《中国自然保护区资金机制改革创新的几点思考》，《生物多样性》2015 年第 5 期。

④ 主要计算方法参考《武夷山国家公园试点区试点实施方案》，其中支出包括生态补偿、人员工资和办公费用。其中，限于数据获得性，人员工资占比计算值比实际值高，武夷山整体管理水平较全国平均水平高。

3.5.3 与主要职能部门之间的协同是管理机构运行的良好环境

在管理单位体制、资源管理体制和资金机制确定后，国家公园管理机构和地方政府之间的协调非常重要。结合生态文明基础制度和《试点方案》，良好的管理单位体制的建立需要：**从解决部门间保护和发展矛盾入手，立足国家公园试点区所在的全域保护，逐步推进建立统一的国家公园管理单位。**

从改革目标角度看，差异化的管理目标可以通过动态化管理并在国家公园体制试点的统筹方向下找到与国家公园"保护为主，全民公益性优先"的管理目标的统一点。将武夷山国家公园试点区放到武夷山市的全域规划中来，不仅是匹配国土空间规划中生态红线保障的要求，也是统筹协调部门间空间管控、上下游关联，统一全面找准矛盾，解决体制难点应尝试的定位。武夷山地区需要与保护地管理和保护目标实现相协调的区域发展目标主要包括：①农田保护和农业经济发展；②城市发展和城市用地扩张；③林业可持续发展；④茶业发展和茶文化保有及生态促进效应的实现；⑤旅游的区域统筹发展。这些区域发展目标也恰恰体现了国家公园统一的管理体制形成的难点：①发展的前提是保护，从农业到旅游，具体的空间区域有重叠、有分散，目前管理单位和管理力度均有差异，统一管理需要突破现有管理关系；②涉及不同类型的社区生计和居民利益，统一管理对他们现有生计方式的影响有差异，需要进行差异化补偿；③当下国家公园的全域统筹需要形成权责利明确的统一管理单位，更需要明确原保护地管理机构在国家公园体制下的人员、资金和工作流程。国家公园体制改革本身也是一个契机，可以用来理顺权力关系，将自上而下的体制改革指导方向和自下而上的地方部门对国家公园体制的理解和变革潜质相结合，促进国家公园试点区管理单位的统一和管理职能的实现。

从国家公园管委会和不同职能部门的衔接角度看，试点时期的管理单位体制无法完全回应武夷山保护地管理机构和政府职能部门对国家公园体制改革的终极诉求。虽然各个单位对建立国家公园试点区意义的认识较为一致和明确，但是在涉及保护事宜的管理目标上各有侧重，在形成保护合力上需要满足各方利益来推动形成一个完整的生态系统保护网络；特别是现有保护地管理机构体制成熟，资金稳定，完全从职能部门的统筹诉求入手成本较高。但随着改革的推进，中央层面的国家公园管理机构成型和资金机制明确，试点期间下放到省级管理的国家公园将由中央统一行使管理权，在明晰中央和地方事权、财权匹配的情况下，达到国家公园真正的"统一、规范、高效"管理，最后化解不同部门潜在的保护与发展矛盾。这正是国家公园体制建设的发展定位和体制诉求的意义所在。

这些有必要和武夷山市自身特点结合（①武夷山市城市发展的生态定位；②以茶为代表的自然资本投资的长效发展；③保护与受益主体有一致性），和福建生态文明试验区相关政策结合，以体制机制改革为基础，放到项目、政策落地层面，推动武夷山国家公园试点区建设。只有这样，才能达到真正的目标统一，最后实现各部门的协调。

第四部分
国家公园体制建设的项目化方案

以项目带动制度建设，是中国国情下在地方政府层面推动体制改革的重要经验。项目化是制度落实和政策执行的重要抓手。前述国家公园体制机制方案的实现，需要借助具体的项目落地。为此，结合武夷山国家公园试点区实施方案和政策目标，需要确定项目设计的内容（项目单）和实施的效果对国家公园建设目标的贡献，即同具体项目的时间表、路线图、任务书结合，最终促使国家公园的建成。这些项目可以是多个项目促成一个政策目标，也可能是一个项目促进多个政策目标的达成。

本书第三部分以武夷山国家公园试点区为案例设计了管理体制机制，附件5中给出了完善《武夷山国家公园体制试点区试点实施方案》的具体措施。本部分基于这两方面成果，给出体制机制落地的项目化方案。由于体制机制的项目化具有普适性，不受体制机制具体内容影响，因此本部分的结论对其他国家公园体制机制的落地也具有适用性。

4.1　与基础制度和全局目标关系及其项目化思路

兼顾问题导向和目标导向的国家公园管理体制机制方案能否落地，有赖于基础制度和全局目标。基础制度主要指中央《生态文明方案》中的生态文明八项基础制度，其实施方案则体现在《总体方案》《关于设立统一规范的国家生态文明试验区的意见》等文件中；而全局目标中最重要和直接的目标可从《"十三五"规划纲要》和各级政府的"十三五"规划中发现：国家公园在《"十三五"规划纲要》中被放入了"加快建设主体功能区"一章，需要遵照全国主体功能区的空间定位明确其功能，体现其重要生态功能，带动区域资源可持续使用和绿色发展，实现国土空间按照主体功能有序高效利用。《"十三五"规划纲要》中的重点内容与国家公园的关系总结于图4-1-1。

图4-1-1　国家公园体制建设与《"十三五"规划纲要》重要内容的关系

　　从图4-1-1中可以看出，作为生态价值高但人口密度也高、土地权属复杂、社会治理体系现代化程度较低的国家公园区域，多方面工作都与《"十三五"规划纲要》中的具体目标和工作要求关联，与加强保护（建设主体功能区、加强生态保护修复、健全生态安全保障机制）、发展转型（构建现代农业经营体系）、体制改革（行政管理体制改革、完善社会治理体系）和高新技术应用于管理（实施国家大数据战略）等都密切相关。换言之，**与这些方面相关的项目设置易于解决国家公园体制建设项目落地的三方面障碍：项目资金、考核目标、基础制度。**为此，可根据第三部分的体制机制设计，考虑图4-1-1中的衔接关系，形成项目化方案。

最后，将武夷山国家公园的体制机制创新，统一纳入国家生态文明试验区平台集中推进，各部门按照职责分工继续指导推动。将相关项目纳入生态文明试验区相关规划中，并统筹安排资金和绩效考核。

4.2 项目化方案设计
——以武夷山国家公园体制试点区为例

以武夷山国家公园试点区为例，考虑现实约束，兼顾问题导向和目标导向，在《试点方案》、生态文明基础制度和田野调查（参见 2.2 节）基础上，配合全局目标（包括武夷山市城市发展的生态定位），可设计具体的项目化方案。项目化方案应明确实施的路线图、任务书、时间表、项目单，最后要对项目的实施效果进行评估，对项目经验进行总结，以便于形成可复制和可推广的模式。

不同的项目对具体的体制机制建立和落地的贡献有差异，全面的体制机制的建立和目标的完成需要借助系统化的方案设计，才能达到"高效"的管理模式。图 4 - 2 - 1 中明确了具体项目的设计内容、建设目标、体现维度、建设目标和国家公园终极目标之间的关系。其中体制建设目标和"十三五"规划目标一致，建设目标是《试点方案》《总体方案》和生态文明体制改革的细化。

可将图 4 - 2 - 1 概括为加强保护（体现保护为主）、绿色发展（体现全民公益性优先）和体制建设（体现制度保障）三方面内容，主要通过 **6 个模块将这些内容体现为项目**①，分别是：自然遗产保护、文化遗产保护、生态旅游、环境教育、社区发展和能力建设②。具体内容如下。

①**自然遗产保护**：扩大保护面积（空间整合）、形成保护体系，主要为建立生物多样性监测研究中心并产出达到国际标准的研究成果，建立珍稀濒危物种的种子库和基因库等，形成互促式的保护模式。

---

① 各方面目标中，均包括相关人员培训，以确保整个项目实施中有足够的人力资源保障。各个项目涉及的基础设施建设和具体的机制等不在这里单独列出。

② 社会参与并没有设计成具体的项目模块，而是以机制的形式体现在具体的项目中。

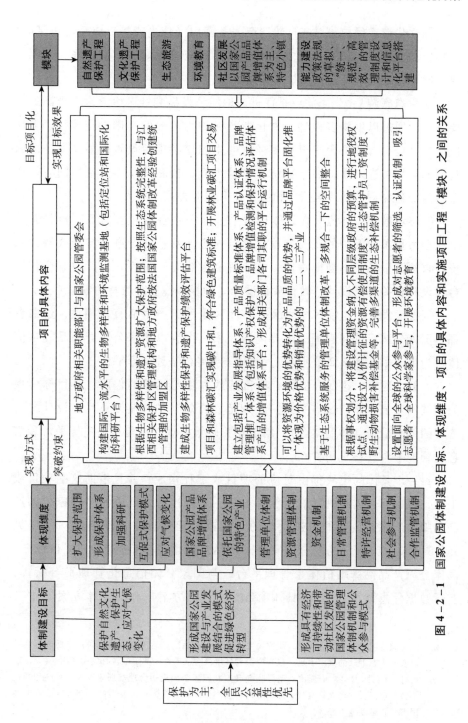

图 4-2-1　国家公园体制建设目标、体现维度、项目的具体内容和实施项目工程（模块）之间的关系

②**文化遗产保护**：对与自然遗产关系密切（伴生或易形成互促式保护）的物质和非物质文化遗产及农业文化遗产等充分调研，摸清家底，按照重要程度和保护需求等设计保护和利用项目。

③**生态旅游**①：生态旅游是促进当地经济发展和社区生活水平提高的重要方式。通过以生物多样性、文化遗产保护为前提的基础设施建设、多功能适应性信息管理平台建设和多样化的生态旅游项目设置，整体提升国家公园的区域可进入性，在丰富访客体验内容、提高其总体消费的同时提高旅游的绿色度，带动社区居民相关产业升级并提高其收入。

④**环境教育**：环境教育是体现国家公园公益性的重要方面，也是调动全社会力量参与保护的重要措施。项目内容涉及基础设施（自导式解说系统、自然游乐场、小型博物馆、电子解说系统等）建设、国际教育合作平台建设和相关展览设计、教育项目设计（包括环境教育教材的编写）等。

⑤**社区发展**：生物多样性保护与社区居民生产生活直接相关，这二者都是国家公园建设和管理的主要内容。项目内容以国家公园产品品牌增值体系为主（如3.4.2.2节所述），并且需要专门搭建管理平台②。

⑥**能力建设**：这部分是所有项目落地和稳定运行的保障，其目标体现为：按国家公园体制试点"统一、规范、高效"的体制改革目标设计统一管理的体制机制（体制整合），制定相关政策法规，构建相关宣传平台和信息化管理平台（参见附件6）。

每一个具体的模块都由对应的项目或工程构成，并且借助这些项目或工程，将目标、体制机制落地。图4-2-2以社区发展中的**"国家公园产品品牌增值体系"**和能力建设中的**"国家公园信息化管理平台"**（详见3.4.3.2节）为例（为配合国家公园产品品牌增值体系运行，专门设计了国家公园产品品牌增值体系管理平台，与国家公园信息化管理平台衔接，实行数据信息共享），说明具体项目对《试点方案》和《总体方案》中支

---

① 生态旅游项目本身涵盖面广，研究主要针对武夷山地区自然资源条件和调查中反馈得到的对农业生态理念的推广不足、景观资源和环境教育活动在空间上配置有失而提出。

② 另外，《总体方案》中提出：引导当地政府在国家公园周边合理规划建设入口社区和特色小镇。可以尝试建立具有代表性产业的特色小镇，将其作为社区发展的一部分，鼓励原住民参与并带动地方经济。

撑性体制机制和目标的落实。同时，这些体制机制本身也是项目良好运行的保障。

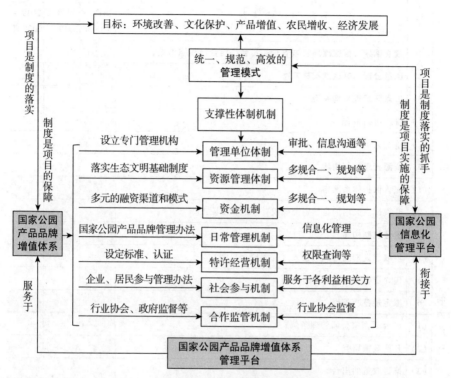

图 4 - 2 - 2 以国家公园产品品牌增值体系和信息化
平台为例看支撑性体制机制的建立

上述 6 个模块需要进一步细化到项目中，体现为带时间表和任务书的项目单形式（表 4 - 2 - 1 给出了武夷山国家公园试点区的时间表，表 4 - 2 - 2 依武夷山国家公园试点区的主要项目模块给出了任务书）。这些项目由国家公园管委会统筹，其他相关部门配合、协调（建设期 2017～2020 年，具体职能部门分工协作），**试点期由国家公园管委会与地方政府配合按照任务书考核地方政府的相关职能部门，由省级政府考核国家公园管委会**。项目的时间表和中央对国家公园体制试点的安排保持一致。

在表 4 - 2 - 1 基础上，需要进一步制定保障项目落地的任务书——明确落实时间表上相关任务的责任单位、考核的办法和指标等。结合图 0，任务书的编制同样要针对重点问题（即解决"权、钱"问题），对应重点制度，

表 4 - 2 - 1　武夷山国家公园试点区主要项目模块具体工作实施时间表①

	序号	试点项目	年度		
			2017~2018 年	2018~2019 年	2019~2020 年
能力建设	1	成立国家公园管理局（或管理委员会，结合《试点方案》）	■		
	2	国家公园体制试点实施方案	■		
	3	试点区管理机构完善			
	(1)	管理机构整合	■		
	(2)	落实人员编制	■		
	4	资源管理体制构建		■	■
	(1)	完善保护体系网络	■	■	■
	(2)	开展试点区内的自然资源确权、登记和发证工作	■		
	5	资金机制构建			
	(1)	争取建设期间的经费投入（完善资金机制）	■	■	■
	(2)	建立资金管理制度	■	■	
	6	拟定规范、规划			
	(1)	出台《国家公园管理条例》			■
	(2)	开展政策研究	■	■	■
	(3)	推进政策的出台			■
	(4)	编制试点区各项规划、计划	■	■	■
	7	日常管理机制构建			
	(1)	完善资源保护体系	■		
	(2)	完善资源保护制度	■		
	8	特许经营机制构建			
	(1)	明确特许经营范围	■		
	(2)	编制特许经营权出让方案，采用招标等方式确定被特许者，签订特许经营合同	■		
	(3)	对特许经营项目的成效和特许经营合同的履行情况进行评估	■		
	(4)	建立特许经营资金管理体制	■		

① 武夷山国家公园试点区的部分项目已经按照《实施方案大纲》开展。

续表

序号		试点项目	年度		
			2017～2018 年	2018～2019 年	2019～2020 年
能力建设	9	社会参与机制构建（志愿者、社会参与合作、社会投资和捐赠机制）			
	10	落实自然资源和生态系统数据库建设并动态监督、搭建服务于不同利益相关方的国家公园信息化平台			
	（1）	落实自然资源和生态系统数据库建设并动态监督			
	（2）	构建服务于不同利益相关方的国家公园信息化平台			
	11	探索并落实多规合一方案、生态文明试验区方案			
	（1）	探索并落实多规合一方案			
	（2）	探索并落实生态文明试验区方案			
	12	核心区和加盟区①形成合力，共同参与国家公园建设			
	（1）	明确加盟原则，做好协调沟通，签订协议			
	（2）	核心区和加盟区形成利益机制，合力促进国家公园建设			
	13	开展第三方评估			
社区发展	1	社区发展机制构建			
	（1）	完善现有社区参与模式			
	（2）	建立社区参与保障机制			
	（3）	建立社区产业引导机制			
	（4）	建立社区就业与培训机制			
	2	建立国家公园产品品牌增值体系			
	（1）	制定系列标准			
	（2）	经认证等体系化后的产品增值			
	（3）	平台搭建和产品的推广			

---

① 借鉴法国国家公园体制改革经验，可以对国家公园周边、同一生态系统中、不在国家公园范围内的行政区采用加盟区形式：认同国家公园的管理理念并达成统一管理、共同遵循的规则和利益分享形式，用可执行、可考核、可追责的协议方式确定这种加盟关系。具体见附件 7。

表4-2-2 重点项目任务书（以武夷山国家公园试点区的重要制度项目化方案为例）

主要负责部门科室	主要负责内容	难易程度	考核办法	考核指标①	资金支持	其他	时间进程
地权试点项目：林业局	确定技术路线；从保护需求角度，结合国家公园范围内确定的具体生产方案和补偿方案	难，需要展开大范围的茶树分布普查，外加土地权属的复杂化	技术报告和补偿方案的编制，合同的签订	集体土地承包人签订合同的比例以及满意程度	地方财政，长期看，来自国家公园自身	需要风景名胜区等相关的人力配合，国土部门的技术支持	2017年完成技术路线和落地方案，2017~2018年陆续签订合同
各乡镇政府	动员、宣传、社区工作等，签订合同的主要负责部门	中，需要对民意展开充分调研，有工作基础	协助合同签订，为补偿方案提供建议	集体土地承包人签订合同的比例	地方财政，长期看，来自国家公园自身	乡镇政府可以结合实际提出意见	2017年完成民意需求调研，2017~2018年陆续签订合同
国家公园产品品牌增值体系建设项目：合作发展处品牌增值体系化管理科+国家公园品牌科（专职）	主要负责并牵头协调其他部门，构建品牌体系，搭建信息化管理平台，确定其他部门主要参与的工作内容，参与日常管理	难，缺少基础，新部门培训、新部门	自身工作和其他部门的叠加（自身占20%，其他部门情况各占10%），整体看给社区增加了收入和就业岗位	是否督促其他部门完成任务，是否能按期完成自身工作，使得产品增值、社区就业岗位增加、生态环境破坏有改善	由国家公园管委会统一安排协调，成立专门的基金用于发展该体系	不仅涉及国家公园范围内，也涉及国家公园范围外的地方政府，需充分配合协调	2018年6月为中期，搭建好信息化平台，2020年最终评估

① 本部分为描述性的指标，具体执行操作时，可以在此基础上采用定性指标。

续表

国家公园产品品牌增值体系建设项目	主要负责部门科室	主要负责内容	难易程度	考核办法	考核指标	资金支持	其他	时间进程
	茶叶局（品牌核心产品的负责部门）	负责茶叶选种、生产，以及品质量等标准的确定，参与产业发展体系的构建，负责品牌管理体系认证、品牌管理体系等所有流程	易，基础好，难点在于对环境影响的监测，以及品牌打假行业等	同步完成品牌体系的构建和建设任务的落实	国家公园品牌产生了其他品牌产品产值体系的产品产值占同类产品产值的比例和单价比值都有上升（比当季金骏眉）	以当地茶企为主，财政为辅（茶企投资是主要的来源）	行业协会可以积极参与资金调动，可以考虑建立专门的服务于国家茶叶公园品牌的茶叶基金	2017年底完成标准认证，2018年底完成运行，2020年完成增值和评估
	农业局	农耕文化调研，确定本地适宜进入品牌体系的农产品，构建品牌体系，具体相关的品牌流程参考茶叶局内容的管理模式，协助通过，直至成功标准	中，有地理标识基础，难点在于对环境影响的监测，以及细化生产过程的标准	同步完成品牌体系的构建和建设任务的落实	国家公园品牌产生了其他品牌的增值明显（比当季的地理标识产品）	龙头企业和国家公园管委会共同筹资	试点期可以先从少量的农产品入手，适当扩大品种，日常管理适宜与发展处一致	2017年底确定具体产品、标准，2018年底完成认证，2020年完成运行，增值和评估
	旅游局	住宿餐饮相关标准的确定，监测、评价以及不合格产品的清退	易，有历史	同步完成品牌体系的构建和建设任务的落实	国家公园品牌产生了其他品牌的增值明显（比同类型的民俗等）	龙头旅游企业和国家公园管委会共同筹资	对景区门票的利用和分配调整有待政府决策，部分新挖掘的旅游产品，加强宣传	2017年底完成标准，2018年底完成认证，2020年完成运行，增值和评估
	质量监督局，工商局	质量标准认证、检测、专利等	易，国家有政策法规	为国家认证做准备	凡是提交的合乎第二、三级标准的产业产品或者服务都能认证	大部分来自地方财政，部分来自国家公园相关基金	给予足够协助，直至所有产品完成认证	2018年底完成认证

主要负责部门科室	主要负责内容	难易程度	考核办法	考核指标	资金支持	其他	时间进程
环保	协助环境监测、环境友好	易,仅仅承担技术指导	生态环境检测的基础上影响小	产品检测办法的确定	大部分国家公园相关基金和地方财政	生态红线等规划合一	2017年底完成
规划、国土	生产国家公园品牌产品的区域	易,有历史和基础	一张蓝图,辅助于决策	反映所有国家公园产品的范围	大部分地方财政和部分国家公园相关基金	多规合一、一张蓝图,集成平台	2017年底完成
各乡镇和村	具体落实	易,对原住民进行培训、意愿调查、互动,是主要的社区友好的保证	原住民对国家公园品牌的了解和认知	品牌中吸纳当地就业的人数增加	地方财政	培训资金可以考虑使用国家公园相关基金	全过程充分参与
行业协会	监督、指导	中,有茶叶相关的基础,但是需要向生产监督和品牌技术提高方面发展,并且对不同的产品都要构建相应的监督指导	技术指导和监督、搭建市场交流平台,撰写品牌报告	针对不同产品和行业的监督办法,并且执行	企业协会、国家公园管委会提供资金	有大部分工作需要与国家公园管委会合作发展、行业协会处配合,侧重技术方面的指导和监督	2017年底完成协会、指导办法,全程、系统化参与

(左侧纵列:国家公园产品品牌增值体系建设项目)

即管理单位体制（对应 3.2 节）、资源管理体制（对应 3.3 节）和资金机制（对应 3.4 节）。下面以武夷山国家公园试点区中代表土地权属制度的地役权试点项目（对应 3.3 节，解决"权"的问题）和代表资金机制中市场渠道的国家公园产品品牌增值体系（对应 3.4.2.2 节，解决"钱"的问题）建设项目为例，说明任务书的编制思路和对相关体制机制落地的作用。任务书的编制建立在不同部门权责利的划分、其对国家公园认知情况的基础上（基于调查，参见 2.2 节中主要职能部门对国家公园的认知和附件 3）。其中，每一个项目赋值 100 分，结合具体情况由上级管理部门进行评估，对每一个项目和每一个部门逐一打分。国家公园产品品牌增值体系中，一共 9 个部门，专职的合作发展处的品牌管理部门为 20 分，其余为 10 分；地役权方面，林业局和地方政府各占 50 分。其他项目依此类推，最后可以统一叠加评价。

对落地的具体项目执行效果的评估和经验总结，对政策的持续改进至为重要。以体制机制的**管理单位体制、资金机制**和项目模块中的**社区发展模块**为例，给出武夷山国家公园范围内的项目建设内容和建设效果的评估指标和方向（3.2 节、3.3 节和 3.4 节中有反映）（见表 4-2-3），其中建设效果的指标要和全局目标一致（结合"十三五"规划，分为约束性指标和预期性指标，或者以之为基础做适当的调整）。

表 4-2-3　武夷山国家公园代表性的体制机制、项目模块的
建设目标、内容和效果评估

类别	项目	建设目标和内容	建设效果（以约束性指标为例）
体制机制	管理单位体制	构建生态文明基础制度，并在国家公园范围内体现制度特殊性和项目安排优先性	约束性指标：生态文明示范区建设特区，完整构建中央要求的生态文明八项基础制度，国家公园范围内所有村庄完成农村环境综合整治
	资金机制	形成稳定的财政、市场、社会三条资金渠道	约束性指标：先按国家文件要求建立生态补偿机制，建立国家公园的相关基金
项目模块	社区发展	形成社区参与的渠道，确保原住民在遵守国家公园相关规定的情况下能参与保护，并从保护中获得更多的经济收益（完成国家公园产品品牌增值体系的构建）	约束性指标：比如使国家公园范围内社区人均居民纯收入每年增加 10%（以 2015 年为基准）

4.3 国家公园体制建设项目化方案在不同类别
国家公园体制试点区的体现形式

各国家公园试点区的差异化特征，决定了国家公园体制建设项目化方案不同的体现形式。国家公园特征的差异性主要体现在两个方面：一是国家公园自身资源、文化的异质性和地役权管理难易度的差异（即分类标准，见表1-3-3）；一是现实约束的差异，如地方政府相关政策和制度、原住民人口密度、原住民收入和教育水平等的差异（见3.4.2.2节）。以三江源国家公园和武夷山国家公园为例。由于三江源国家公园的土地收归国有，而武夷山国家公园土地权属复杂，集体土地较多，因此设计社区发展模块原住民参与相关项目的时候，补偿机制在武夷山地区就要更多地向居民倾斜。而以国家公园产品品牌增值体系为例，尽管浙江仙居国家公园（环保部标准）范围内更多的是农村，但是仙居手工相框的原料在考虑生态环境约束下可以合理地就地取材，并且该行业在当地有一定的基础，因此可以考虑纳入国家公园产品品牌增值体系，这样就有可能在仙居国家公园产品品牌增值体系中实现一产、二产和三产联动。而武夷山国家公园产品品牌增值体系，比较合适的产品范围是以茶叶等为主的第一产业和以旅游业为主的第三产业。由于交通不便、人力资源成本过高等，三江源地区品牌体系产品结构也相对单一。因此不同的国家公园项目设计中需有各自的特色。下面以三江源国家公园、钱江源国家公园和武夷山国家公园为例，分析差异性的国家公园特征下，其体制机制重点和难点，以及6个具体项目设计方案的差异（见表4-3-1）。

因此，不同的试点区要充分挖掘自身特点，比如独特的资源环境优势、有代表性的文化和遗产等，结合自身的现实约束，比如土地权属、居民生活情况、地方的政策环境等，以此为基础，比照上述项目方案，设计符合自身经济发展水平、民众满意、符合中央改革方向，并与地方发展规划一致的项目方案。要制定有明确的项目内容、时间表、路线图和责任单位的项目单，每一个项目都要直接或者间接对体制机制的建立和国家公园"保护为主，全民公益性优先"的建设目标有贡献。而项目方案的设定，要充分

表 4-3-1　以三江源国家公园、钱江源国家公园和武夷山国家公园
为例看不同类国家公园的项目内容

项目	三江源国家公园	钱江源国家公园	武夷山国家公园
差异化特征	管理的重点在于生态系统服务功能、自然景观、生物多样性，中央直管，财政资金有保障	管理重点是江河源头区域的自然生态系统和浙西南文化遗产，东部发达地区，省内财政资金支持多	自然、文化世界双遗产，东部地区，国家生态文明试验区平台的支持，当地企业和社区获益于生态保护和品牌效应
自然生态保护	物种多样性监测项目 着重水源涵养功能的生态保护修复项目	水污染治理项目（江河源头） 农村污染治理项目	生物多样性、环境监测项目 水土流失防治项目 农村污染治理项目
文化遗产保护	藏族传统生活和民族风情、宗教文化保护和利用项目	浙西南文化景观资源保护和利用项目	古闽族与闽越族、朱子文化、茶文化、宗教文化等遗产保护和利用项目
生态旅游	季节性较强，有待开发和引导，真正的生态旅游较少	有良好的旅游业基础，如民宿，可发展生态旅游项目，侧重特许经营	旅游业有历史，但是生态旅游项目有待挖掘，侧重特许经营，比如武夷山国家级风景名胜区及九曲溪上游景点经营资质审核及特许经营化
环境教育	成本较高，人力资源难以保证，值得鼓励，但是较难展开	涉及当地生态环境保护的教育项目，惠及江浙地区	涉及当地环保经验的、生态保护相关的、可以和国际接轨的项目
社区发展	精准扶贫项目；社区培训，鼓励和地方宗教信仰结合的社区互助、物种保护、生态系统保护项目，构建生态保护和民生改善相关的协调互促发展机制，鼓励牧民参与生态保护；以草地畜牧业为主的国家公园产品品牌增值体系，提高公共服务水平的项目；生态补偿主要体现为生态管护员工资和野生动物损害赔偿	调动社区积极参与培训项目，社区居民分区管理和生态补偿、搬迁补偿项目，国家公园产品品牌增值体系项目（对当地居民和企业参与的政策性倾斜）；以加盟区①形式统筹管理周边自然资源	引导社区就业、培训项目（茶叶技术等）；国家公园产品品牌增值体系（生态环保的检测、监测，相关产品品质和对环境影响的检测以及具体的产品增值，产品清退以及打假和海内外推广）；其他比如林下经济、立体农业示范项目，毛竹深加工和品牌产业化示范项目

项目	三江源国家公园	钱江源国家公园	武夷山国家公园
能力建设	针对性的《国家公园管理办法》（注意和地方权责划分）；国家公园信息化管理平台的搭建（重点在于生态环保的基本信息、借助平台发展旅游业）	有针对性的《国家公园管理办法》（配合开化多个试点，比如多规合一等）；国家公园信息化管理平台的搭建（对政策决议有贡献）	有针对性的《国家公园管理办法》（配合生态文明试验区）；国家公园信息化管理平台的搭建（大宗物流信息的汇总、生产链的检测等）
项目设计和制度设计的重点和难点	自然资源产权相对清晰，中央、省和国家公园管委会之间的资金分配；社区的参与和互动，帮助牧民借助保护资源来脱贫致富，生态补偿机制和公众参与机制，倾向当地牧民的草原特许经营机制	土地流转制度，以及和周边省市之间的协作机制；不同类型社区居民的调控、补偿和参与机制（搬迁型、控制型、聚居型），以及分区管理；国家公园产品品牌增值体系相关产品的挖掘（农产品和旅游业产品和服务），较好的财政资源，可以用于市场培育和引导等，重点为特许经营机制的设计，倾向于当地企业和农户；信息平台的搭建侧重服务于旅游业和游客需求	地役权制度的设计，社区参与，龙头企业鼓励支持政策，国家公园产品品牌增值体系中生态环境的监测以及借助国家公园品牌全球推广茶产业等，走高端精品路线，社会参与体制和志愿者服务机制，多元的融资机制（用于培育市场），比如武夷山国家公园保护物种/栖息地/生态系统个人和企业认捐项目或机制；享受生态文明试验区平台的政策红利

考虑其执行障碍，即项目资金、考核目标、基础制度。针对这些执行障碍，各地可以在自身管理基础上，做一些创新和尝试。以资金机制为例，对于已经有来源的（比如各部委的专项基金等），更多的是从完善、规范和高效的角度完善用资机制、补充筹资机制；而对于没有建立以财政渠道为主的筹资机制的，需要建立多渠道的筹资机制。比如浙江仙居国家公园体制试点的建设获得了法国开发署的外贷资助，安徽黄山获得国家开发银行200亿元授信额度用于国家公园体制试点建设。

附　件

附件1　世界自然保护地管理体制的主要类别及其体制机制在中国的适用性

在保护地事业上，与发达国家相比，中国起步较晚。在中国保护地事业正处于发展瓶颈期、国家公园事业正处于起步期的今天，多数发达国家和不少发展中国家已经形成较为完善的保护地体系和国家公园体制。本附件梳理了世界自然保护地管理体制的基本状况，以此来为中国国家公园体制建设提供借鉴（为第一部分1.2节补充详细说明，为第三部分提供论据）。

一　自然保护地管理体系的主要分类及其利弊

在对保护地管理体制分类前，需要先梳理保护地管理体系[①]的现状，即：在体系层面，要划分资源类型和管理方式、管理强度的类别；在体制层面，要解决管理中的现实问题（不同体系需对应于不同体制）。保护地分类及相应管理体系的建立对管理效果影响巨大，很多国家和国际组织因此早就开始了对保护地分类体系的方法研究和实践探索。1994年，IUCN（世界自然保护联盟）完善了其1978年版本的保护地管理分类体系（以下简称IUCN体系）。这套体系后来成为学术界影响最大的体系，并被若干国际组

[①]　管理体系、资源体系和价值品牌体系是三个易被混淆的概念（在现实中都表象化为"牌子"）。本书所指的保护地管理体系包括设置和分级标准、管理办法和管理部门等，且此类中的大多数遗产已被纳入管理体系，即由独立的专职机构按照条例或部门管理办法进行日常管理；资源体系是按照资源类别、保护强度需要进行的系统的资源划分，IUCN的保护地体系就属于此类；而诸如世界文化和自然遗产、世界地质公园、联合国人与生物圈保护区等属于价值品牌，并未构成管理体系。

织应用。

IUCN 体系针对的是全球普遍的、共性的生态系统有效保护与合理利用问题，主要有三大目标：①划分资源类型；②界定管理方式和强度，指导保护地的实际管理，提升管理成效；③构建共同的话语体系，促进国际比较和交流。基于保护地的自然条件和环境改变程度，该体系确立了六类管理目标（实际上是资源性质和保护目标的结合），并以此为依据，划分出Ⅰ~Ⅵ类保护地，如附表 1-1 所示。

附表 1-1　IUCN 保护地管理类别

保护地类别	类别名称	主要目标
Ⅰa 类	严格自然保护区	保护具有区域、国家或全球重要意义的生态系统、物种及地质多样性的特征，开展科学研究
Ⅰb 类	原野地	保护自然荒野区域的长期生态完整性
Ⅱ类	国家公园	保护自然生物多样性及作为其基础的生态结构和它们所支撑的环境过程，推动环境教育和游憩
Ⅲ类	自然历史遗迹或地貌	保护突出的自然特征和相关的生物多样性及栖息地
Ⅳ类	栖息地/物种管理区	维持、保护和恢复物种及其栖息地
Ⅴ类	陆地景观/海洋景观保护区	保护和维持重要的陆地/海洋景观及其相关的自然保护价值，以及由传统管理方式通过与人互动产生的其他价值
Ⅵ类	自然资源可持续利用保护区	保护自然生态系统，实现自然资源的可持续利用，实现保护和可持续利用双赢的目标

IUCN 体系的提出，打破了各国在自然保护地分类上各行其是的局面，通过构建"共同的语言"，减少了各国间因专业术语差异带来的混淆，促进了相互间的交流，具有里程碑的意义。但这套体系能否在中国应用于保护地管理？围绕如何应用 IUCN 体系并提升中国保护地管理成效的问题，国内学者开展了多项研究，相关成果可概括为三个方面（见附表 1-2）。

从这些研究成果可以看出：目前中国的保护地分类在合理性上还存在问题，类型多、管理部门多、缺乏兼顾合理性和可行性的分类技术路线等，造成了多数自然保护地存在地理空间重叠和交叉、管理目标不明确、权属

附表 1 - 2　国内学者就 IUCN 体系及中国保护地分类问题开展的研究

研究角度	主要结论
IUCN 体系与中国保护地分类的理论比较	对中国现有各类保护地划入 IUCN 各类保护地的可能性进行了梳理,比较了 IUCN 体系和中国自然保护区在分类标准上的差异
借鉴 IUCN 体系对中国保护地的分类实践	参照 IUCN 体系对中国部分国家级自然保护区进行了聚类分析,提出了其所对应的 IUCN 体系的相关类别
中国自然保护地分类体系改革	基于 IUCN 体系提出了中国自然保护地分类体系的优化方案,如管理类别和功能分区结合的体系、基于特征属性的分类体系等

和管理职责不清等问题,也间接导致了管理体制不统一、不规范、不高效[1],影响了中国保护地体系的整体保护成效。IUCN 体系对不同资源性质的保护地进行归类的通用性较好,也适合进行保护地统计,但中国的保护地如果直接按 IUCN 体系中的类别进行归类,会普遍出现一个保护地横跨多个 IUCN 体系保护地类别的情况[2]。这时这种分类就难以真正起到梳理保护地体系的作用,也难以直接应用于管理。

二　自然保护地管理体制的主要分类及其借鉴意义

(一)　全球自然保护地管理体制的主要类型

在保护地管理方面,IUCN 提出了四类管理体制,分别是政府管理、共同管理、私有管理、原住民或当地社区管理。考虑中国保护地的一般情况[3],将前三类体制置于国际案例的视角下可以发现,比较通行的体制做法也并非完全与之相对应,而是与这三类体制所反映的"统一管理、合作管理、分散管理"思想相一致,并总体上形成了"中央集权型""地方管理型""混合管理型"三种主要的体制类型,其中分别以美国的国家公园体制、澳大利亚的国家公园体制、日本的自然公园体系最为典型。受国家政

---

[1] "统一、规范、高效"是《试点方案》中提出的管理体制改革目标。

[2] 例如,按照 IUCN 体系的标准,武夷山国家公园试点区的不同区域可对应 I ~ VI 类全部保护地类别。这种情况在许多国家存在,如英国的国家公园也是这种情况。即便是加拿大班芙国家公园这样比较典型的自然保护地,严格说来也涵盖了 I ~ VI 类全部保护地类别,还包含了城镇。

[3] 对比中国尤其是武夷山国家公园建设的实情,基本不存在原住民或当地社区管理的情况。

治体制、土地产权制度、总体财力、管理政策与制度等因素的影响，这三个案例在管理单位体制、资金机制、监督机制等方面都有所不同。下面以这三类体制为例进行分析说明（见附表1-3）。

这三类体制的形成与各个国家的政治体制和宏观环境分不开。

对于中央集权型和地方管理型的体制而言：政府掌握土地治权是实现政府主导管理的前提；雄厚的财政资金是实现国家公园公益性的保障；各方权责划分清晰是实施有效监管的基础。

对于混合管理型体制而言：多方混合管理是对人多地少、权属复杂等限制条件的适应；不以保护典型和完整的原始生态系统为目的、不以保障公益性为出发点等，降低了管理上的难度；不依赖公园自营，其他多元化的筹资渠道和资金机制保证了公园在管理目标下的有序运作。

（二）全球自然保护地管理体制的借鉴意义

虽然以上三类在国际上是比较典型的体制，但在中国的国情之下采用或"合成"出哪种体制却需要因地制宜，不能照搬。

1. 中国的国情

"地"的约束。在中国，土地制度虽然是公有制，但是很多土地实际上都是承包到户，尤其是在农村地区，大部分土地为集体所有，且所有权和使用权相分离，使用权通过承包等方式分散到各个用户手中。而有条件建立国家公园的地区通常位于农村，政府所掌握的土地治权有限，不利于政府主导统筹管理。

"人"的约束。中国是全球人口第一大国，国家公园内部和周边大量原住民的存在，使中国的人地矛盾与日本相比有过之而无不及。

与这两大约束相对应，还存在体制建设上的两个难点。

"钱"的难处。中国是一个发展中国家，各级政府财力均有限，要使国家公园的运行管理不折不扣地朝着预定的目标（即"保护为主，全民公益性优先"）迈进，政府的财力是否足够？若要更多依靠市场渠道，其公益性如何保障？

"权"的难处。中国的国家公园体制建设是在各种类型保护地多头管理、一地多牌、交叉重叠等纷繁复杂的基础上推行的，各类保护地管理机构和地方政府权责不清、界限不明的问题较为突出。要符合中央提出的

附表 1 – 3　"中央集权型""地方管理型""混合管理型"体制的分析说明

管理体制类别	管理单位体制	资金机制	监督机制
中央集权型（以美国为代表）	美国国家公园体系和自然文化遗产体系的核心，是美国保护自然资源和文化资源、树立国家保护的关键路径。国家公园内95%的土地都是联邦国有，其产权国有，由内政部所属的国家公园管理局垂直管理，属于非营利性公益机构	都属于政府主导型的体制，有比较充裕的政府财政资金作为公益性的保障，其资金机制比较接近： ● 筹资方面，三大主要收入来源：一是政府财政拨款；二是国家公园经营收入；三是企业、社会团体、环保组织和个人等的捐赠资金。其中，政府拨款为主要资金来源，保证了运行的稳定；社会捐赠作为辅助资金来源，以减轻联邦政府的财政负担 ● 用资方面：政府财政拨款主要用于了解国家公园经营常性和公益性开支；经营收入除上缴政府财政以外，还需用于改善公园管理	有完善的法律法规制度对国家公园的各项行为，尤其是特许经营进行监督管理 《国家公园管理局组织法》是针对国家公园监督管理的专门法律，还建立了《原野法》《原生自然风景与历史游路法》等一整套针对国家公园体系的立法。针对特许经营机制，出台了《国家公园管理局特许事业决议法案》等，对经营规模、质量、价格水平等进行监管，确保其公园资源和价值的保护保持一致，且能在环境管理方面起到良好的示范作用
地方管理型（以澳大利亚为代表）	根据《澳大利亚联邦宪法》，联邦政府对各州、领地并无直接管辖权。在这种政治体制下，自然资源主要归属各州（领地），其国家公园管理体制也表现为在统一协调框架下的地方主导型，以各州（领地）政府管理为主、地方政府管理为辅，联邦政府履行相关国际公约和义务。联邦艺术部下设的澳大利亚公园局负责统一协调、决策、规划，各州国家公园立法、决策和执行的自主权由各地协调一致。澳大利亚的国家公园局也为公益机构，不以营利为目的	● 用资方面：政府财政拨款主要用于了解国家公园经营常性和公益性开支；经营收入除上缴政府财政以外，还需用于改善公园管理	法律监管体系不如美国完善，没有国家公园的专项法律法规，只有自然环境保护领域的普适型法规和针对世界遗产地、海洋公园等类型的法律条文 在经营方面，澳大利亚国家公园采取个人经营的方式，由企业或个人经营、管理。国家公园局对各种经营活动进行监督。国家公园局进行监督。各州国家公园局的职责主要是执法、监督分离的经营等。国家公园承包各种经营活动等。国家公园有权对一定范围内的经营权进行核定，但超出该范围的经营权需由联邦公园局负责核定并发放经营许可证

续表

管理体制类别	管理单位体制	资金机制	监督机制
混合管理型（以日本为代表）	自然公园是日本保护地体系的重要部分，包括国立公园（即国家公园）、国定公园（准国家公园）和都道府县自然公园。因人多地少，土地所有制有国有、民有等多种形式，公园实行混合式管理模式（"地域制公园"体制）：中央环境厅下属的自然保护局负责法律层面的统管，地方政府享有一定的自主权，私营和民间机构也参与公园的建设与管理。三类自然公园的区别在于：国立公园由中央环境厅进行直接管理；国定公园由国家指定、地方环境厅进行管理；都道府县自然公园由地方环保部门进行管理。日本自然公园以自然风景地为对象，以保护利用为主要目的，公益性相对较低	两大主要的资金来源：一是国家政府和地方政府的拨款；二是自筹、引资等形式的筹措，尤其是地方财团的投资。基本不依赖于公园的自营式收入和其他形式的资金来源	由于自营收入并非日本自然公园的主要收入，故其经营方面的法规相对较弱，但以自然环境保全为目的的《自然公园法》，专门针对自然公园实施的《自然公园法实施细则》中详细地规定了如何保护和管理以国立公园为核心的日本自然公园体系。《自然公园法》及其配套法规《自然公园法实施细则》等。2005年6月29日最新修订的《自然公园法令》是内阁针对自然公园、尤其是国立公园基础设施建设而制定的专业法令

"统一、规范、高效"的体制改革要求，各方的权责边界如何界定？监督机制如何建立？

这样的国情下，若将上述三类国际上较为常见的体制照搬于中国，将会出现这样一种局面（如附图1－1所示）：由于存在资金压力和土地约束，政府财力薄弱且难以对管辖范围内的土地实行统筹管理，故而难以照搬以美国和澳大利亚为代表的政府主导型（包括中央集权型和地方管理型两类）的管理体制。再叠加人口的压力，在人、地、钱的博弈之下，看似与以日本为代表的混合管理型体制相似，但事实上，在"保护为主，全民公益性优先"的目标之下，在多头管理、权责模糊的情况下，中国国家公园又会面临公益性如何体现、监管如何落实等挑战。因此，上述三类体制均不适宜完全照搬到中国，武夷山要建立具有实效性、代表性和影响力的国家公园体制，也需要系统分析面临的现实约束，因地制宜地研究可行的体制方案。

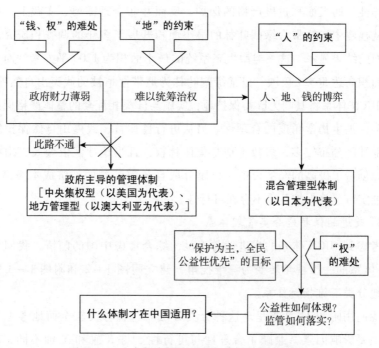

附图1－1　中国直接应用国际常见体制的挑战

2. 保护地分类体系和管理体制在解决中国自然保护地主要问题上的适用性分析

上文已经提及，IUCN 体系对不同资源性质的保护地进行归类的通用性较好，也适合进行保护地统计，但中国的保护地如果直接按 IUCN 体系中的类别进行归类，会普遍出现一个保护地横跨多个 IUCN 体系保护地类别的情况，这时这种分类就难以真正起到梳理保护地体系的作用。而且，其直接应用于中国保护地管理，还存在其他诸多局限性，如对保护价值考虑不够系统、管理目标未能反映生态系统管理要求的动态变化、土地权属未被纳入管理目标的决策过程等。仅以武夷山国家公园试点区内的武夷山国家级自然保护区为例，有研究显示，若按照 IUCN 体系，该保护区应归入Ia 类，即采取严格的保护措施。该地区虽然具有高保护价值、高代表性的中亚热带常绿阔叶林生态系统，但从合理性而言，维持其生物多样性并不需要将其整体实施严格保护。理论上讲，群落只要确保其最小面积就能得到较好的发育，并维持生态系统的生物多样性，而大面积过度严格的保护，反而并非合理需要。实践上，有学者专门就福建中亚热带常绿阔叶林的最小面积开展了多年的调查和研究，综合多方面的结果显示，这一类型生态系统的最小面积为 1200 平方米。而对于总占地面积高达 56527 公顷、以常绿阔叶林为地带性植被的武夷山自然保护区，依据 IUCN 体系将其归为Ia 类保护地，实施与Ia 类相配套的整体严格保护，并不具备保护生物学角度的合理性。另从可行性而言，武夷山自然保护区周边和内部社区分布较多，多数土地是集体林权，且当地社区依赖武夷山的茶叶等资源创造了极高的经济价值，权属分散且统筹管制的经济成本极高，按Ia 类标准实行严格保护几乎不存在可行性。

3. 改进的保护地分类管理体系

考虑到 IUCN 体系的先进性与不足，综合考虑中国的国情，我们尝试将 IUCN 体系的一维视角转变为三维视角，建立附图 1－2 和附图 1－3 所示的保护地分类三维指标体系。

我们用附图 1－2 来呈现这种分类方法。这种分类较全面地考虑了管理中的主要影响因素，兼顾了合理性与可行性。与 X 轴和 Y 轴不同，Z 轴为虚轴，代表生态系统的变化程度，以保护地内生态系统的季节性变化度为表征。该指标不直接影响某个保护地的类别，而是用来指示某个保护地是否需要分季节制定不同管理目标和管理方式。据此可以基本形成保护地分类的三维指标框架：白色方格部分表示保护地不存在明显的生态系统变化，依据其 X 轴和 Y 轴数值就能确定管理目标，设定相应的类别；浅灰方格部分表示保护地内的生态系统变化程度高，且在其变化幅度内出现了较高的保护价值，需在实际管理中依据这种变化对管理目标做出动态调整，实行不同季节不同类别的管理方式，以适应变化的保护需求；深灰方格部分表示保护地内生态系统虽然变化度高，但其变化幅度内未出现较高的保护价值，无须采取管理成本较高的动态管理模式。通过这种方式，可以将有限的管理资源投向最需要保护的时段，节约管理成本，并且在不影响保护目标的前提下发挥保护地的多重社会功能，增加社会福祉。

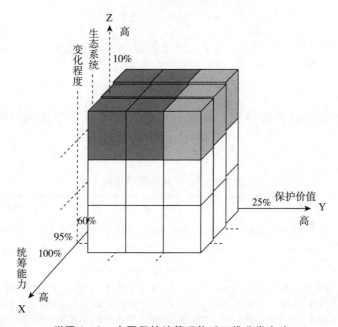

附图 1 - 2　中国保护地管理体系三维分类方法

　　在实际应用中，附图 1 - 2 可简化为附图 1 - 3。其中，X 轴和 Y 轴为实轴：X 轴代表统筹能力，以土地治权等的统一度为表征，统一度越高，能够实现的统筹能力越高；Y 轴代表保护地的保护价值，以保护地内生态系统的资源价值为表征，资源价值越高，其保护价值越高。这两个轴是确定保护地类别的主要依据，根据保护价值和统筹能力的不同组合关系，可以形成 9 个方格。

借鉴罗伯特·布莱克和简·莫顿的管理方格法,在9个方格中选定右上、左上、中间、右下、左下5个基本方格(以中文数字标出),各代表一种保护地类型。其余4个方格依据其与基本方格的距离,相应地划成几部分归入与之相邻的五类保护地中,从而得出5种保护地类型(如附图1-3所示)。

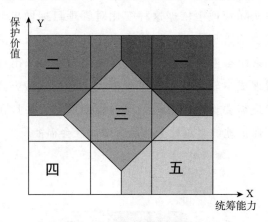

附图1-3 未来中国保护地类型

五类保护地的总体情况、管理目标、人类干预程度分别如下(见附表1-4)。

附表1-4 五类保护地介绍

类型	总体情况	管理目标	人类干预程度
Ⅰ类	具有最高的保护价值,需要且能够实现严格的管制	以保护生物多样性,守护国家生态安全底线为核心目标	对人类活动采取最严格的管制,将人类干扰降低到最低水平
Ⅱ类	通常面积较大,保护价值极高,但统筹能力较弱,其保护需求的实现需建立在有效的区域性统筹协调和社区共管共治基础上	以生物多样性保护为首要目标,同时注重保护地多重服务功能的实现和社会福祉的提升。需在统筹协调、社区共管等方面有突破性的手段,通过管理模式的创新推动珍贵资源的有效保护,实现管理目标	允许一部分原住民以环境影响较小的生产生活方式利用非珍稀资源,并允许以特许经营等模式在适当区域开展影响较小、管制有序的经营性活动
Ⅲ类	保护价值和统筹能力处于中等水平,具有一定的保护价值,土地权属等方面的统筹有一定难度,但比二类保护地易于实现	以保护和发展为共同目标,以生物多样性保护带动社会发展,适合采取在保护的基础上合理利用的管理模式	在不影响生态系统的前提下,允许在特定的区域内开展生产经营活动

类型	总体情况	管理目标	人类干预程度
IV类	保护价值较低,但统筹能力较强,易于实现对保护地内资源和人类行为模式的管控	一定程度上考虑生态系统或自然资源的保护,以发挥并维系保护地某一特定社会功能,或恢复保护地受损的生态功能为主要管理目标	对人类活动的管制以不影响保护地社会功能和生态功能的发挥为前提
V类	保护价值和统筹能力均较低,通常资源价值并不突出,原住民也较多,但其景观或资源产业较非保护地区域有明显优势,或具有特殊社会意义的生态系统片断,适合提供休闲、游憩、资源可持续利用等服务	以保护景观价值、推动资源可持续利用、带动绿色产业发展为主要管理目标,并以此反促自然生态系统和生态过程的保护	在不损害景观价值的前提下,鼓励发展绿色产业,推动资源可持续利用,带动当地经济社会发展

(三) 重要类别保护地的体制机制区别

通过三维分类方法构建的中国保护地分类体系,不仅可以将土地权属复杂、生态系统多变等因素纳入分类的决策过程,还能够在分类的同时为今后各保护地结合自身的自然因素和社会因素配置相应的管理单位体制、资金机制、社会参与机制等留下接口,形成前后呼应、一脉相承的管理体系。基于此,下面对上述五类保护地的管理体制机制做简要解读。

管理单位体制的设定是确立保护地体制机制的关键环节。保护地管理机构通常为事业单位,因而其管理单位体制的设定可以参照中央对事业单位进行分类改革的相关思想。在中央事业单位分类改革中,依据社会功能,各类事业单位被划分为承担行政职能、从事生产经营活动和从事公益服务三个类别。对照各类保护地的管理单位体制,需要处理好以下两类关系。

一是政府与市场的职能分工关系。一般来说,一些资源重要性突出、保护价值高、关乎区域性乃至全国性生态安全和民族长期利益的保护地,其公益性极强,相关事业及其服务主要由政府提供,机构的设立以及业务活动内容由政府确定,人员为政府雇员甚至公务员,经费投入由政府财政保证,机构行为也要接受政府的直接管理等,以保证政府意志的实施。而公益程度相对较弱或因自身特点不宜由政府直接组织的保护地管理工作,则应将部分事务交给独立于政府的非营利机构承担，政府通过直接或间接资助方式以及相关规制手段鼓励、引导其发展。此外，还有些保护地宜采取政府出资购买营利性市场主体服务的方式，避免政府直接组织可能带来的效率低下问题，并充分动员民间和社会力量共同参与社会事业。

二是保护地管理单位的激励与约束问题。根据哈维茨（Hurwiez）的"激励相容"理论，当理性行为人追求个人利益的行为与实现其所在集体价值最大化的目标相吻合时，相关的制度安排就是激励兼容的。在保护地管理中，若相关的制度激励不兼容，地方与中央的利益难以达成一致，则需要对保护地配置中央政府直接界入的管理单位体制；反之，则可以在中央政府对相关部门实施宏观管理和指导的前提下，给予地方政府在具体业务活动方面较大的自主权。

鉴于此，上述五类保护地中，Ⅰ类与Ⅱ类保护地都是资源价值较高、关乎生态安全和国家长远发展的关键地区，其区别仅在于统筹能力上，故而其公益性极为突出。毋庸置疑，Ⅰ类保护地宜配置公益Ⅰ类的事业单位体制，即通过政府全额拨款的形式，实施最严格的保护，不允许市场行为的介入，保障地区性的、全国性的生态安全。Ⅱ类保护地面积较大、涉及的社区及土地权属问题较复杂，除了专注保护事业以外，还需考虑如何平衡当地保护与发展的问题，故而可以配置公益Ⅰ类和公益Ⅱ类相结合的事业单位体制。无论是Ⅰ类保护地还是Ⅱ类保护地，在某些激励极为不相容的特殊地区，还可配置政府管理型体制，赋予其一定的行政职能，实现对保护地区域内的全方位管控，并由中央直接实施管理。Ⅳ类和Ⅴ类保护地的资源价值均不算高，或者仅有其特定的社会功能，公益性较低，故而可以配置企业型的管理单位体制，尝试引入营利性的市场力量，在有效的管控之下从事生产经营活动，避免政府管理的低效并带动社会参与。而Ⅲ类保护地的保护要求处于中间状态，宜配置公益Ⅱ类事业单位体制，在政府和市场的共同作用下推动保护地的管理。

在对保护地管理单位体制做出上述分类之后，再相应地配置其资金机制、社会参与机制、经营机制等。具体见附表1-5。

附表 1－5　国家公园试点区内主要保护地的体制机制

类型	管理单位体制	资金机制	社会参与机制	经营机制
I类	资源价值高，且易于统筹，宜配置事业单位一类全额拨款体制，通过政府全额拨款的形式，实施最严格的保护，不允许市场行为介入，保障地区的、全国性的生态安全。在某些面积相对较高、敏感性较高、资源价值突出的特殊地区，还可配置政府管理型体制（实施特区型管理）	实施政府全额拨款的资金机制，根据正常业务的需要，由财政给予经费保障，所有资金均需用于保护地的公益性开支	一般不允许社会力量进入保护地内开展工作，但鼓励科研机构、社会公益组织、个体等以技术援助、对外宣传等形式支持保护地的保护	只允许在外围区开展一些环境影响极小的经营活动，且受到保护地管理机构的严格审批和管理
II类	保护价值高、统筹难度大、服务功能多，宜配置公益一类、II类相结合的事业单位体制，配合功能分区，在敏感且生态地区实施公益I类体制，其他地区实施公益II类体制，但两类体制由一家机构统筹管理，分区落实不同的管理目标、实现严格保护和适度开发的平衡	实施政府差额拨款的资金机制，即政府资金和其他资金共同构成资金来源，财政资金包括政府转移支付、政府购买服务等，其他资金渠道包括生态旅游及特许经营、社会捐赠、环境友好型的产业开发等。政府资金和其他资金的比例依各保护地的具体情况而定。	鼓励以创新手段推动社区共管，在保护行为限制多的地区，实施以细化保护为前提的重点社区精准扶贫机制，替代生计扶持政策等，在有效保护资源和提升社区福祉之间建立动态平衡。在实施公益II类体制的区域，积极合理地引入市场力量承担部分服务功能	在划定经营的空间范围基础上，可特许经营的方式开展以特许经营范围相关旅游等活动（包括相关的住宿、餐饮、交通等）
III类	宜配置公益II类事业单位体制，实施差额拨款，其基本公共服务由政府负责提供，但也允许一些市场力量介入，承担部分服务功能	财政资金必须用于公益II类区域的正常业务开支和公益性支出，区域的纯公益支出（如特许经营等），收入可主要用于财政预算以外的项目，并反哺保护	社区直接经济补偿较少，就业岗位，搭建平台带动绿色产业发展，与社区形成保护地共管范围等综合形式。此外，也鼓励在适度范围内合理地引入市场力量，提供核心业务以外的公共服务	

续表

类别	管理单位体制	资金机制	社会参与机制	经营机制
Ⅳ类	财力较强的区域可配置公益Ⅱ类管理单位体制，其他配置企业型管理单位体制，但不能形成垄断经营，与合法合规引入的市场力量共同承担监管和服务功能	有财政实力的地区可配置公益Ⅱ类事业单位的资金机制，实施政府差额拨款，根据财政收支状况实施财政补助和政府购买服务，其他支出自筹；完全实施企业化运营的保护地，则全部自筹管理运营经费，政府仅提供一些惠性政策予以扶持	与社区构成利益共享综合体，并鼓励营利性社会力量在保护地目标之下，以灵活多样的形式参与保护地的管理和运营，全面提供保护地的各项服务功能	允许开展经营活动的空间范围和业务范围较广，但具体经营项目仍需以特许经营的形式开展
Ⅴ类	全部配置企业型管理单位体制，管理机构实施企业化运营，政府不承担监管以外任何形式的财权和事权	政府不提供任何资金补助和政策优惠，所有管理经费需全部自筹		在符合保护地规划的情况下，可整体委托给企业经营管理

附件2　基于国家公园体制试点区遴选原则的遴选指标体系设计及其在福建省的应用

本书第一部分提出了国家公园体制试点遴选的若干原则，结合福建省的情况，本部分将对这些原则进行细化，并提出遴选的指标体系（满分为80分），以期为今后在福建省乃至全国进一步推广国家公园体制提供参考。

一　保护价值层指标体系

保护价值层的指标由四方面组成：

（1）生态系统的典型性：典型性包括物种的特有性、地质类型的特有性、生态系统类型的典型性等；

（2）物种的稀有性：稀有性主要指稀有物种在国家公园范围内的分布种类；

（3）生态系统的完整性：完整性可以简化表示为所选国家公园范围内的区域占其所在生态系统的面积比，比例越高，越完整；

（4）生态系统的原真性：原真性可以用所选国家公园范围内的原始或原始次生生态系统面积占国家公园总面积的比例来表示，比例越高，原真性越强。

附表 2-1　保护价值层指标体系

指标名称	指标内涵	分值及赋分方式
生态系统的典型性	物种的特有性、地质类型的特有性、生态系统类型的典型性	每含一类特有资源/典型生态系统类型得 2 分，满分 10 分
物种的稀有性	稀有物种在国家公园范围内的分布种类	每含一类稀有/国家一级保护物种得 1 分，满分 10 分
生态系统的完整性	国家公园范围内的区域占其所在生态系统的面积比	以百分比表示，折算成分值，满分 10 分
生态系统的原真性	国家公园范围内的原始/原始次生生态系统面积占国家公园总面积的比例	以百分比表示，折算成分值，满分 10 分

二 现实需求层指标体系

现实需求层的指标由以下两方面组成。

（1）保护需求：保护需求的概念较广，为方便应用，在这里我们将有保护需求的保护对象定义为必须用国家公园这种方式才能取得较好保护成效的物种或者特定的生态系统。比如，三江源拥有独特的天人合一的高寒草甸生态系统，人与自然长期共生共存，其生态系统依赖于人类一定程度内的放牧等生存方式；此外，朱鹮是一种独特的与人伴生的珍稀物种，依赖于有人类生存的农田生态系统。对于这样的保护对象而言，由于割断与人类的关系反而会导致其生存环境的恶化，因而不适宜用保护区这种较为封闭的形式予以保护，用国家公园这种保护形式更加适合其长期生存。为此，对于这一指标，这里用适合在适度人为干预下存在和发展的生境类型或物种数量来表示。

（2）利用需求：用当地及周边社区长期依赖的国家公园所在区域生态系统所发挥的功能种类来表示。

附表 2-2 现实需求层指标体系

指标名称	指标内涵	分值及赋分方式
保护需求	适合在适度人为干预下存在和发展的生境类型或物种数量	基于专家评估，每含一类这些生境类型或物种得 1 分，满分 10 分
利用需求	当地及周边社区长期依赖的国家公园所在区域生态系统所发挥的功能种类	基于专家评估，每含一类社区长期依赖的生态系统功能得 1 分，满分 10 分

三 客观条件层指标体系

客观条件层的指标由两方面组成：

（1）保护地管理问题的典型性：国家公园范围内原有保护地的类型数量，以及交叉重叠、多头管理等问题的典型性；

（2）统筹管理能力：当地管理机构所具备的统筹各类保护地，并对国家公园实施管理的能力，为方便应用，这里用管理机构所掌握的土地使用权的比例来表示。

附表 2 - 3　客观条件层指标体系

指标名称	指标内涵	分值及赋分方式
保护地管理问题的典型性	国家公园范围内原有保护地的类型数量，以及交叉重叠、多头管理等问题的典型性	专家评估打分，满分 10 分
统筹管理能力	管理机构所掌握的土地使用权的比例	以百分比表示，折算成分值，满分 10 分

四　各指标体系在福建省试点区的应用

结合《福建武夷山国家公园体制试点实施方案》，本部分试图对上述指标体系做比较粗略的应用，应用结果大致如下（见附表 2 - 4）。

附表 2 - 4　指标体系在福建省的应用

指标层	指标名称	武夷山试点区情况	得分
保护价值层	生态系统的典型性	中亚热带常绿阔叶林，特有野生动物 59 种	10
	物种的稀有性	国家 I 级保护野生动物 9 种，国家重点保护野生植物中 I 级保护植物 4 种	10
	生态系统的完整性	试点区面积 98259 公顷，中国亚热带常绿阔叶林面积约为 9710399.8 公顷（1990 年），占比约为 1%	1
	生态系统的原真性	试点区内拥有 21070 公顷原生性森林，占全区面积比例为 21.4%	2.14
现实需求层	保护需求	研究尚不详尽，对南方铁杉、野生早樱等种群更新建议，对成熟林进行适度干扰和开辟林窗	2
	利用需求	在设定的 15 种生态系统服务中，被 1/3 以上社区受访者选择的有 9 种，占 60%	6
客观条件层	保护地管理问题的典型性	原有保护地类型 4 种，存在大量交叉重叠、多头管理问题	9
	统筹管理能力	国有土地占 28.74%	2.87
总计			43.01

尽管以上赋分过程只是粗略的估计，但是依然可以大致看出武夷山试点区所得的总分处于比较高的水平，也证实了该试点区在全国的代表性。

附件3 对武夷山国家公园体制试点区相关地方 政府职能部门的调研访谈①

在管理单位体制改革中，地方政府相关职能部门是重要的利益相关者，其对国家公园体制试点（试点期）和建设（建成期）的认识直接关系到体制试点和体制建设采用什么方案才能成功。本部分在空间上涉及国家公园整合（空间整合），在机构上涉及国家公园重组（体制整合），在行业上涉及国家公园经管，在职能上涉及国家公园建立。访谈涉及武夷山市政府管理的农业局、规划局、国土资源局、林业局、茶叶局、财政局、旅游局和武夷山市政府的派出机构风景名胜区管委会、国家级旅游度假区管委会，还包括福建省林业厅垂直管理的武夷山自然保护区管理局。

对这些机构的访谈，主要有以下几方面内容。

（1）对武夷山地区生态系统产品和服务重要性的认知；

（2）对国家公园主要功能的认知；

（3）机构涉及的保护地、保护对象和管理目标的共性问题；

（4）涉及的保护地、保护对象和管理目标的个性问题，以及在国家公园内的整合；

（5）对国家公园生态系统服务功能实现的建议。

一 农业局

保护空间范围：主要是基本农田和九曲溪光倒刺鲃国家级水产种质资源保护区。

保护对象：光倒刺鲃和胭脂鱼（国家二级保护动物）等野生动植物、耕地。

管理目标：始终是保持生物种类不消亡，特别是维持九曲溪水生生物和种群多样性及数量，进行人工增殖；维持基本农田占行政区内耕地面积80%以上，保护农田不被侵占、面积不减小，维持18亿亩耕地红线，保证

---

① 本部分由何思源基于受访人原话整理，故相对口语化。

人均耕地面积不低于 1.5 亩。

管理动态：从追求高产到追求品质兼优，品种多样化，营养价值高，产品品质安全；未来在管理上向资金密集型设施发展，提高（油菜种植等）机械化水平，保障农业高产，采用温室大棚等，克服气候特别是雨水和霜冻的影响；积极进行耕地保护，缩小对土壤有破坏的烟叶种植；促进立体农业和生态农业发展，包括种植水生观赏植物并利用其储水作用（0～20 厘米）、种植长花期的观赏荷花（2.5～3 个月）、水产混养促进鸟类保护并达到一定经济效益（原有 40 多元/亩上升到 100 元/亩）、促进地区内 13 万～14 万亩茶叶和 40 万亩毛竹"绿色产品"化。

国家公园整合的管理问题及改进：主要问题是管理体制混乱，目前尚未理清是省直管还是国家林业局管，但理想状态是脱离南平市的管辖，实现单独管理。由于当地重视短期效益，必须依靠当地人的保护需求提高保护成效，避免出现因为卖地效益高、粮食效益低而导致的基本耕地流失；因此要加强体制建设，建议由中央直管，在地方设立机构，明确管理结构。

生态系统服务的本地重要性：对职能部门而言，生态系统的存在主要是可带来经济发展的整体提高和确保工资提高；对当地居民而言，生态系统服务能够转化为巨大的福利，特别是内山茶、毛竹的可持续利用，水源的重要作用，生态旅游对就业、农副产品和税收的推动。

关键地带：全境关键性（毛竹、水稻和茶叶），九曲溪上游星村地带。

生态系统服务的权衡：旅游和生态保护，茶山和水/气候，主要是农田、湿地改为茶山会加剧水土流失。

部门职能未来影响：希望不要进行 GDP 等常规评比的考核，作为业务机构来推广服务。

与三江源试点区比较：问题不同，但是解决体制问题可能是共性需求。

二 规划局

保护空间范围：规划部门涉及城市空间用地总体规划，主要涉及城市五线（红、绿、蓝、紫、黄），分别对应城市规划确定的各类道路路幅的边界控制线，包括道路交叉口等用地范围的边界控制线，城市各类绿地的边界控制线，河、湖、库、渠和湿地等城市地表水体保护和控制的地域界线，历史文化名城保护规划确定的历史文化街区，以及历史文化街区以外经县级以上人民政府公布保护的历史建筑保护范围的边界控制线，对城市发展全局有影响的、必须控制的城市基础设施用地的边界控制线。

保护对象：其保护对象是城市公共绿地、水域河道、历史文化街区和城市基础设施。

管理目标：主要是保障城市发展空间布局，侧重城市建设方面。

管理动态：不是仅考虑城市建设本身，而是要统筹考虑地域经济文化发展，以绿色、创新、和谐发展为目标，推动社会经济又好又快发展，因此，与国家公园建设和管理目标不矛盾。

国家公园整合的管理问题及改进：在保护和经济发展上存在的矛盾尚未解决，特别是茶山和保护的矛盾，存在自由、无序发展并且缺乏引导，以及资源代际分配不均等问题。在改进上，要提高认识高度，不能直接追求 GDP；部门间的、自上而下的矛盾需要高层来统筹，武夷山本身缺乏发言权，如对于保护区，地方没有办法管理，所以要统筹人、财、物的分配，关键是建立好体制，从而在促进地区发展上取得实效。

生态系统服务的本地重要性：对职能部门而言，生态系统服务主要是要带来区域发展的综合效益，提高民众的幸福指数，而城市建设是其中的重要组成部分。这种幸福最终是精神层面的满足，特别是茶文化、朱子文化等的世代影响。

文化约束：三分规划，七分管理；留得青山在，不怕没柴烧；绿水青山就是金山银山；佛教因果观；水口树和水口林的神灵性；平衡被打破就要受惩罚；要和谐发展。

关键地带：要认识到人为活动不可排除；保护区核心区；五线区划不可调整；明确禁止建设区、限制建设区和适宜建设区。此外，科考、旅游等要考虑包括水体容量在内的容量，维护自然资源和景区承载力。

生态系统服务的权衡：一定会有，但是要看如何取舍，如何平衡地方发展和保护，要看如何做巧工业。

部门职能未来影响：可能在规划管理权方面进行重新确定，进行工作思路的转化，但在国家公园建设中还是要做到"守土有责"。

与三江源试点区比较：这里是闽江源头，与三江源试点区在生态保护上的目标一致，但是人口差别大，生产活动参与度不一样，整治难度在老百姓的利益出让上。

三　国土资源局

保护空间范围：主要涉及保护区和景区。

保护对象：基本农田，并配合其他部门进行保护。

管理目标：主要是保障基本农田数量、森林覆盖率，以及土地规划和城乡建设的用地控制（五线）。

管理动态：越来越强调土地、城乡和国民经济总体规划的三规合一，强调规划执行。

国家公园整合的管理问题及改进：规划调整太多，导致规划服从项目，保护措施和力度受到招商引资影响；体制问题大，部门间缺乏协调，受访者提到武夷山市全域2803平方公里，但国土部门无法进入保护区和景区，这两者拥有前置审批权，导致国土部门监督检查力量被削弱；行政层级的人为障碍导致管理死角和盲区，如重复建设、环境破坏、机构重叠、人员冗杂；保护区层层关卡，影响旅游开发。亟须机构整合优化，提高跟地方联系的紧密度；亟须国家财力投入，重视考量环境容量。

生态系统服务的本地重要性：对职能部门而言，责任大于利益，特别是缺乏直接管理权时，保护基本农田、前置审批等都是责任。因为生态条件好，所以本地人对生态质量反而不敏感，他们已经享受到好环境带来的非物质福利和茶的高品质，对未来的经济补偿，特别是针对生态林、基本农田的保护等不清楚，对保护门票收益在内的利益共享机制的建立有期待。

文化约束：做茶中的喊山仪式。

关键地带：全域圈层式、保护区、景区、景区上游过渡地带、洋庄乡（大安村）、城村古汉城。

生态系统服务的权衡：现在协调性好。

部门职能未来影响：希望管理顺畅化，不用理顺多头关系，国家公园管理局内设对接国土局的科室；希望参与国家公园规划方案的制定和讨论。

与三江源试点区比较：共性特点是顶层设计不明，就武夷山而言，要理顺与南平市政府的关系，国家公园不能做独立王国，要跟地方紧密结合，借助地方进行保护管理，明确利益分成。

四　风景名胜区管委会

保护空间范围：景区。

保护对象：风景资源和遗产；生物多样性；九曲溪和遗址。

管理目标：1982年成立以来，在总体规划上强调了保护青山绿水和绿化。

管理动态：在保护上将会更加严格。

国家公园整合的管理问题及改进：保护和发展的矛盾突出表现在景区茶叶经营和保护、村民建房和保护上；茶叶有了收入后，就要改善房屋条件，原有的80~120平方米/户的规定由于厂房的扩张需求被认为不够动态，茶山扩张管控执行不到位，2004~2006年有偷开茶山行为；茶叶分布地点和品质有差别，个人种茶方法和所种茶叶品质差别也大，导致无法进行大规模统一管理。由于景区依托村民，国有比例低，因此关键是要协调村民活动，要国家加大投入来弥补村民因保护而受到影响的收入。目前，公益林补助和景区补助仍然不够。

生态系统服务的本地重要性：对职能部门而言，会减小工作压力，有荣誉感；对本地人而言，环境改善可提高茶叶品质和收益，吸引游客，从而增加收入，利益实在。

文化约束：宋代以来的碑文石刻；树灵；九曲溪的鱼类有灵气；宗教场所有禁忌。

关键地带：全境保护；核心景区21平方公里。

生态系统服务的权衡：需要协调和平衡。

部门职能未来影响：未来保护面积应会扩大，与其他职能部门会有整合；按照方案执行（被动）。

与三江源试点区比较：作为唯一入选的双世遗地，代表性强；但是国有土地比例太小，需要出台全民资产有偿使用法规，使之成为集体林权保护的典范；相比而言，三江源人口密度小、矛盾小、没有可比性，典范性不强。

五　自然保护区管理局

保护空间范围：保护区。

保护对象：原生森林，物种多样性。

管理目标：保护、科研、科普宣教、有限开发利用。

管理动态：由提倡保护和科普宣教向推行生态文明意识和文化性发展；在管理上不断协调保护和发展的矛盾，比如 20 世纪 90 年代引入毛竹丰产技术引导加工生产，后因污染而关停迁移；帮助挖掘红茶文化，但受到市场波动影响，有顾虑。

国家公园整合的管理问题及改进：目前暂时找到了保护和发展的平衡点，百姓对自然的依赖有限，但是需要不断用科技和意识来维持平衡点，比如开办生产工艺培训班，辅导茶农提高品质，进行技术引导，申报农业科技推广项目，建立生态茶园并予以资金扶持，成立粉源课题组，推广林下经济等；为了达到平衡，科研重要，项目带动重要，示范效应重要。

生态系统服务的本地重要性：对职能部门而言，生态系统投入带动地方经济致富会带来意识保障，减少偷猎盗伐，减轻管理压力，便于推广经验；保护区内 2800 多人、周边 1 万多人的生活来源依赖保护区，需要寻找地方特色满足发展意愿。特别要说明此地的土壤沙质结构一旦因为森林毁灭而遭暴雨冲刷，便无法以补种方式恢复。此地又无农田，失去森林等于丧失收入来源。

文化约束：桐木村 50% 为天主教徒，历史上有模式标本的建立。

关键地带：保护区核心区猪母岗、黄岗山。

生态系统服务的权衡：保护区内基本没有，但是有潜在矛盾，关键看发展模式是有文化内涵和品牌效应的内在增值服务还是蚕食林地那样的粗放式发展；目前问题是品牌使用在外围区难以管控，使用注册标志和成立茶协会的力量有限。

部门职能未来影响：现有的行政和管理模式、行政编制和事业编制、隶属关系清楚，业务工作在林业厅（资源、动物、采伐、资源监测、防火、公益林等），补偿渠道是财政—林业—保护区，很顺，未来更换管理机构后如何对接，如何解决目前保护区内四个县（武夷山境内只有 30 多万亩，总共 80 多万亩）的行政管理，如何跟景区对接，关键要重新进行明确的功能区划，要用人所长；但是国家公园本身定位不清，如何介入尚无头绪。

与三江源试点区比较：三江源算是无人区；"国家公园"是对一个区域

的整体提升，需要逐步将土地国有化（目前保护区 40% 为国有），开展自然资源产权有偿使用制度，实行分期分批购买、租赁等制度，明确产权主体和相关权益。

六 林业局

保护空间范围：保护区；景区；森林公园；黄龙岩省级自然保护区；重点生态区位（铁路、公路、河流等三线）；世界遗产地。

保护对象：水源、土壤、生物多样性。

管理目标：保护地要在数量上增加、类型上增加、面积上扩大，与生态红线的划定相协调。

管理动态：整体管理应当向严格保护发展。

国家公园整合的管理问题及改进：保护需求和个人利益有矛盾，主要因为资源在个人手上，资源国有化的收储已经开始，但是资金有限；管理体制有问题，比如林业厅和住建厅在景区管理上需要整合，现有的主景区林权不清，林业局无法发证，亟须确权；地权属于集体，林权属于个人，无法进行银行抵押贷款；在资源使用上必须对集体和个人进行良好的补偿，由合理的机构设置相关补偿标准。

生态系统服务的本地重要性：对职能部门而言，生态系统管好了，会带来业绩，但是管得太严会束缚林业发展，农民应有一定的自主权进行有限经营，顺应生态系统动态发展，比如毛竹更新快，适当砍伐可促进森林更新，反之则老竹退化、荒山化（7~8 年）。

文化约束：不明确。

关键地带：保护区核心区，核心景区；森林公园；九曲溪上游。

生态系统服务的权衡：主要是平衡木材砍伐和森林其他效应。目前控制区域的砍伐影响了木材经营，特别是星村 60 多万亩林地中的 6 万亩人工林禁伐，重点生态区位 166 万多亩中的 30 多万亩商品林禁伐，其中十几万亩是人工林，前期投入大、无收入，必须在收储上优先考虑。

部门职能未来影响：可以预见林业发展空间变小，但是生态保护会加强；行政管理方面，林业局需要跟未来的国家公园管委会下的林业科室对接，重新界定林业局的功能，职权范围可以变小，比如行政处罚权可以商权；在国家公园建设中，林业局服从安排，但是土地确权需要林业部门配合，特别是保护区外由林业局发证；林业局参与经营区内集体林租赁合同的约定等土地事宜。

与三江源试点区比较：区别比较大，三江源没有林地，人也少；林地价值高，导致武夷山本身价值高。

七　茶叶局

保护空间范围：茶业种质资源保护区、风景区内育茶园、天游峰肉桂保护、大红袍母树保护、鬼洞、保护区内正山小种保护地。

保护对象：茶种和生物多样性。

管理目标：从 2008 年开始划定保护区域，保护茶业资源不因为土地利用更新被毁灭。

管理动态：强调保护性开发，促进传粉和育种，以点状保护带动新品种，强调以有性繁殖来促进生态保护，利用半乔木和灌木有性繁殖根系深的特点来保持水土（相对而言无性繁殖须根不保水）；并以茶推动生态旅游和生物多样性相关的环境教育；扩大菜茶在桐木的保护种群，促进茶树品种开发，并抵御品牌冲击。

国家公园整合的管理问题及改进：由于保护地面积小，茶业本身的保护与其他保护地协同配合较好，主要存在核心景区内为了茶山而开路导致 60 人抗议的问题（本质上还是涉及土地权属、林木权属、收益权、生态补偿、经济多层级多方面发展的需求）。

生态系统服务的本地重要性：对职能部门而言，生态系统管好了，会提高茶的品质，价格上升，区域优势明显；森林生态系统的保养有利于给茶树提供阴湿条件，也是天然空调；茶业形势好了，职能部门有更大的舞台做工作；如果茶业兴旺，当地居民则更愿意参与保护，参与茶山管理，享受茶园风景，在精神上有更强的幸福感。

关键地带：九曲溪上游（星村镇、黄村、曹墩、红星、桐木、程墩等村）。

生态系统服务的权衡：觉得现在不明显，茶业的产业特征已经强调应靠质量不靠产量，以生态促进茶业发展；特别是 2012 年后禁止开山，强调内涵式发展。

部门职能未来影响：国家公园强调保护，更好的环境有利于茶叶局管理，但是空间上的严格管理可能会导致茶业生产受阻；如何在国家公园管理部门行政级别高的时候搞好地方协调；在采摘期和管理期出现突发事件、6棵大红袍母树出现紧急管理需求时，应当如何传达。本身不太清楚如何参与国家公园建设。

与三江源试点区比较：不了解三江源，但是认为总体都要找自然保护和发展的平衡点和形式，认为武夷山要把握绿色茶业。

八　财政局

保护空间范围：相对而言，财政局不直接涉及空间上的保护区，而是从职能上来支持森林和环境维护、产业发展（包括茶业、旅游）等与保护地相关的事务。

保护对象：无具体对象。

管理目标：保障武夷山市生态第一、环境立市。

管理动态：在财政收入方面，需要理顺景区和保护区财政体制，以免影响财政投入和支出，影响景区周边的社区建设和环境保护，从而影响百姓生活。

国家公园整合的管理问题及改进：现有景区税收是财政收入主要来源，需要平衡这个来源的稳定性和加大保护力度的矛盾，促进保护主体和收益主体一致；而保护区的范围不够大且与地方分离，希望未来能够成为地方税收的增加渠道；生态立市（目标下），取消把工业指标作为评价因子。在改进方面，必须保障保护主体和收益主体一致，创新考核机制，建立省直管的垂直管理体制，如果南平市代管，则必须明确武夷山的生态定位，取消武夷山的经济发展指标负担，明确资金分配的因素分配法在武夷山是考量区域人口和土地面积等自然因素，生态因素是优势因素，制定有区别的转移支付方式，扶持资金向自然资源有偿使用、生态补偿等方向流动，形成全市发展成果共享的局面；要解决土地权属问题，以及连带的保护和补偿方式问题，如星村镇内不许砍树则要补偿液化气能源费用。

生态系统服务的本地重要性：对职能部门而言，生态系统重要服务的实现带来的是福建金字招牌的生态优势,可以充分发挥比较优势;对当地居民而言,可以利用好的环境进行民宿等生态旅游,收益面广,形成全域旅游,达到百姓富、生态美;这是因地制宜,保证旅游业作为产业龙头(80%)的财政收入。

关键地带:需要全域保护,如果保护面积小,生态系统不完整,山水林田湖难以形成一个保护的整体,并且要探索跟江西形成统一保护。

生态系统服务的权衡:协调工业发展和生态环境保护,最终落到政策和补偿上,否则只能投入工业。

部门职能未来影响:财政部门提出,保护和行政资源、财政体制分离的话,地方无法受益,保护成果本地无法受益;需要加大财政转移支付力度,由公共财政帮助形成开店、竹筏、扫地、务工等就业岗位,保障以茶和生态旅游为本底的经营性事业持续提供就业和政府收入;本地财政不仅投入保护地保护,而且投入小环保项目(农村环境整治)和农村发展,是全域式的生态保护投入;希望武夷山市市长兼任国家公园管理局局长;希望有更为灵活的财政体制,国家公园管理局官员由省里直接任命。

九　旅游局

保护空间范围:主要涉及自然保护区、九曲溪上游保护地带和地下文物。

保护对象:无保护性事务,以利用和开发为主。

管理目标:配合资源管理单位,实现限制性和预约式旅游,加强相关观念的宣传和引导,不直接定位为资源的使用和经营部门,而是一个引导部门。

管理动态:旅游部门在管理上试图将管理方向多元化,加强对景区环境教育的项目支持,加强公益性,提倡多元化经济结构,脱离单一门票收入;希望国家公园不仅是意识形态和牌子,更多的是去协调管理和经营,保证林业、旅游系统的分区规划,促进门户区域发展,协调环保、林业等审核工作,以将游客量控制在承载力范围内并进行适度移民。

国家公园整合的管理问题及改进:整个流域内,管理主体需要单一化,明确管理部门主体和部门协调方式,要体制活化;旅游部门本身要加强科普宣传/旅游价值宣传和环境教育,以生态景观资产评估来发挥旅游价值,重新布局旅游功能,加强城市建设的美学价值。

生态系统服务的本地重要性：良好的生态系统服务可以促进旅游局的角色变化，由对行业（旅行社、星级宾馆、导游）的单一监管单位变为发挥服务功能的单位，包括在国家公园内提供设施、培训和管理专业队伍等。从可持续发展的角度看，当地居民的福利建立在生态旅游和美学价值基础上，是绿色发展的根本，不能为了经济发展而扩张，反而要能促进农业发展，吸引外部联系。

文化约束：文化和旅游可以融合，表现为扩张性旅游由文化底蕴来限制、补充和弥合，包括茶道、游学和文理等结合生态和文化的旅游项目。

关键地带：整体性功能、连片发展是关键，需要辐射带动面。

部门职能未来影响：国家公园在管理上应当灵活，武夷山市具有独立自主性、协调性强，为城市发展松绑，实现机制活、产业由、百姓富、生态美；在适当的政策环境下，旅游局的意识形态会更具有前瞻性和示范性，自我解套，实现老牌景区创新，在发展上形成国际视野，与国家公园统筹协调。

十 武夷山国家级旅游度假区管委会

保护空间范围：不涉及保护用地，主要是开发区。

保护对象：无。

管理目标：定位在景区旅游综合服务上，包括吃住行，相当于游览之外的所有项目供给；始自 1992 年，全国有 12 家，但目前管委会有具体指导作用的仅有昆明、无锡、大连和武夷山 4 家。

管理动态：从主要进行开发逐渐转变到控制茶山面积、注意建设中的水土流失和灌丛、水面等的保护；在 12 平方公里的区域内 80% 已经完成建设，目前和将来更加重视城市系统的污水、雨水分流管控（2012 年后）和处理，注意整体环境建设，包括立面改造，建筑风格统一，保证绿地率，降低土地开发强度，提高绿地档次，减少硬地面积，建立海绵城市，配合河流流域生态补偿（2900 多万元）。

国家公园整合的管理问题及改进：涉及开发的项目都有失地农民的征地安置，传统做法较为粗放，后续的生产生活、产业化必须跟进，以避免生态再次被破坏；转变体制，由街道办管理土地，度假区管委会与公馆和角亭村没有隶属关系，未来国家公园与南平市的关系不清楚；在改进方面，主要是要改进失地居民的迁移安置，包括前兰村、瓦窑垄村（天心）、兰汤村（天心），由政府来做搭配套，缓解度假区压力，让卖地的财政收入有反哺。

生态系统服务的本地重要性：生态系统服务良好与本单位没有直接关联，反而是不恰当的交通规划破坏环境、将度假区门户边缘化，这与南平市对武夷山的定位有关。

文化约束：无。

关键地带：景区；崇阳溪上游地段的饮用水安全。

生态系统服务的权衡：主要是相互促进，但是不排除农业发展与水源保护有权衡，需要进行农业面源污染控制，以防牺牲水源。

部门职能未来影响：影响应该不大，因为其服务旅游的功能不会变；但是地域统筹上取决于南平市如何在旅游区外围进行布局，亟须省级层面解决南平市的不当规划，并协调江西上饶作为西面门户的发展需求。

十一　原始访谈总结

由于不同职能部门在保护地管理上负责的具体事务不同、与保护的直接相关性不同，因此，其对当前武夷山地区各类保护地生态系统服务保障所存在的问题有基于部门认知的差异；同时，由于其职能在日常中有工作关联，因此往往也会提出可以从根本上改善管理的共同问题。其中，共性问题主要集中在保护地管理的体制机制上，而个性问题本质上也是共性问题，因为部门面临的各种问题大部分是职能部门间的协调问题，常常是责任和权力不对等。现将各职能部门提到的共性问题和个性问题总结如下。

共性问题。体制问题，主要体现在以下几方面：管理单位设置；中央财政统筹；创新考核机制；明晰土地权属。

个性问题。保护问题永远都不是单一问题，而是与发展产生的矛盾如何协调；保护地问题的解决也不限于保护地用地类型范围内，而是要与所在地区域发展相统筹。

在访谈中，各个职能部门提出了保护和发展问题的具体体现，其中有的是体制问题，有的是管理问题，有的是操作问题，互有关联，为确定协调发展、理顺体制机制从而实现统筹发展提供了依据。

从各职能部门反馈情况看，武夷山地区需要和保护地管理与保护目标相协调的发展目标归纳为以下几个方面：农田保护、农业经济发展；城市发展和城市用地扩张；林业可持续发展；茶业发展、茶文化保有及生态促进效应；旅游的区域统筹发展。

针对上述问题，各职能部门也提出了多种有针对性的解决方式，希望通过国家公园体制改革，同时听取地方意见，形成新的体制机制。因此，解决保护和发展问题也需要从体制层面、管理/机制层面和操作/落地层面来协同推进，从理念/意识、法律/政策和项目实施方面，行之有效地建立国家公园体制。

本土文化可以对保护和发展有一定的影响，并成为人地关系重要的研究方向，但是在访谈中各部门对武夷山地区与各项生态系统服务相关的俗语、宗教和习俗等的认知不是很系统，而且提出的未必直接与保护观念相关。根据各部门的回复，主要分为以下几个方面。

一是自然资源依赖型用语：留得青山在，不怕没柴烧；绿水青山就是金山银山；佛教观念；宗教场所的禁忌论；因果报应论中砍树挖茶要遭报应；朴素的万灵论；古树有灵气；九曲溪的鱼类有灵气。

二是茶业生产的谚语和仪式：杨太白驼秤砣，李太婆坐暖萝；敬茶神（伏羲），茶业祭祀。

三是现代资源保护：民间人士作护林的"看山狗"和树立的毁林碑；三分规划，七分管理。

附件 4　国家公园产品品牌增值体系的可借鉴经验和中国国情下的实施方案

一　法国的品牌发展经验及相关体系

法国国家公园品牌主要借鉴其大区公园品牌的经验。法国国家公园品牌的建设，是在其自身优质农产品发展的基础上所进行的再次升级。法国对标签和产品成分等方面的规定是欧盟国家中最严格的①。以高质量为特色的著名品牌，给法国农业带来了巨大的附加值。法国的品牌制度，使其具有地域特色的产品质量和信誉得到极大的提升，得到消费者的信赖，形成了产业优势②，在文化遗产保护、名特优新产品保护、生态环境保护，尤其是农村经济增长和农民收入增加方面发挥了积极作用。同时，产品标识也使农业成为法国重要的支柱产业③。

法国在"原产地命名控制"体系的基础上，把农业标准化建设与农产品名牌战略相结合，结合"法国大区公园"的管理基础，初步建立了"国家公园产品品牌体系"④，将品牌价值体现在产业"链条"中，建立了从生产、加工、包装、贮运到销售的产业链，通过管理平台和标准化的流程使相关产品通过这个品牌体系实现了增值。其产品品牌体系如附图 4 - 1 所示。

---

① 如法国食品法规明确规定：限制在食品标签中使用夸张词。法国对添加剂有很严格的要求，如在食品、饮料和面粉产品中不允许添加维生素。欧盟同意使用的食品添加剂并不一定都能在法国使用。法国也制定了针对农药和污染物含量的各种法规。法国农业和渔业部对食品中农药和其他污染物的含量进行了具体规定。

② 据统计，法国地理标志葡萄酒产值已达 156 亿欧元，占所有葡萄酒类总产值的 85%，地理标志烈性酒产值达 15 亿欧元，是法国农产品出口中盈余最大的一项。地理标志奶制品，特别是奶酪的产值达 20 亿欧元，占同类产品的 20%。目前地理标志已经扩展到水果、蔬菜和油类产品，产值已达 1.5 亿欧元。另一项统计表明，地理标志的产品比普通产品平均增收 1/3。

③ 以葡萄酒为例，法国法律对香槟葡萄的种植面积和品种进行了明文规定，并且严守传统的酿造工艺。只有以特定的葡萄为原料，并严格按照香槟酒制造工艺酿制的气泡葡萄酒才可以被称为香槟酒，其他一律只能被称为气泡酒或气泡葡萄酒。

④ 2006 年国家公园法案规定国家公园创建自身品牌，同时在国家公园联盟内设立品牌委员会，并设立国家公园品牌代表——"国家公园品牌联络员"，负责管理日常事务。

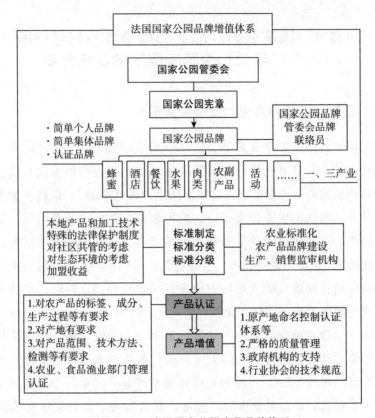

附图 4 - 1　法国国家公园产品品牌体系

这个管理体系，充分考虑了社区参与和本地农产品特征。比如对于国家公园品牌下的酒店，要求其必须有服务人员可以向来宾系统讲述国家公园品牌的概念等。即使在 2008 年全球金融危机的冲击下，法国国家公园产品品牌体系下的企业的经营效益仍然较好。

这个品牌体系的运行机制如下。

（1）监审机制：国家公园品牌无认证机制，不是严格意义上的认证品牌，但是品牌委员会确立了十几种不同行业的"准入规则"。

（2）加盟者受益机制：品牌委员将为加盟企业制定特色宣传工具（产品标签、宣传册、营销网站等），并为其开展特色宣传活动。委员会为加盟者提供专门的培训和技术支持。目前，加盟以旅行社和酒店为主，未来将有更多农产品企业加入。

（3）准入机制和标准①：所在地国家公园的"品牌联络员"，可协助申请加盟；由品牌委员会的专家进行审计验证，确定产品是否符合所涉及行业的"准入规则"；审计通过后，颁发品牌许可，并要求其与所在地国家公园签订 3 年的品牌使用合同，合同期内需每年向国家公园缴纳品牌分红。准入规则主要包括生物多样性保护、当地文化遗产保护、社区参与等。

二　福建武夷山自然保护区　"金骏眉" 品牌发展历程及其要点

正山小种红茶种的"金骏眉"品牌茶叶，是国家公园范围内将资源环境优势转化成产品品质优势，并且通过品牌将产品品质的优势固化为价格优势和销量优势的案例。这个案例，虽然缺少顶层设计，但其自发因素符合国家公园产品品牌增值体系的要求。

在过去，武夷山自然保护区内，桐木村的群众基本上是靠山吃山，生活条件较差。从 1986 年开始，依据有关法律法规，自然保护区实验区内约占保护区总面积 10% 的集体林被划为固定生产区域，供区内群众发展毛竹、茶叶、养蜂等资源非消耗型生态产业，以确保占总面积 90% 的其他区域内的森林资源和生物多样性得到有效保护。这种模式被联合国教科文组织誉为"中国自然保护区较好解决保护与发展矛盾问题的一个成功典范"。2008 年，仅茶业一项即给当地村民人均年收入增加 6000 元以上，一举超越毛竹业成为村民主要的经济支柱。近 10 年来，茶业一直是武夷山桐木村村民收入结构的主要来源（对家庭收入的贡献值超过 60%），且桐木村在茶山面积基本没有扩大的情况下跻身武夷山最富裕的村庄行列，初步实现了绿水青山转化为金山银山。

从操作过程来看，农户主要负责初制过程（采摘、挑工、运输、加工），产品主要为毛茶。再由企业从茶种的选择到茶叶的种植、采摘、加工制作、销售和品牌打造上对红茶产业进行升级，使红茶产业结构不断向高附加值、高技术、高集约的方向演进，使资源得到更充分的利用，最终在相同投入条件下实现了产量的增加，促进了产品结构升级。另外，规模化

---

① Rules of use，具体的行业包括手工艺品和传统知识，热带农林业产品（针对位于海外省的国家公园），水果、蔬菜、蘑菇、鲜花，酒店住宿，蜂蜜，加工农产品，餐饮业，基因利用，肉类产品，水上活动，户外活动，吃住行全包游和旅游景点（博物馆、纪念地等）。

生产和技术的进步也节约了劳动力和资本，提高了劳动力和资本的产出弹性。在这个过程中，资金和劳动力向二产、三产集中，尤其是三产环节的销售，起到产业链升级的龙头作用。而在整条产业链中，有各种方式的生态效益补助资金投入，从而提高了单位土地面积的经济产出。

其他方面的经验也促进了品牌效应，包括：①实行社区共管，即自然保护区与保护区社区进行共同管理，促进保护区社区社会经济共同发展，提高当地群众的保护意识和社区作物的单位产量、经营效率，进而增加社区居民收入，建立良性互动的社区共管机制；②进行财政渠道的多渠道融资，即将各种财政渠道的相关项目资金（如扶贫办的扶贫资金、地方政府的道路建设资金和农业系统的特色农业发展资金）与产业结构高级化结合。

三　保护地友好和社区友好体系及其管理平台（参见附图4-2）

保护地友好主要指产品要充分符合以下要求。

（1）产品生产过程不得使/施用农药、化肥、转基因技术、激素等有害化学物质，遵循有机、绿色农业要求，满足保护的高要求，不得种养有入侵风险的外来种，不能导致生态系统单一化。如果是采集野生产品，必须保证采集后还可再生……如果从事养殖，需采取措施应对养殖动物与野生动物的竞争，以及捕食或者食用野生生物等问题。要保障产品全生命周期近自然度高，对自然影响最小。

（2）产品生产对于当地社区收入有正面影响、与当地传统文化相关联。

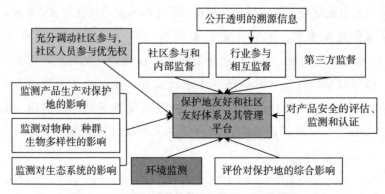

附图4-2　保护地友好和社区友好体系及其管理平台

社区居民必须享有保护和发展优先权。

（3）满足对保护地管理的高要求。

（4）进行品牌认证。

基于以上分析，我们设计了国家公园产品品牌增值体系，如附图 4-3 所示。

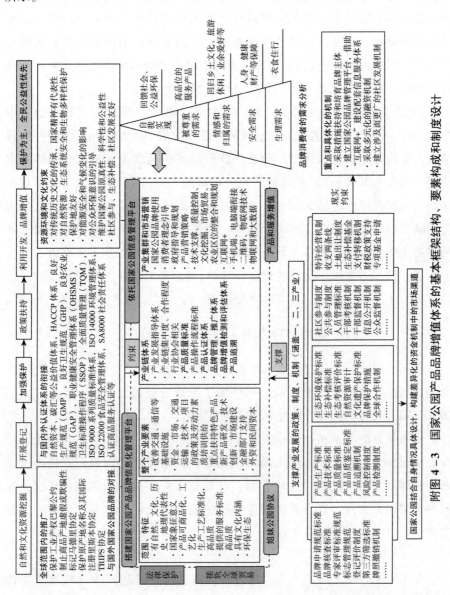

附图 4-3 国家公园产品品牌增值体系的基本框架结构、要素构成和制度设计

附件5　如何完善武夷山国家公园试点实施方案

在对武夷山国家公园试点相关管理部门进行充分访谈和调研的基础上，结合其问题和意见，课题组提出了现有试点实施方案的完善措施。在后期的反馈和沟通中，本部分完善措施得到相关部门认可：其中管理单位体制是改革的重点，也是推动其他体制机制改革的基础，即改革前要有明确的"三定"方案。本部分提出的建议，更多地结合了当前国内生态文明制度改革的导向，是对《试点方案》和《总体方案》的优化。

《试点方案》明确提出了"统一、规范、高效"的试点目标，而其中"统一"是底线，要求各试点区必须从生态系统完整性的视角、从统一管理的视角来构建国家公园体制。而已经获得批复的《武夷山国家公园体制试点区试点实施方案》（以下简称《武夷山试点实施方案》）在这一点上存在缺陷，且没有很好地结合国情、地情，没有因地制宜地提出解决武夷山实际问题的制度方案，存在多方面问题。为促进武夷山国家公园体制试点区的实施工作，本部分在以上研究的基础上，有针对性地为《武夷山试点实施方案》的完善提供了具体的建议。其中，《武夷山试点实施方案》与《总体方案》不一致的地方，要与之对标调整。

一　《武夷山试点实施方案》的不足之处

武夷山国家公园体制试点区涵盖多种类别的保护地，不仅其资源属性、管理目标和管理强度各有不同，还叠加了土地权属的复杂性。因此，建立国家公园试点后，统筹管理的难度将更加突出。

中央批复的《武夷山试点实施方案》，也从管理体制、保护与利用的冲突、资金投入、专业人才等方面指出现有保护地存在的问题，并提出一整套管理体制、运行机制的构建方案，以及试点实施的保障机制。然而，对标中央的相关文件，以及前文对各类保护地特征及配套体制的分析，该方案中依然存在一些待完善之处。

（一）统一性不足

从中央文件中不难看出，"统一、规范、高效"这三大总体要求中的

"统一"，不仅指地域上的统一，也指管理机构、管理制度的统一。

从地域上来看，尽管《武夷山试点实施方案》中提出要从生态系统完整性的角度来选取试点区的范围，但实际操作中只选取了武夷山国家级自然保护区、武夷山国家级风景名胜区和九曲溪上游保护地带。武夷山是世界自然和文化双遗产地，但《武夷山试点实施方案》未将遗产地的范围完整地纳入试点区，更没有从整个武夷山生态系统完整性的角度，提出两省综合管理的远期方案。

从管理上来看，尽管《武夷山试点实施方案》中提出要制定武夷山国家公园的总体规划，也明确了"武夷山国家公园总体规划是指导公园建设、经营和管理的纲领性文件"，但并没有给出统一国家公园范围内各类原有保护地相关规划的目标和路径，只是简要提及了要"综合考虑《武夷山国家级自然保护区总体规划》、《武夷山国家级风景名胜区总体规划》、《武夷山世界遗产地总体规划》等已有规划"，欠缺实行多规合一的实质性方案。由于欠缺统一而强有力的规划制度，《武夷山试点实施方案》中对同一班人马实行统一的人财物管理的具体措施也显得较为薄弱。

（二）规范性缺失

所谓"规范"，即相关管理措施要有法可依、有章可循。《武夷山试点实施方案》从法规和技术规范两个层面，提出国家公园试点区的规范，但是法规方面仅提出《武夷山国家公园建设规范》，技术规范方面也仅提出《武夷山国家公园建设规范》和《武夷山国家公园遗产资源保护与利用规范》，不仅没有将《试点实施方案大纲》中的具体要求，如"设定其基本内容，并拟定规划编制、咨询、审批等各类程序"等细化落实，而且没有提出中央文件中相关领域的专项政策制度，如自然资源资产产权与用途管制、生态补偿、特许经营、社区共管、社会参与、生态旅游、绿色教育等。

（三）高效性错位

要建立高效的试点区管理体制，需要按照"保护为主，全民公益性优先"的要求，提出机制灵活运行、资源高效利用的有目标、有效率的体制机制。但《武夷山试点实施方案》对"高效性"的认识和落实却存在错位和偏差。一方面，由于在管理单位体制上没有从公益性的角度综合考虑资源价值、区域差异、土地权属等因素，没有以此为依据来安排事业单位的相关管理单位体制，因此《武夷山试点实施方案》中提出的国家公园管理委员会成了名义上的协调机构，缺乏实质性的统筹功能。另一方面，在资金机制、经营机制等具体的制度设计中，《武夷山试点实施方案》只是简单列出一些运行成本的预测数据和资金的来源及支出安排，既没有明确政府和市场的边界，也没有区分不同层级政府的事权，因而未能充分体现"高效性"。

二　完善《武夷山试点实施方案》的总体建议

根据以上对《武夷山试点实施方案》不足之处的分析，以下从"统一、规范、高效"三个角度，分别提出有针对性、有亮点的制度创新。

（一）更全面的统一管理

统一管理包括三个层次，分别是地域上的统一、规划上的统一，以及管理上的统一。

在当前阶段，第一步是要落实地域上的统一，即将完整的生态系统纳入国家公园范围之内。尽管武夷山生态系统包括福建和江西两个部分，跨省的协调在当前存在困难，但首先短期内需要将福建省境内的武夷山生态系统完整地纳入国家公园。而目前的方案中，即便是按国际标准论证了完整性的武夷山文化和自然遗产地（福建省部分），都没有被完整纳入其中①。在实现了福建境内武夷山生态系统的完整保护之后，再进一步提出未来将江西省武夷山纳入国家公园的远期方案。

第二步是规划上的统一，即统一国家公园范围内各类原有保护地的规划，实现多规合一。只有规划统一，才能确保目标统一和后续管理统一。

第三步是管理上的统一，即要以统一的规划制度，对同一班人马实行统一的人、财、物管理。

亮点：基于以上三步制定的方案，不仅有阶段性的统一改革措施，有跨区域、跨部门的统筹方案，有完整生态系统的视角，还提出实质性的统一管理措施。

（二）更规范的制度设计

针对武夷山各类保护地管理中存在的问题，以及未来实施统一管理面

---

① 2017 年，UNESCO 将武夷山文化与自然遗产地的范围拓展至江西武夷山（大体是江西武夷山自然保护区范围）。

临的几方面挑战，结合国家一些上位性的政策方针，有针对性地提出一整套的政策制度方案，包括一园一法建设、规划制度、自然资源资产产权与用途管制制度、土地权属制度、生态补偿制度、特许经营制度、社区共管制度、社会参与制度、生态旅游管理制度、绿色教育制度等，并就这一整套的制度确立其总体目标和主要针对的问题，以及相互之间的衔接等内容。

亮点：各项制度并非零散设计，而是与中央国家公园相关政策文件紧密衔接，充分体现将中央上位政策逐项落地的思想，相互之间互为支撑补充，是一个完整的整体。

（三）更高效的管理机制

高效的管理涉及政府与市场的职能分工关系以及激励与约束的问题，需要从管理单位体制、资金机制、经营机制等方面予以保障。但在目前的《武夷山试点实施方案》中，管理单位体制的设置并没有从这两方面考虑体现管理机构所应具备的管理职责，而只是作为一个协调机制，行使了名义管理的职责，资金机制和经营机制也没有从政府和市场的边界设置角度来考虑，以提高其管理的效率。为此，建议对这三方面做以下调整。

管理单位体制——要放在其资源价值、公益性等视角下来考虑，要根据国家公园范围内不同区域之间的资源价值差异和土地权属差异来设置其管理目标，明确中央和地方、政府和市场的边界。具体来说，要将武夷山国家公园定位在落实中央生态文明制度的先行示范区这一高度上，来配置相关管理单位体制，并且从工作有效性的角度出发，建议将管委会办公室设于武夷山市，由中央政府承担事权，进行直接管理。如有必要，提出特区政府型的管理单位体制。

资金机制——基于武夷山国家公园内资源价值高，但土地权属复杂、统筹难度大的实情，细化国家公园内的保护需求，并据此在部分地区建立有针对性的地役权制度试点，从而以有限的资金达到高效保护的目的。

经营机制——要从政府和市场的边界角度出发，引入特许经营机制，充分考虑政府在其中如何承担监管审批的职责，市场在其中如何有序高效地发挥作用，而并非简单地将相关业务承包给公司企业予以运作。即，在方案中要充分体现"特许"两个字的内涵：特许是政府基于一些筛选和审批程序，对符合相应条件的市场主体的有条件的许可；特许的潜台词是政府并没有脱离监管的职责，而只是允许特定市场主体来分担其一部分事权，以提高市场运作的效率。这一点需要在方案中予以强化。

亮点：从这三个方面来考虑，充分体现了"高效"二字的具体内容。管理单位体制充分结合国家公园的公益性（资源状况、土地状况）以及管理的重点难点等，资金机制提出了制度上的创新点及示范区，经营机制提出了实质性的特许经营模式等。

三 完善《武夷山试点实施方案》的路径

《"十三五"规划纲要》中对于完善生态环境保护制度有这样的阐述："落实生态空间用途管制，划定并严守生态保护红线，确保生态功能不降低、面积不减少、性质不改变。建立森林、草原、湿地总量管理制度。加快建立多元化生态补偿机制，完善财政支持与生态保护成效挂钩机制。建立覆盖资源开采、消耗、污染排放及资源性产品进出口等环节的绿色税收体系。研究建立生态价值评估制度，探索编制自然资源资产负债表，建立实物量核算账户。实行领导干部自然资源资产离任审计。建立健全生态环境损害评估和赔偿制度，落实损害责任终身追究制度。"

这一阐述明确提出重要生态功能区的保护力度、补偿形式、财税体系等方面的要求。本部分将探讨如何紧密结合这些底层制度，完善《武夷山试点实施方案》、优化武夷山国家公园体制机制的设计。

其中，管理单位体制、资金机制和经营机制作为落实"统一、规范、高效"目标的关键环节，以及现有实施方案中较为薄弱的环节，将是本部分讨论分析的重点。在展开论述之前，要结合保护地分类方法及配套的体制机制对武夷山的现状做一分析。

武夷山国家公园体制试点区内，现有武夷山国家级自然保护区、武夷山国家级风景名胜区和武夷山国家森林公园，以及城村汉城遗址和九曲溪生态保护区等多种类型的保护地。结合 IUCN 的保护地分类体系，大致可以将这些保护地的所属类别、生态特征、所需保护强度、管理难度等做以下梳理（见附表 5 - 1）。

基于此，为了体现"统一、规范、高效"的原则，本部分对武夷山试点区管理单位体制、资金机制、经营机制的完善提出以下具体的实施方案。

附表 5 - 1 武夷山国家公园体制试点区内保护地类别及特征

保护地名称	拟对应的三维分类	保护价值和功能	统筹能力	所需保护强度	管理难度
武夷山国家级自然保护区	Ⅰ类、Ⅱ类保护地	具有比较原始完整的中亚热带森林生态系统，且具有区域、国家或全球尺度的重要意义	权属复杂，统筹能力较低	需对部分地区实施严格的保护，部分地区允许引入市场力量开展特许经营，兼顾社区的统筹管理	社区统筹难度大，管理成本最高，管理难度最大
武夷山国家级风景名胜区	Ⅱ类、Ⅲ类保护地	具有比较多样的地质地貌和较高价值的森林景观，以及与其景观相生相伴的栖息地	权属较复杂，统筹能力较低	在实施保护的同时，可以开展游憩和旅游等活动，实施干预管理	管理难度主要在对游客的管控和保护目标的实现上
武夷山国家森林公园	Ⅲ类保护地	具有一定规模和质量的森林风景资源与环境条件，具有保护、游憩、教育等功能	权属较复杂，统筹能力较低	在实施保护的同时，可以开展林业产业、游憩等活动，实施干预管理	管理难度主要在对林业开展的强度、对游客的管控
闽越王城国家考古遗址公园	Ⅱ类保护地	具有保存良好的历史文化资源，即汉代古城址，是武夷山世界文化和自然遗产的组成部分	社区相对较少，统筹管理相对容易	着重于对古汉城遗址及其相关的历史文化资源进行较为严格的保护	游客较少，管理难度相对较小
武夷山东溪水库水利风景区	Ⅳ类保护地	具有蓄水发电、灌溉防洪、水源供应等多重服务功能，且具备一定的景观价值	社区相对较少，统筹管理相对容易	着重于对东溪水库特定服务功能的保护，其他限制条件相对较少	社区较少，管理难度相对较小
九曲溪生态保护区	Ⅴ类保护地	具有秀美的景观资源	社区较多，统筹难度大	有较多的原住民，可以实施自然资源的可持续利用，但不宜开展大规模的工业种植	管理难度主要在于对原住民的管理

（一）管理单位体制

1. 理论基础

总体来说，国家公园的管理单位体制属于公共物品的供给体制，其目的是使自然资源以一种有利于自然社会和谐共处、有利于人类社会长远发展的方式得到合理配置。借助福利经济学、管制经济学、行为经济学和实验经济学中的相关理论和思想，可以明确武夷山国家公园试点区管理体制构建的基本路径和方式。

理论一："物品的性质及价值决定供给方式"。这里所说的供给方式，可以理解为投入的成本，即对于价值较高的物品，对其投入更多的成本是合理的。用于国家公园的管理上，就是说国家公园的管理成本应与其资源性质和价值相对应，对于公益性突出、价值较高、重要性明显的区域，应在管理单位体制上予以更多的重视，并投入更多的成本。根据这一理论，可以对武夷山国家公园试点区内的不同区域进行分类，在区分资源性质和价值的基础上进行有区别、有重点的管理，从而提高管理的效率。

理论二："斯密定理"。该定理是亚当·斯密在其著作《国富论》中提出的，其基本内容是：只有当对某一产品或者服务的需求随着市场范围的扩大增长到一定程度时，专业化的生产者才能实际出现和存在，即市场大小决定分工。理论一考虑的角度只是提高公共物品消费的效率，而武夷山虽然相对于其他地区而言，社会经济发展水平总体较高，但放在国家公园建设的背景下，要履行保护为主的使命，体现全民公益性的职能，未来在资金方面也将面临较大的挑战。为此，在公共物品供给量有限的前提下，只考虑提高消费的效率而不考虑供给效率并不符合实际需求。因此，除了要考虑公共物品的消费效率，做到管理成本与资源性质、价值相对应以外，还需要提高其供给效率和公共物品供给中的财政资金使用效率。斯密定理就是解决这一问题的有效途径——对于市场需求足够大且产权易于界定的资源，可以通过引入市场的力量来拓宽资金来源渠道，缓解资金压力，即当供给的效率限制着生产与消费的总量时，通过建立排他性的产权，引入对部分公共物品的市场化收费供给机制，提高生产的效率，从而扩大公共物品的供给总量。对于武夷山国家公园试点区而言，扩大其公共物品的供给总量（即提高公共物品的生产效率）是比提高公共物品消费效率更迫切的举措。因此，在对试点区进行分区分类管理的基础上，适当引入市场机制，可以缓解政府的财政压力，提高管理水平。

理论三：管制经济学的思想。管制经济学认为，市场在配置公共物品时，会产生市场失灵的现象，不利于保持公共物品的公益性，这就需要政府（或管制机构）对公共物品进行直接的经济、社会控制或干预，克服市场失灵，实现社会福利的最大化。根据这一思想，可以对国家公园管理单位体制的改革做这样的解读：在引入市场力量以缓解政府财政压力的同时，必须把握好一定的度。政府要对市场介入的行为进行必要的管制和干预，要明确怎样的公共物品能由市场来介入进行共同管理，而怎样的公共物品必须由政府垂直管理。

2. 实施方向

根据上文提到的基本理论，可以在对武夷山国家公园试点区内资源的性质进行分类的基础上，根据资源状况和保护要求实行有区别的管理单位体制。对于重要性明显、公益性突出、保护难度大、抗扰动性差的地区，应采取最严格的保护措施，由政府负责实施管制和维护；对于重要性相对较弱、资源价值等级相对较低的地区，在国家公园管理委员会把握其总体发展方向，负责主要管理工作的基础上，可以允许一部分市场力量介入其中；而对于资源价值等级低、抗扰动性强、保护迫切性并不显著的地区，应在规范赢利方式和介入渠道的前提下，鼓励营利性社会力量介入，从而缓解资金压力，在确保公共物品供给水平的情况下提高资金使用效率。

为了实行这一有重点、有区别的管理单位体制，合理地引入营利性的市场力量，缓解资金压力，需要解决三个关键性的问题：①什么样的地区必须由国家公园管理机构实施最强硬的管制？②什么样的地区可以允许甚至鼓励市场力量介入？③市场力量如果能够介入国家公园的管理中，那么以什么样的方式介入才是合理的，并不至于偏离国家公园设立的初衷？课题组认为要从资源类型和活动类型两个方面予以考虑。

为了解决以上三个关键性问题，首先要根据资源的性质和价值对国家公园内的各个区域进行分类。结合武夷山国家公园试点区内资源的珍稀度和抗扰动性，可以将其按公益性发挥的程度分为以下三类。

（1）严格保护类。这类地区主要提供纯公共物品和共同资源，珍稀度最高，具有特别重大的保护价值，正外部性最为显著，往往关系到国家的生态安全和可持续发展能力，涉及国家总体利益和长远利益，且资源对外界的扰动极为敏感。因此，市场一般不能、不愿或不宜参与其管理，而只能由国家对其实施最严格的管制，由政府承担全部的管理责任，包括经费的投入和人员的分配管理等。目前的武夷山国家级自然保护区具有典型而珍贵的生态系统、稀有的地质地貌和生境类型，具有极高的保护价值，城村古汉城遗址具有高保护价值的历史文化资源，值得予以重点保护，在建立国家公园后对应于这一类别。

（2）适度发展类。这类地区提供的资源类型较多，不仅包括纯公共物品和共同资源，也包括一些俱乐部物品和私人物品，具有一定的外部性，资源重要性比较高，资源的可利用度也比较高。在这类地区，对于其共同资源和部分纯公共物品，只要制度安排合理，部分产品（服务）可以转化为俱乐部产品和私人物品，通过市场兑现。因此，在国家公园管理委员会把握其总体发展方向，负责主要管理工作的基础上，可以允许一部分市场力量介入其中。目前的武夷山风景名胜区和森林公园具有较高价值的自然资源和景观资源，适宜在保护的前提下开展一定程度的旅游和开发活动，在建立国家公园后对应于这一类别。

（3）鼓励发展类。这类地区是指其资源产品（服务）大部分是公共物品且资源的经济属性较强，外部性较弱，其提供的公益产品（服务）大部分可以通过排他性技术转化为俱乐部产品和私人物品，并在市场环境下予以兑现。对于这类地区，只要不对资源造成破坏性的影响，并有一定的规章作保障，就可以鼓励营利性社会力量介入，借用市场的力量为其筹资。目前的九曲溪生态保护区相对于其他区域而言，生态资源价值较弱，不涉及国家公园内关乎生境安全的关键性资源，且原住民较多，生产经营行为较多，开发资源的难度和成本都在市场可以承受的范围之内，在建立国家公园后对应于这一类别。

在解决了"什么样的地区必须由国家公园管理委员会实施最强硬的管制?""什么样的地区可以允许甚至鼓励市场力量介入?"这两个关键性问题的基础上，还需要对第三个关键性问题提出解决的措施，即"市场力量如果能够介入国家公园的管理，那么以什么样的方式介入才是合理的，并不至于偏离国家公园设立的初衷?"

首先，需要明确指出的是，若要将市场引入国家公园中，使其参与国家公园内的经营，那么必须把握好一个原则——统一、规范的管理，即有限经营、特许经营，经营的空间范围和业务范围都要有严格的规定。为此，不仅要对国家公园的资源类型进行划分，还需要进一步对国家公园内的活动进行分类，根据不同活动经济属性的差异，分析哪些活动适合市场的介入，而哪些只能由政府或管理机构开展，从而解决市场力量如何介入保护区管理的问题。

调查显示，目前在武夷山国家公园试点区内开展的活动，大致有旅游业的管理、旅游活动的实施、科普宣教、交通、资源采伐采收、种植、养殖、水资源利用、风能利用、生物质能利用等。这些不同的活动，其经济属性是不同的，因此可以进行以下分类。

（1）政府全面掌控的活动。一些资源（如矿产资源等）具有最强外部性，且属于不可再生资源，关系到国家利益，因而围绕这些资源展开的活动不应有营利性的市场力量介入，而应由武夷山国家公园管理局全面掌控。另外，一些活动具有基本公共服务的性质，如为社会传播生态保护知识、提供基本的游憩休闲机会等，这些活动也应由政府（管委会）来掌控。

（2）鼓励市场按规则介入的活动。有些活动利用的是可以再生的资源，或者通过有效的管理，可以控制其对环境的影响，具有较小的正外部性。因此，只要在严格保护类区域以外，就可以允许甚至鼓励市场力量在一定的规则约束下介入。尤其是对餐饮、住宿、交通等活动而言，其市场足够大，且产权可以明确，根据"斯密定理"，不仅可以允许市场力量合理介入，在适当的时候还可以把与之相关的外部性很强的资源保护行为作为市场力量介入的条件之一，要求市场力量在进入国家公园开展营利性活动时，必须为这些外部性显著的保护活动提供一定的资金，从而缓解国家公园的资金压力。

（3）控制市场介入程度和范围的活动。除了以上这些资源外，其他的就是介于中间的外部性相对较强的活动，应结合国家公园自身的情况，控制市场介入的程度和范围。

但是，这些经营主体必须在获得特许经营资质的前提下，在指定的空间范围内，通过被允许的经营方式开展经营活动。为此，需要武夷山国家公园管理局根据自身特性，出台获得经营资质的条件，划定允许经营的范围，指定能够开展的、对保护区内的资源影响不大的、可接受的经营方式和手段，要求相关市场力量依规则合理开展经营活动。

通过对武夷山国家公园体制试点区活动类型的划分以及规范经营方式，

就可以解决前文提出的第三个关键性问题：对于正外部性较小，不会影响国家生态安全、不会对保护对象和生态环境造成破坏性影响、具有再生性的活动，可以允许市场在统一、规范的管理要求下开展经营活动。

基于以上分析，与武夷山国家公园试点的三种划界和分区方案相衔接，可以将其管理单位体制按照不同保护地的资源和管理属性设置如下。

第一，大尺度情形。

在大尺度的范围选取方案下，基本囊括了完整的武夷山生态系统，跨越两个省份，需要设置一个中央政府直接领导的高配管理机构，管理人员享受国家级公务员编制。

这是一种生态系统最为复杂、管理难度最大的情形，其内部不同区域如何灵活高效地管理成为体制设置成败的关键环节。基于国际经验，并结合第一部分对保护地三维分类方法的介绍，不同类型的区域可以配置不同的管理单位体制，并通过生态联盟的方式，在统一的国家公园法规和统一的规划之下有机协调，共同开展国家公园工作。生态联盟可以通过以下几个环节实现。

一是确定武夷山国家公园的总体法规（一园一法），制定国家公园总体规划。法规和规划每 10 年修订一次，由国务院负责审批。

二是借助三维分类方法，划定国家公园的核心保护区域，通常为根据三维分类方法所确定的一类区域。对于这类区域，其主要目标为保护最核心和珍贵的资源，同时附加科研等功能。

三是划定国家公园的加盟区域。所谓加盟区域，是指并不强制采取最严格的保护措施，但从生态系统完整性的角度来看，同样具有一定的价值，且与核心区域存在相互依存关系的区域。这些区域是否接受国家公园总体法规的要求，加入国家公园的体系，并享受国家公园建设为其创造的福利，由这些区域自愿决定。而一旦决定加入国家公园联盟，就必须接受国家公园总体法规和总体规划的相关规定，并签署相应的合约。

该情形下，国家公园管理机构的设置情况及其资源/活动分类情况如附表 5－2 所示。

第二，中尺度情形。

在中尺度的范围选取方案下，虽然没有跨省的分区方案，但是福建省

附表 5−2 大尺度情形下武夷山国家公园试点区管理机构及资源／活动分类情况

统一管理部门：武夷山国家公园管理局

级别	副厅级
职责	接受中央政府的直接指导与监督，对试点区内各保护地实施统筹管理，管理人员享受国家级公务员编制
辅助机构	设置科学委员会以及经济／社会／文化委员会两大辅助机构，分别负责为国家公园管理委员会提供科学支持和政策建议；同时，建立一个国家公园资源和数据共享中心，负责数据收集和共享，为国家公园管理委员会提供其他硬件和软件支持

	按资源类型划分			按活动类型划分		
类型名称	严格保护类	适度发展类	鼓励发展类	类型名称	高外部性类	中外部性类	低外部性类
可能涉及的区域	福建武夷山自然保护区的部分区域、江西武夷山自然保护区的部分区域、城村古汉城遗址	武夷山自然保护区的部分区域、武夷山风景名胜区、武夷山森林公园、东溪水库国家水利风景区、邵武龙湖山国家森林公园、福建武夷天池国家森林公园	武夷山九曲溪生态保护区、武夷山大安源景区	基本特性	有最强正外部性，资源不可再生，关系到国家利益，提供基本公共服务的活动	介于中间的外部性相对较强的活动，结合国家公园自身情况，控制市场介入程度和范围	资源可再生，有效管理可控制其环境影响，正外部性小，在严格保护类区域以外，可鼓励市场按规则介入
管理要求	市场一般不能、不愿或不宜参与管理，而只能由国家对其实施最严格管制，由政府承担其全部管理责任，包括经费的投入和人员的分配管理等	在国家公园管理委员会把握其总体发展方向，负责主要管理工作的基础上，可以允许一部分市场力量介入	只要不对资源造成破坏性的影响，并有一定的规章作保障，就可以鼓励营利性社会力量介入，借用市场的力量为其筹资	管理要求	政府全面掌控	控制市场介入程度和范围	鼓励市场按规则介入

境内所覆盖的生态系统相对完整，适合设置一个挂靠福建省政府，由福建省政府直接管理，但是中央政府指导和监督的管理机构，机构依然予以高配，具体如附表 5−3 所示。

附表 5 – 3　中尺度情形下武夷山国家公园试点区管理机构及资源/活动分类情况

统一管理部门：武夷山国家公园管理局	
级别	副厅级
职责	挂靠福建省政府，由福建省政府直接管理，接受中央政府的业务指导与监督，对试点区内各保护地实施统筹管理
辅助机构	设置科学委员会以及经济/社会/文化委员会两大辅助机构，分别负责为国家公园管理委员会提供科学支持和政策建议；同时，建立一个国家公园资源和数据共享中心，负责数据收集和共享，为国家公园管理委员会提供其他硬件和软件支持

按资源类型划分			按活动类型划分			
类型名称	严格保护类	适度发展类	鼓励发展类	类型名称	高外部性类	中外部性类	低外部性类

类型名称	严格保护类	适度发展类	鼓励发展类	类型名称	高外部性类	中外部性类	低外部性类
可能涉及的区域	福建武夷山自然保护区的部分区域、城村古汉城遗址	武夷山自然保护区的部分区域、武夷山风景名胜区、武夷山森林公园、东溪水库国家水利风景区、邵武龙湖山国家森林公园、福建武夷天池国家森林公园	武夷山九曲溪生态保护区、武夷山大安源景区	基本特性	有最强正外部性，资源不可再生，关系到国家利益，提供基本公共服务的活动	介于中间的外部性相对较强的活动，结合国家公园自身情况，控制市场介入程度和范围	资源可再生，有效管理可控制其环境影响，正外部性小，在严格保护类区域以外，可鼓励市场按规则介入
管理要求	市场一般不能、不愿或不宜参与管理，而只能由国家对其实施最严格管制，由政府承担其全部管理责任，包括经费的投入和人员的分配管理等	在国家公园管理委员会把握总体发展方向，负责主要管理工作的基础上，可以允许一部分市场力量介入	只要不对资源造成破坏性的影响，并有一定的规章作保障，就可以鼓励营利性社会力量介入，借用市场的力量为其筹资	管理要求	政府全面掌控	控制市场介入程度和范围	鼓励市场按规则介入

第三，小尺度情形。

这一方案改革力度最小、覆盖范围最小，覆盖 900 平方公里左右，小于世界遗产地 999.75 平方公里的范围，也没有包括东溪水库水利风景区。建议这一情形之下的管理机构级别设置略低，但依然由省政府直管，以体现国家公园打破部分利益的特征（见附表5-4）。

附表5-4　小尺度情形下武夷山国家公园试点区管理机构及资源/活动分类情况

统一管理部门：武夷山国家公园管理局	
级别	正处级
职责	由福建省政府直接管理，对试点区内各保护地实施统筹管理
辅助机构	设置科学委员会以及经济/社会/文化委员会两大辅助机构，分别负责为国家公园管理委员会提供科学支持和政策建议；同时，建立一个国家公园资源和数据共享中心，负责数据收集和共享，为国家公园管理委员会提供其他硬件和软件支持

	按资源类型划分			按活动类型划分		
类型名称	严格保护类	适度发展类	鼓励发展类	类型名称	高外部性类	中外部性类	低外部性类
可能涉及的区域	福建武夷山自然保护区的部分区域、城村古汉城遗址	武夷山自然保护区的部分区域、武夷山风景名胜区、武夷山森林公园、东溪水库国家水利风景区、邵武龙湖山国家森林公园、福建武夷天池国家森林公园	武夷山九曲溪生态保护区、武夷山大安源景区	基本特性	有最强正外部性，资源不可再生，关系到国家利益，提供基本公共服务的活动	介于中间的外部性相对较强的活动，结合国家公园自身情况，控制市场介入程度和范围	资源可再生，有效管理可控制其环境影响，正外部性小，在严格保护类区域以外可鼓励市场按规则介入
管理要求	市场一般不能、不愿或不宜参与管理，而只能由国家对其实施最严格管制，由政府承担其全部管理责任，包括经费的投入和人员的分配管理等	在国家公园管理委员会把握其总体发展方向，负责主要管理工作的基础上，可以允许一部分市场力量介入	只要不对资源造成破坏性的影响，并有一定的规章作保障，就可以鼓励营利性社会力量介入，借用市场的力量为其筹资	管理要求	政府全面掌控	控制市场介入程度和范围	鼓励市场按规则介入

（二）资金机制

国家公园属于公立事业，其管理中的资金机制与其管理单位体制高度关联，应以政府投资为主、其他投资渠道为辅。总体上讲，资金机制应该秉持"全面兼顾、效益与公平并重"的原则。

资金机制涵盖筹资和用资两方面。武夷山国家公园体制试点区涉及的保护地类型多、资源属性和管理方式复杂，管理单位体制设置难度较大，需要配置有效的筹资模式和用资途径，确保工作合理和高效。

资金机制是国家公园管理机制中最重要的部分，也是各项工作开展的基础。这里只针对三种划界和分区方案下资金机制的异同做简要分析，其余不再赘述（见附表5-5）。

附表5-5 三种划界和分区情形下资金机制的异同

	资金来源渠道	资金使用渠道
大尺度情形	所有开支均享受中央政府财政拨款，国家公园所有经营性收入均需上交，由中央政府反哺当地的各项公益性开支	所有资金只能用于公益性的保护、科研、教育、生态补偿等环节，专款专用。同时，需保证有固定的资金用于跨省的沟通与协调，协调的经费与其他几种情形相比较高
中尺度情形	中央政府和省级政府共同拨款，以省级政府资金为主，中央下拨某些特定专项资金，国家公园经营性收入需按比例上交，由省政府反哺当地的各项公益性开支	所有资金只能用于公益性的保护、科研、教育、生态补偿等环节，专款专用
小尺度情形	由省级政府负责拨款，并积极争取中央专项资金支持。国家公园经营性收入需按比例上交，由省政府反哺当地的各项公益性开支	

资金机制是体制设计的重点环节。资金的合理、高效使用，对于提升管理有效性有重要作用，尤其是在武夷山资源价值较高、人口密度较大、土地权属较复杂、产业产值较大的情况下，资金机制对于实现"保护为主，全民公益性优先"目标具有基础性作用。下面是基于调研数据设计的更加细化的方案——武夷山国家公园试点区资金机制定量分析。

武夷山国家级自然保护区和风景名胜区的筹资机制明显不同，从现有数据中可以看出自然保护区资金来源对财政的依赖（见附表 5－6、附表 5－7）。

附表 5－6　2011～2015 年自然保护区经营管理总收入状况

区间	收入（万元）							
	总收入	国家投入		门票收入	其他经营收入	融资	自然资源有偿使用费	社会捐赠
		中央财政	地方财政					
2011～2015 年	25280.5	12451.16	12829.34	0	0	0	0	0

附表 5－7　2010～2014 年度风景名胜区管委会经营管理收入状况

年度	收入（万元）		
	总收入	专营权收入	资源保护费收入
2010	9440.64	7093.99	2346.65
2011	11741.39	8849.49	2891.90
2012	11484.36	8681.94	2802.42
2013	9490.29	7251.56	2238.73
2014	9389.47	7378.10	2011.37

自然保护区须创新筹资机制，适当建设市场渠道和社会渠道：自然保护区的资金来源中，地方财政和中央财政几乎平分，源自省级财政的人员经费和运行经费在逐年提高；此外还有省级财政专门拨付的用于生态茶园建设、资源管护和科学研究的专项资金（后两者年际波动大，分别达到 50 万～310 万元以及 10 万～130 万元）。中央财政较为稳定的是林业系统国家级自然保护区补助资金和生态补偿拨款，5 年分别达到 1101 万元和 5043.78 万元。目前，几乎没有引入任何社会和企业参与渠道，资金来源单一，地方事权没有充分体现出来，保护地资金良性循环机制尚未形成。

风景名胜区须改革筹资机制，拓展财政渠道并在财政渠道开源的同时规范市场渠道：相对于自然保护区 565.27 平方公里的面积，风景名胜区面积仅有 64 平方公里，但其收入远高于自然保护区，主要来源于经营。但这种经营不规范：既非特许经营性质，也存在对国有资产的无序经营和

235

对保护的反哺力度不够以及信息公开不够等问题。在国家公园试点期间，应统筹考虑保护需求进行空间管制，对非保护相关的现有的企业经营盈利事业进行特许经营规范，在制度化地"要钱"（根据事权划分获得各级政府投入）的同时规范"挣钱"，以更好地保护和体现全民公益性。

四　经营机制

通过上文对管理单位体制的分析可以看出三个方面。第一，属于最基本公益服务的业务，不能按照保护和管理成本来定价，经营权也不能转让，必须由国家公园管理委员会来管理。如门票收取、科普宣传、环境教育等，该类业务具有较强公共物品性质和正外部性，不能市场化，否则将直接影响公益性目标。第二，有较强外部性的混合产品，要进行市场化经营，财政也要给予一定支持。该类产品接近于私人产品，但是有较强的正外部性。如生态旅游服务的供给等，其资源属性更接近私人物品。该类物品，采用特许经营的方式，让营利性主体进入，利于提高物品和产品的质量，降低成本。同时该类产品拥有正外部性，可使社会收益高于购买者的边际效用曲线，社会有效供给量高于私人理性供给量。因此为达到物品的有效供给量，政府或相关单位应给予该类业务经营主体相应补贴。第三，资源属性为私人物品的业务，应通过委托—代理模式交由营利性主体经营。如国家公园内的餐饮和住宿等，交由营利性主体市场化经营，可提高经济效应。

借鉴美国国家公园的经营机制，虽然其主要依靠联邦财政资金维持运转，但其餐饮、住宿、交通等非核心业务均采用特许经营机制由非营利社会力量经营，管理部门只进行价格和服务质量监管。在这样的体制保障下，市场机制只在某些领域、某些空间范围内发挥作用，国家公园的整体公益性得以保证。

在武夷山国家公园体制试点区内资源类型复杂多样、仅靠政府资金难以充分保障所有业务全覆盖，也难以充分体现公益性的情况下，有必要引入特许经营机制，实施"政府主导、管经分离、特许经营、多方参与"的经营机制。对于国家公园中公益类经营项目（如门票等），由国家公园管理委员会按照国家相关法律法规的要求进行规范经营（不能整体转让），保证其全民公益性。其他商业性服务（国家公园内的餐饮、住宿、购物、交通等服务性业务）应面向社会公开招标，个人、企业和民间组织通过竞争取得特许经营权，接受国家公园管理委员会的监督管理。管委会不直接参与营利性活动，可通过特许经营方式，充分调动各级政府、民间组织、国内外机构、开发商、社区、志愿者等社会各界参与保护、管理、开发和运营的积极性，兼顾多方利益，形成合力，获取最广泛的支持，确保国家公园持续健康发展，实现"保护为主，全民公益性优先"的目标。

五　其他特殊政策和特殊机制

武夷山国家公园要成为生态文明建设特区，除了以上体制机制安排以外，还需要考虑制定以下这些特别机制和特殊政策。

（一）**特别机制**

（1）创新管理和考核机制。将武夷山作为国家生态文明建设代表案例，以自然资源资产负债表和产权确定制度为基础，建立以生态和文化为指标的考核体系。

（2）构建生态补偿机制。在执行现有的生态补偿基础上，构建完善的生态补偿机制。补偿由中央财政承担重要事权。

（3）构建多规合一试点。建立多规合一试点，优化县域土地利用规划，形成更加科学合理的国家公园融合规划布局。

（4）构建优势互补、多元开发的机制。大力吸引资金充裕、经验丰富的开发主体依照相关法律和规定参与新城土地开发、遗产保护等。

（二）**特殊政策**

（1）加大资金支持。在税收上执行特殊政策，企业缴纳的新增税收中市级、省级税收部分，经省政府批准后用于新城发展资金。地方土地出让收入，在扣除国家及省级规定计提的专项资金后，全部用于支持武夷山发展。

（2）加大用地政策支持。创新土地利用方式，提高土地节约集约利用水平，实行土地指标单列，在全省或南平市范围内统筹实施耕地占补平衡。

（3）加大对新型产业的支持。对与国家公园保护利用相关的文化旅游、生态旅游、文化创意、高端居住等产业，鼓励优先在武夷山布局。省市级财政安排产业发展专项资金，加大扶持力度。

（4）加大人才吸引和集聚政策的支持力度。

六　分阶段实施步骤

武夷山国家公园体制机制的建立要分阶段实施，不同阶段解决不同的与"权""钱"对应的关系，分别构建单位体制以及与之对应的资金机制（空间范围管理模式的资金机制参见附表5-8）。

附表5-8　武夷山国家公园体制分阶段实施方案

项目	阶段	围绕"权""钱"的主要措施	空间范围的管理	项目执行
试点期	第一阶段	成立武夷山国家公园管理局，参考《武夷山试点实施方案》；自然保护区和风景名胜区继续衔接原有资金渠道	小尺度/中尺度的管理模式	自然保护项目文化保护项目环境教育项目社区发展项目生态旅游项目能力建设项目
	第二阶段	制定国家公园愿景、法律法规、政策制度和标准等		
	第三阶段	制定并启动与国家公园体制相配套的一系列管理机制，包括资金机制（筹资和用资）、经营机制、生态补偿机制等，执行和国家公园产品品牌增值体系有关的项目		
建成期	愿景阶段	中央统筹管理，执行垂直并整合各种管理机构权限的事业单位模式，中央设定专项基金，解决全民公益性，建立完善的资金机制和经营机制等	大尺度下的保护模式	

下面是细化后的试点期武夷山国家公园管理模式（见附图5-1）。

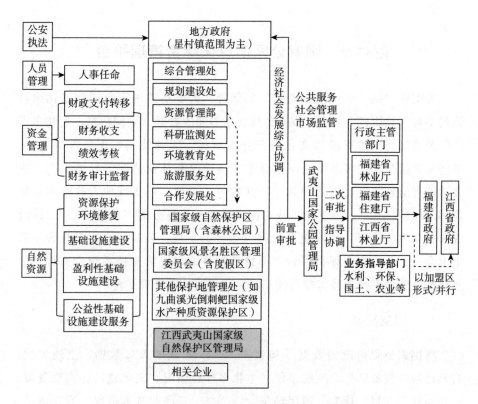

附图 5 - 1　细化后的试点期武夷山国家公园管理模式

说明：虚线表示在试点期为保障资金机制等暂存的过渡机构。

附件6　国家公园信息化综合管理平台

为实现"统一、规范、高效"的管理，需要搭建国家公园信息化综合管理平台（见附图6-1）。该平台建立在不同的数据（空间信息、生物多样性资源情况、自然资源和文化遗产基本情况、能源使用情况、人口情况、经济发展情况、游客基本情况、温室气体排放和林业情况等）基础上，主要功能有信息共享、统筹协调、公众参与三方面，即实现地方政府相关职能部门间信息共享。该平台可成为国家公园相关事务的"指挥中心"，同时成为公众参与接口。具体建设内容包括数据集成、公共门户、多规合一和审批合一平台、监测评估平台、项目管理系统和决策支持系统六方面。信息化综合管理平台也是国家公园产品品牌增值体系管理平台。

一　数据集成

将国家公园角度的数据〔包括基于 GIS 系统的人口数据，土地属性，自然地貌，气象信息，生态系统，生物多样性情况，文化遗产，自然资源，法律法规，规划，标准，国民经济，一、二、三产业基本情况，原住居民，公园管理系统（门票、救助等服务）等〕融合到统一平台，链接生产角度的国家公园品牌门户（主要针对企业，见附图6-1）。

游客角度的数据（游客个人基本情况、出行习惯、出行方式、消费习惯、偏好等）也统一到数据库中，最后形成大数据，服务于国家公园决策和政府政策制定。

二　公共门户

提供统一的用户登录和信息资源入口，对游客、公众和管理单位实行不同界面的管理，借助网络以及手机，提高与用户的互通体验程度。

三　多规合一和审批合一

集成"多规合一"应用系统，链接各部门业务系统。界面信息架构涵盖"多规合一"工作动态和工作成果的描述统计，基于"一张图"模式，

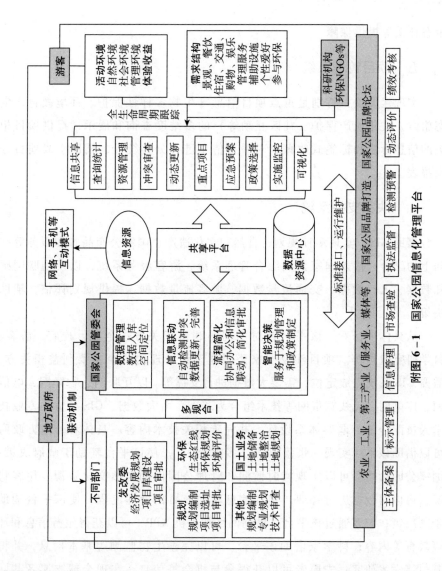

附图 6-1　国家公园信息化管理平台

多维度地展现"多规融合"专题成果和相关信息，同时实现规划之间矛盾的差异性分析。

四　监测评估

对不同的数据，尽最大可能地实施监测，特别是对游客管理的重要路口、地段实施监测，一旦发生事故，及时应急。数据可为后期管理绩效、生态补偿等提供保障。

五 项目管理系统

实现建设项目特别是重点项目信息（生物多样性保护、环境教育、生态旅游、文化遗产保护、社区互动等）的多维度查询和展示，提供项目相关的信息标绘和标签式收藏，对项目信息进行分类统计，辅助生成项目分析报表。

六 决策支持系统

借助 GIS，实现多种规划、自然和文化遗产、国家公园品牌和服务等空间上的融合；接入国家公园综合管理系统、游客服务系统，以及物联网感知数据、人口数据、交通流量数据、游客流量数据，提供规划评估，辅助决策。

从具体项目看，该平台针对不同的利益相关方：企业、政府、游客、科学研究机构等。项目涉及国家公园建设和管理的各个主要利益相关方，需要 GIS 系统完成定位，需要大数据进行支撑等。以互联网、物联网、电信网、广电网、无线宽带网等技术组合为基础，由大数据、GIS 等方面专业技术人员配合整个框架体系设计，并完善相关技术内容。具体看，地方政府可以借助该平台实现一张蓝图的"多规合一"，使该平台辅助于政府决策；国家公园管委会可以实现实时监测和管理公园内的自然文化资源、旅客状况，可以对数据进行管理，实现信息联动，简化管理流程，使该平台辅助于其决策；游客通过该平台，借助网络和手机 APP，可以获得旅游信息和环境教育等内容；科学家借助该平台，可以完善生物监测等基本信息，并将其付诸学术研究；志愿者可以获得参与机会等信息，实现全球志愿者共同参与；企业可以借助该平台，完成产品从生产端到消费端的产品回溯等（涉及商务、物流、服务业等）；原住民可以有效查询各类与国家公园建设及自身生活有关的信息，与国家公园管委会实现互动，促进社区发展。不同的利益相关方，借助该平台，可以通过大数据的汇总，优化资源，实现信息的传播和联动，完善公共服务和社区管理（如教育、医疗、就业等），最终实现精细化、动态化管理。

　　项目可以同时衔接社会信用体系，与银行、公安及社会组织等不同维度的信息归集渠道合作，率先实现社会信用体系的共享和运用。项目要求具有信息搜集反馈发布、信息导入管理体系和会议组织功能的平台，并有日常维护管理团队。

附件7　法国国家公园体制改革的动因、经验及其对中国国家公园体制建设的启示

内容提要：在如何处理上下、左右、里外关系，如何实现跨行政区整合，如何通过绿色发展形成保护合力等方面，美国国家公园体制建设对中国国家公园体制建设缺少借鉴价值。法国与中国政治体制较接近，其最初的国家公园管理体制与美国相似，在现实中遇到诸多问题后，于2006年开始改革。历经十年，改革基本功成，形成了行之有效的多中心治理模式。其与中国问题相关的经验可总结为三方面：①形成利益共同体才可能形成生态共同体，没有绿色发展就没有国家公园；②形成上下、左右、里外结合的治理结构才可能兼顾各方需求，才可能形成保护的合力、创造周边有利保护的大环境；③绿水青山转化为金山银山需要技术路线和完整体系。若借鉴其空间上的加盟区、体制上的多方治理模式和绿色发展上的国家公园产品品牌增值体系等，中国的国家公园体制建设有望有针对性地解决前述操作层面的实际问题①。

中央已经明确要在"十三五"期间"建立国家公园体制、整合设立一批国家公园"。2017年9月，《建立国家公园体制总体方案》（以下简称《总体方案》）由中央下发并公布。《总体方案》明确了与建立国家公园相关

---

① 法国总统埃马纽埃尔·马克龙于2018年1月8～10日对中国进行国事访问，两国发表《中华人民共和国和法兰西共和国联合声明》。其中包括"中法两国重申愿深化和拓展双方在环境保护和应对气候变化领域的合作……双方将就《生物多样性公约》第15次缔约方大会和2020年世界自然保护大会加强交流"；"中法两国将就制定世界环境公约事保持建设性对话。双方对签署环境保护行动计划（2018－2020）和国家公园合作协议表示欢迎，支持海洋动植物保护。双方决定启动'中法环境年'，以加强在相关领域的对话。中法两国还将继续确定和实施可持续城市合作项目"；"中法两国支持现代生态农业、食品加工领域合作"；"中法两国将根据2017年11月24日中法高级别人文交流机制第四次会议联合声明的决定，加强教育、文化和科学交流领域的合作。特别是双方将通过经验交流与培训等方式积极推进合作，对作为两国文化多样性体现的遗产进行保护和利用"。这为法国国家公园体制经验在中国推广，创造了良好的环境和基础。随后，国家发展改革委与法国生态转型部签署了《关于开展国家公园体制建设的合作协议》，提出双方合作内容将主要包括自然保护地规划、生态系统保护修复、国家公园等自然保护地管理等9个方面。双方合作方式包括但不限于组织访学、共同召开研讨会、开展合作培训等。

的基本概念（如国家公园概念、理念、定位和空间布局）、整体架构（如建立统一事权、分级管理体制，建立财政投入为主的多元化资金保障机制）和主要操作程序（如建立统一管理机构、适当延长国家公园体制试点时间、研究正式设立国家公园等）。这意味着，2017 年中国的国家公园工作已完成顶层设计并全面转向操作层面，明确了未来的时间表、路线图、任务书。这种情况下，"怎么干"是关键问题。当前，在体制建设中如何处理"上下、左右、里外前后"①的关系、如何实现跨行政区的整合、如何通过绿色发展形成保护的合力等方面仍存在操作层面的困难。在这些方面，为国内专家所熟悉的美国国家公园体制的借鉴价值不高。而刚刚完成体制改革并成效初显的法国国家公园，具有直接的、问题导向型的借鉴价值，其以宪章为纽带的上下、左右结合的管理单位体制、以加盟区为特色的土地权属约束下的完整性保护、以国家公园产品品牌增值体系为代表的绿色发展机制等，都能直接应对上述问题。

一 法国国家公园发展历程及特点

法国的国家公园已有半个多世纪的发展史。在"构建一个什么样的国家公园体系"这一问题上，法国也曾借鉴过美国的中央直管模式，且其管理方式定位于类似中国《自然保护区条例》中那样的最严格保护。然而，法国的国家公园管理面临与中国类似的"人、地约束"和"权、钱压力"②，不得不借鉴其大区③公园（相当于美国的州立公园）的体制优点，于 2006 年开启了国家公园体制改革，最终形成了全球具有代表性的国家公园体制。其管理机构、规章制度、社区管理、经营机制等，都对中国建立国家公园体制具有更直接的借鉴意义。

（一）类似美国体制的中央直管

美国是国家公园的首创者，其国家公园体制的特点可以概括为中央政

---

① 指不同层级政府之间的关系，同级政府相关职能部门之间的关系，国家公园管委会和地方政府、周边社区之间的关系，以及历史形成的利益格局与期望实现的改革目标之间的关系。

② 苏杨、王蕾：《中国国家公园体制试点的相关概念、政策背景和技术难点》，《环境保护》2015 年第 14 期。

③ 在行政层级中相当于中国的省。法国共有大区 18 个（下设 101 个省），其中包含 13 个法国本土大区（下设 96 个省）和 5 个海外大区（每个大区为一个省）。

府直管、权责高度统一、土地大体国有、财政拨款为主，以此来支撑"保护为主"和"全民公益性优先"。美国国家公园体制给全球的保护地管理开辟了新模式，加之时间早、规模大、制度全面系统，成为各国建立国家公园体制的范例。值得注意的是，美国体制也有其特殊的背景，即地广人稀、权属清晰、财政"给力"，这实际上也是搬用美国体制的前提。

法国在建立国家公园体制之初，参考了美国的体制，即中央直管的严格保护模式，但忽视了美法两国的国情差异：一方面，法国的人口密度明显高于美国，国家公园管理涉及的原住民数量和生产活动明显多于美国，不满足地广人稀的条件；另一方面，法国土地权属的复杂程度也远高于美国，相关法规难以让管理机构以所有者身份来管理国家公园。此外，美国的国家公园体制也不断发展优化：在实施中央集权的同时，也关注"里外"的关系（国家公园范围内外），逐渐与周边社区建立了伙伴管理关系，并以多种途径协调社区发展、保障社区权益①。而法国在最初构建类似美国体制的过程中，却没有体现这些变化，仅强调了中央集权和严格保护，忽视了基层地方政府和社区在国家公园管理中的作用和价值：所有管理工作均在中央政府主导之下展开，其他利益相关方，包括地方政府、社区群众、社会力量等在国家公园相关决策上缺乏话语权和参与热情。

在这种不具备实现前提的情况下，1960 年开始逐渐形成的法国国家公园体制呈现了与美国体制类似的特点但又显然"水土不服"，即以中央政府垂直管理为主导，而基层利益难保障、力量难介入，国家公园被视为对地方发展的严重约束。这种中央—地方关系的不协调，不仅加重了中央负担，也使来自社区的抗议和冲突层出不穷。

（二）很像中国管理的名义最严

系统严格的法规是规范管理的前提，然而，简单划一又极度严格的规

① 有很多例子可以说明美国国家公园体系下的社区伙伴关系。例如：①通过保护地役权的设置，允许不愿出让土地所有权的产权人依然居住于公园内部，而仅根据具体的保护需要限定其发展方式和强度；②黄石公园的狼群再引入政策以周边社区调研为基础，并向社区允诺，若有狼群破坏私人资源情况，政府负责赔偿，并允许社区在这种情况下击毙肇事的狼，以此达成社区和公园之间的共识；③公园管委会从私人手中购买土地所有权，但为留存公园内的传统耕作文化，并保障生境的多元化，公园管委会以较低的价格将土地重新租给周边农户，实施有条件的传统耕作，以维持既体现文化传承也兼顾生态保护所需的人地关系。

则由于可操作性差和标准严格反而难以实现。中国 1994 年的《自然保护区条例》对自然保护区实行最严格保护，但其中若干要求几近严苛也不科学，甚至有"核心区严禁任何人进入"的条文，结果在现实中几成空文。例如，2016 年至 2017 年的三批中央环保督察反映：几乎所有省都是"自然保护区违法违规开发建设问题严重"。这样的情况非中国独有，法国国家公园也走过类似的弯路。

　　1960 年之前，法国曾就"建立什么样的国家公园体系和体制"形成观点不同的两派：主张"文化公园"人道主义的"景观派"和宣扬纯自然属性的"自然派"。1960 年颁布的《国家公园法》结束了两派争论，形成了一个严格而权威的绝对保护模式，在没有充分的科学研究作为支撑[①]的前提下，将国家公园定位为中央政府直接管理，以保护自然生态系统为主要功能的严格保护地。政策法规形成的严格保护模式和中央政府的单中心治理模式，导致了国家公园管理方式的"简单粗暴"。在呆板僵化、不留空间的法规条文引导下，管理者习惯于对任何资源利用项目直接否决，以杜绝一切规则以外的行为。国家公园因而变成土地管理的被动机构，"阻止做事"成为当时的一大管理特征[②]。这一法律和相关政策的出台，几乎忽略了法国国情中的"人、地"约束。法国是一个历史悠久、人文底蕴深厚的国家。人与自然长期共存的历史，决定了不仅从现实上无法将人类活动完全隔离，且很多地区已然建立了一种特殊的相互依存的人地关系，人类活动的适度干扰已经嵌入生态过程之中。对这类生态系统结构的错误理解，不但不能实现最终的保护目标，反而会因措施选择不当而破坏其内部长久以来已经建立的人地平衡、生态平衡。

　　这样的认知偏差导致规则不妥，另外国家公园管委会无法在区域管理中找到自己的位置，不能有效协调严格保护、单中心治理模式引发的周边社区的敌对情绪。瓦努阿兹国家公园与当地滑雪场的冲突、梅康图尔国家

---

① 例如，国家公园将保护生物多样性作为重要的功能，但在边界划定、保护措施规定等方面并非基于主要保护物种的需求，既由于土地权属的限制没有将完整的生态系统划入，也罔顾了这些物种可能已经与原住民的生产生活形成的类似"共生"的关系，相关法规只是从严防死守的角度提出了繁多的限制条款。

② 苏杨：《国家公园不是自然保护区的升级版》，《中国发展观察》2016 年第 16 期。

公园受到的当地民众抗议、塞文国家公园成立之初遭受的市镇①敌对等，均是对人与自然复合生态系统科学认知不够的情况下，一味严格保护引发的后果。1971年，法国爆发了这些冲突中最著名的"瓦努阿兹国家公园事件"②。但这一事件并没有引起中央政府对国家公园管理理念的反思，中央与地方、城市精英与本地民众之间在国家公园问题上的分歧继续拉大，国家公园逐渐走上了当地民众眼中的"博物馆化"、绝对封闭化以及不可转让的道路，国家公园逐渐演变为周边社区的"全民公敌"③。

（三）法国特色的大区公园体制

在国家公园的发展步履维艰的同时，法国的大区公园体系则因其独特的管理体制而颇有成效。从规模而言，大区公园是法国体量最大的一类保护地体系。其管理有三方面的特点。

1. 上下、左右、里外结合的治理模式

上下、左右、里外结合的治理模式，体现为多方参与的董事会治理结构和作为共同规则的宪章。为了平衡自然保护与地方发展之间的矛盾，法国大区公园采用了上下分工、左右协调、里外共赢的治理模式。即大区政府、省政府、所有加盟市镇及公园管委会等管理者，通过董事会的形式在决策过程中将各方力量达成均衡；在大区政府的指导和统筹安排下，处于同一个生态系统的市镇以加盟区的形式纳入大区公园的统一管理，共同遵守利益相关者谈判形成的宪章④，并与公园管委会一道负责宪章的具体实施。这样，虽然公园管委会基本没有加盟区内的规划权、执法权等，但通过宪章实现了统一管理，形成了市镇与公园管委会的互利共治。当然，这

---

① 法语名称 commune，相当于中国的乡镇，是法国最低层级的行政区划。

② 这个国家公园的法语名称 Parc national de la Vanoise，是法国第一个国家公园，于1963年建立。这是一起国家公园与社区发展矛盾集中爆发的著名事件，位于国家公园内但土地权属为市镇所有的欧洲最大滑雪场要扩建，被国家公园管委会依法禁止。在多方协调无果之后，矛盾由基层向高层蔓延，直到最后总统出面协调才得以化解，扩建项目被叫停。因此，国家公园管理机构与市镇之间结下了持久的仇怨。在2006年体制改革后，这个国家公园是法国10个国家公园中周边市镇加盟比例最低的（28个市镇中只有2个加盟）。

③ 王蕾、卓杰、苏杨：《中国国家公园管理单位体制建设的难点和解决方案》，《环境保护》2016年第23期。

④ 主要对应中国管理规则中的总体规划（包括空间规划和发展规划）等内容，是在董事会的领导下，由各利益相关方经过基于调查的谈判达成的，每15年修订一次。

种情况的前提是各级财政较好地支持了公园的保护，各级地方政府（大区、省、市镇联合体、市镇）支持了其每年85%左右的预算，其余资金来自中央拨款和其他项目渠道。

2. 有较好的绿色发展体系（公园产品品牌增值体系）和多种扶持手段

大区公园通过建立以公园产品品牌增值体系为代表的绿色发展体系，使符合标准的产品（不仅有农副产品，也包括民宿、餐饮、向导等第三产业产品）获得明显的增值和更好的、统一的市场营销。加盟组织、企业和个人因此可享受公园品牌所带来的惠益，但同时也需遵守宪章的条文、履行必须的环境保护义务。这一绿色发展体系将公园对周边社区经济个体的态度从防御转变为合作，最大限度地平衡了保护与发展的关系。

3. 易于实现跨行政区管理

法国的行政资源配置也较多地受行政区划的约束，但在董事会、宪章、公园产品品牌增值体系这些措施下，大区公园跨省①甚至跨大区的统筹管理易于实现。这样使得一个生态系统内的各区域能遵守统一的规划，由一个统一的机构协调保护与利用的关系。这实际上是一种合同式的"联邦"管理模式。

上述体制，使大区公园与区内、周边市镇成为互利互惠的利益共同体，市镇对大区公园普遍表现出合作热情。尽管每个大区公园的运营状况和互利模式各有差别，但总体上兼顾了保护和发展。因此与国家公园相比，大区公园体制较为成功。当然，大区公园的功能与国家公园有一定区别——将乡村地区的社会经济维持和发展作为重要任务，其角色是促发者（enabler），经济的后退会被认为损害了当地的景观和文化遗产价值。

二 问题导向型的改革和体制特点

（一）2006年开始的体制改革带来的变化

法国在国家公园的发展上经历了40多年的类美国体制。在各类问题逐

---

① 一个大区相当于中国的跨市，大区公园内部可以在重要区域镶嵌严格保护地，如孚日大区公园内部就有欧盟2000标准的严格保护区（面积不大），即其是重点保护、面上绿色发展。另外，大区公园的乡镇加盟，也是有组织的，需要上级政府认可，不是一个民间协议。

渐暴露之后，法国环境部①借鉴了大区公园体制，于 2006 年启动了国家公园体制改革。2006 年 4 月 14 日，法国政府发布了新的《国家公园法》（Loi 2006-436 du 14 avril 2016 relative aux parcsnationaux, aux parcsnaturelsmarins et aux parcsnaturelsrégionaux）。对应的，在操作层面上，法国环境部 2007 年 2 月 23 日发布了《国家公园法》的实施条例②，标志着法国国家公园体制改革全面启动。这次改革充分考虑了国家公园和周边的生态依存性、社会经济依存性，创新了管理方式，取得了一定的成效。这个改革的主要变化体现在三个方面。

1. 空间上以加盟区形式形成了对完整生态系统的统一管理

在旧体制下，法国国家公园按"中央区 + 外围区"的模式进行管理（类似中国自然保护区的核心区、缓冲区、实验区模式，在这种方式的划定中，常见的情况是土地权属的限制导致难以将完整的生态系统划入国家公园，且外围区没有法律地位，形同虚设，基本没有手段形成统一的管理）。而这次改革建立了"核心区 + 加盟区"的空间结构（见附图 7-1），并赋予了加盟区法律定义和地位。其与"中央区 + 外围区"的模式存在着本质的不同：前者强调民主与包容，寻求严格保护和合作发展之间的平衡；后者只是强调以政府意志实施强制性的封闭保护，基本不考虑外围区如何形成保护的合力。为了推动"核心区 + 加盟区"模式的实施，法国将"生态共同体"③（ecological solidarity）（见附图 7-2）的概念引入国家公园管理，

---

① 环境部 2017 年更名为生态转型部。

② 由法国环境部发布，依据 2006 年的《国家公园法》制定。其中明确其依据是"2006 年 12 月 5 日法国国家公园管委会董事会批准的'国家公园基本实施原则'报告；2007 年 1 月 15 日国家公园跨部委委员会的意见"等，并明确："考虑到国家公园政策在责任与义务规范以及环境宪章落实方面的重大象征意义；考虑到法国国家公园在国际上的认可需要保证其实施的基本原则与世界自然联盟确定的保护区管理范畴的指导路线兼容；考虑到国家公园地方管理需要与国际自然与文化遗产保护及国家公园标准的目标相一致；中央政府推动地方管理的实施，也保证其国际目标的实现"。

③ 生态共同体指由于生物多样性的空间分布和其时空活动而存在于不同地区之间的生态依存。反映在国家公园上，它有两方面的内涵：一是空间上，如附图 7-2a 所示，以陆地景观为主要保护对象，景观整体和河谷将核心区与理想加盟区联系在一起；二是时空上，如附图 7-2b 所示，以野生动物为主要保护对象，一些物种在生命周期中在不同栖息地之间迁徙。例如，与季节有关的生物，如岩羊；筑巢地和食物来源地不在一处的生物，如水鸟和鹰。

明确在核心区和加盟区之间存在着密切的生态关联和利益共享基础。

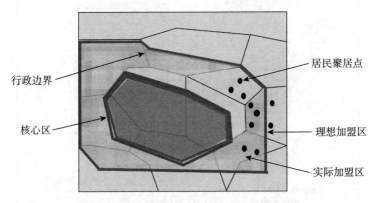

行政边界

核心区

居民聚居点

理想加盟区

实际加盟区

附图 7 - 1　改革后法国国家公园的空间结构

2. 治理体制上的上下结合

这次改革首次建立了中央、地方共同参与管理的治理体制，并以宪章①的形式确定了治理结构、各方权责，赋予地方利益相关者参与国家公园管理的更大权限和更多手段。宪章也使相关决策程序更科学，从而使社区居民（以农林牧渔和旅游相关产业为主要谋生手段）的合理发展需求能被更全面地兼顾，最终实现在更大范围（考虑生态系统完整性）内的"保护为主"。按中国的政策语言，这是"共抓大保护"的治理结构。具体做法包括：①扩大董事会，增加地方代表的席位（变成多数派），新增环保组织和行业协会（比如农业、旅游业）代表的席位，设立社会、经济和文化委员会作为董事会和管委会决策的辅助工具，显著增强了市镇代表在国家公园决策中的话语权；②通过宪章赋予科学专家委员会法律地位，使其真正在决策中发挥了作用，尤其是在项目审批、科研监测、社区经济活动指导（农牧业生产方式）和确定国家对地方的补偿方面；③使管委会的决策和执行中都能有地方利益代言人参与，真正形成上下结合的治理体制；④董事

---

①　其核心理念类似大区公园宪章，但结构比其更丰富，除约定了加盟区的社会经济发展目标和措施外，也包含了对核心区的生态保护办法和管理原则。爱看国家公园（Parc National des Ecrins）早于其他国家公园开启了宪章治理的自愿尝试，其早在1995年就开始了公园宪章的探索，并获得了较好的社区支持基础，为2006年的改革奠定了良好的实践基础。法国环境部对其自发开展的试点工作进行了多次调研。2006年的《国家公园法》赋予了宪章法律地位，明确了其是国家公园的主要治理工具，使其具备了作为核心区和加盟区统一管理规则的资格。

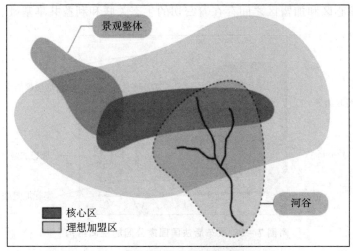

a 陆地景观为主要保护对象

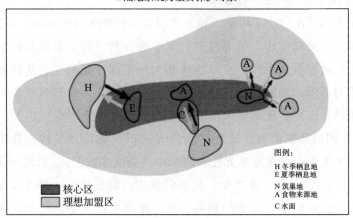

b 野生动物为主要保护对象

附图 7 - 2　生态共同体

会（即地方议员代表）参与管委会主任人选的推荐，而不单单由生态转型部直接指派（改革前的做法），充分确保中央政府最终任命的管委会主任被董事会充分认同和支持，在上任后能顺利开展工作。当然，这种新的治理体制主要体现在加盟区范围，核心区内基本还是受严格法律保护和约束，由中央政府通过管委会管理来主导，董事会在核心区范围只有建议和协调功能（见附图 7 - 3）。

　　但这种改革并非只是削弱中央集权，而是基于管理目标对国家公园的

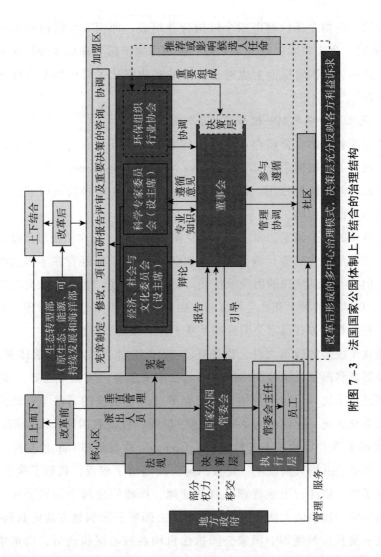

附图 7-3　法国国家公园体制上下结合的治理结构

管理权进行更好的分配。例如，在新体制下，国家公园范围内市镇的部分执法权被移交给了国家公园管委会，包括森林公安、交通警察（镇区范围之外）的职能等；位于核心区内的停车场和道路建设的许可证，地方政府无权发放，除非该区域有 50 万以上人口等。

　　改革中还成立了一个新的公共机构——生物多样性署。2016 年 8 月，法国出台了《生物多样性法》，要求尽可能抢救、保护濒危动植物，并根据该法令设置了生物多样性署，旨在整合各方力量，加强生物多样性保护的公共政策。生物多样性署由四个机构合并组成，即国家水资源和水环境局（ONEMA）、生态技术中心（ATEN）、法国国家公园管理局和海洋保护区管理局。这样，在国家层面上也通过统一的机构强化了对生物多样性领域的统一管理。

3. 优化了协调机制并配套了执法体制改革

考虑到各个国家公园存在共性的问题并需要互通有无，法国效仿大区公园，成立了法国国家公园联盟（Parcs Nationaux de France，PNF），以加强各国家公园间的协同作用，提供后勤服务支持，并增强法国国家公园在国内和国际层面的影响。

在具体的某个国家公园层面（参见附图7-3），首次从法律角度承认了科学专家委员会的职能（该委员会在2006年改革前已经存在于多数国家公园中，但没有得到法律的明确承认）；另外，成立了"经济、社会与文化委员会"，以从自然科学和社会发展两方面协调推进国家公园的管理，并全面反映各利益相关方在国家公园管理上基于科学和发展的权衡。

在这个统筹的改革之外，法国还于2012年启动了环境执法体制改革，并直接影响到国家公园范围内的执法。在中央层面，法国司法部、环境部、农业部进行了统一、规范的协调，出台了《环境法典的司法与行政执法问题的简单化和统一化改革法令》；在地方层面，以爱看国家公园（Ecrin National Park）为例，由两个省检察院（Grenoble检察院和Gap检察院）和国家公园管委会共同开展改革。爱看国家公园划清了权责，调整了执法手段，并推进了统一执法：土地管理、遗产管理、行政管理属于国家公园，核心区只由国家公园执法大队来执法，加盟区由国家公园和地方政府共同执法，但共有一套执法的规则。国家公园执法机构在核心区执法后，向董事会报备。可以看出，2006年起始的改革理顺的主要是上下和里外的关系（即中央和地方、国家公园和社区的关系）；2012年的执法体制改革改的是执法的左右关系（多头执法、判决难等）。这样的配套改革，使国家公园上下、里外、左右的关系都更易于理顺。

（二）法国国家公园的体制特点

要处理好国家公园上下、左右、里外的关系，国家公园的治理结构和管理单位体制是关键。法国的国家公园体制改革，正是在这些方面进行了较大的调整，不仅形成了能平衡各方关系的体制，还构建了全面绿色发展机制，以使这种平衡关系具有内生性和可持续性。

1. 以加盟区理念为核心的空间统一管理体制

分区管理是国家公园及其他保护地实施空间统筹的一般做法。通常情况下，保护地分区管理的主要依据是不同区域的资源特征、资源价值、管理目标等，如生物圈保护区及中国自然保护区的三区划分模式（核心区、缓冲区、过渡区/实验区）。而在法国国家公园体制改革中，加盟区的引入成为其空间统一管理的亮点。虽然这一模式也以资源价值的认定为前提，但其分区目的、理论依据、实现路径等均与以上通行模式有本质的不同，即在保障核心资源得到充分保护的前提下，充分尊重民众意愿、充分吸纳社区加盟，以达成完整性、原真性保护目标。在这种模式下，加盟区的设置并非以实现某种特定管理目标为目的，也不因资源的差异而区别对待，而是为了尽可能地以民主协商的方式扩大同一生态系统下国家公园的空间范围，最大限度地实现生态系统的完整保护并利于实现当地原住民文化的原真性保护①。

2. 处理上下、左右、里外关系的治理体制和管理单位体制

（1）以上下、左右、里外结合的董事会为核心的治理体制创新

在借鉴大区公园经验的基础上，改革后的法国国家公园体制极其重视多方共治的管理模式，努力平衡各级政府之间、不同政府部门之间、公园和社区之间的利益矛盾。其中，具有法律地位和决策、协调实际职能的董事会起到至关重要的作用。

---

① 法国于 1970 年设立的赛文国家公园是这方面的范例之一。其核心区域面积 935 平方公里，位于喀斯赛文地中海农牧业文化景观区（Causses et Cévennes，指法国中南部包括赛文国家公园和喀斯大区公园在内的面积约 6000 平方公里的区域。这片区域历史悠久，文化多元，气候复杂，河谷遍布，动植物资源丰富，史前文明的遗迹广为分布，农牧业活动特色明显，手工业发达，中小城市密布。2011 年被列入世界遗产名录）。喀斯赛文地中海农牧业文化景观区的管理主要涉及以下机构：喀斯赛文生态文化景观区区域保护和开发协会（AVECC），洛泽尔省省政府，赛文国家公园管理委员会，南比利牛斯大区大喀斯自然公园管理委员会，南喀斯环境保护中心，喀斯地区塔恩和容特峡谷著名景点多元化管理协会，纳瓦赛尔著名景点联合工会，拉赫让克骑士团遗址保护区管理委员会，朗格多克鲁西永大区环境、区域规划和住房管理局，朗格多克鲁西永大区文化局，阿韦龙省省议会，加尔省省议会，埃罗省省议会，洛泽尔省省议会，阿韦龙省旅游局，加尔省旅游局，埃罗省旅游局，洛泽尔省旅游局，等等。

从运行模式上看，法国国家公园的董事会制度源于大区公园，又在保护的力度上优于大区公园，主要体现了三方面特点：①董事会吸纳了中央政府、地方政府、国家公园普通员工、当地居民、行业协会等不同的利益相关方作为其成员，参与决策；②董事会是公园加盟区管理的主要决策者，而中央政府垂直管理的公园管委会在加盟区则为主要执行者，以此确保地方代表享有充分的决策参与权和管理决定权；③主持国家公园宪章起草、实施、评估的董事长由董事会选举产生，通常情况由地方市镇长官担任。大区委员会主席或其代表、位于核心区内且面积超过核心区10%的市镇的领导、科学专家委员会的主席自动成为董事会委员；地方代表须在董事会占据半数以上席位，这个比例保障了地方代表在决策过程中充分的话语权。

这样的机构设置，实现了国家公园管理中关键人物（董事长和管委会主任）的互补、地方代表与中央代表的互补、民选代表和中央官员的互补，实际实现了地方利益和国家利益的互补。这种上下结合、左右分工、互相配合的模式，是法国国家公园中央—地方利益协调的重大突破。

除了以上两对关系外，政府各部门之间的关系也是各国国家公园管理中普遍面临的一个重要环节。为了推进国家层面各部委之间的协调，法国在公园管理部门、法国国家公园联盟（PNF）、国家自然保护委员会（CNPN）以及监管部委之间建立了跨部委的沟通机制，并将这种机制纳入了环境法典之中。

（2）以宪章为核心的管委会和社区的多方治理、利益共享规则

在保护地的管理中，社区是重要的利益相关者，公园管委会和社区因为利益维度不同，常是利益冲突者。改革后，法国国家公园以宪章共定、利益共享为原则，各部门形成了较好的合作。

宪章是法国每个国家公园必须制定的合约式管理制度，其中规定了核心区和加盟区的管理目标、保护措施和发展路径。而这些具体条款的设定，是国家公园管委会和相关地方政府、社区共同协商的结果。国家公园范围（包括核心区和加盟区）内所有乡镇，通过谈判方式共同参与宪章的起草制定。谈判形成的宪章文稿由董事会批准后，上报法国中央政府，在原则同意的情况下征集各相关乡镇、省市级政府和中央机关（环境部下属的CNPN、国家公园部委间协调委员会）的意见，公示无异议后由中央政府发

布。宪章的制定和调整为构建并强化公园—社区的对话机制提供了强有力的媒介。在宪章的大框架下，国家公园管委会还会与各个加盟市镇签署实施协议（convention of application），以落实宪章里制定的政策方向。

宪章在改革方面的理念是让当地居民和从业者产生自己是"国家公园居民"（citizens of national park）的认同感和自豪感，重新激活当地的经济、社会、文化生活，让这片区域的未来构建在遗产保护与社会经济发展高度协同的基础上。例如，对游客的环境教育是全民公益性的重要体现，宪章中要求加盟国家公园品牌增值体系的酒店员工必须熟悉公园保护要求、担任国家公园的宣传员和解说员。由此，国家公园管委会实现了共享经济利益的人群参与到公园的公益事务中。

（3）以国家公园产品品牌增值体系为核心的绿色发展和特许经营机制

经营机制是保护地管理中的常规制度之一，特许经营融入保护地管理也并非法国的独创，但是在这里需要为法国国家公园的特许经营机制浓墨重彩地描绘一笔，其原因在于法国借助国家公园产品品牌这一工具，成功定位了管理方和社区的利益共同点，从而以规范化、精细化且能增值的特许经营，实现了最大范围吸纳地方企业和个体自愿加盟、最大限度实现保护与发展共赢的目标。

与很多国家的特许经营相比，法国国家公园特许经营机制的亮点有三：①精细化的行业划分和行为清单；②国家公园产品品牌增值体系；③国家公园管委会提供的技术援助和科学研究（①为②服务）。国家公园联盟针对不同的行业，出台了相应的"准入规则"（rules of use），包括手工艺品和传统知识、热带农林业产品、水果蔬菜蘑菇鲜花、酒店住宿、蜂蜜、加工农产品、餐饮业、基因利用、肉类产品、水上活动、户外活动、吃住行全包游、旅游景点（博物馆、纪念地等）等。除以行业分类为基础的"准入规则"之外，国家公园联盟还详细列出了管理的具体标准，包括对申请人自身条件的要求和生产全过程的行为要求。以酒店住宿类产品的"准入规则"为例，在明确其目标效果为社区经济回馈、带动节约能源和减少污染、促进游客行为绿色化的基础上，对三个方面进行了精细阐述，包括加盟对象（在其他行业中体现为涉及的产品）、加盟者的自身要求、服务（生产）全过程的行为要求。其中，第三个方面是"准入规则"中最为具体的部分，涉及提供服务或生产作业全过程的方方面面，不仅涉及面广、考虑周全，还把原则性要求和具体实例相结合。

根据以上管理流程建立的国家公园特许经营机制，是国家公园和周边社区共赢的一种绿色发展模式。一方面，通过在行业"准入规则"中充分融入保护地友好的要求，使国家公园的保护和环境教育目标在经营中得到贯彻；另一方面，通过国家公园产品品牌增值体系这一平台，品牌使用者可以通过国家公园获得品牌知名度的提升。国家公园联盟的品牌委员会为加盟企业制定特别的宣传工具（产品标签、宣传册、营销网站），并为其开展特别的宣传活动，尤其是在重要媒体上宣传品牌的产品。另外，委员会给加盟者提供专门的培训和技术支持。这种共赢的关系为国家公园及社区的健康持续发展提供了保障。

总结起来，按中国的政策语言说法，法国的国家公园体制改革形成了"共抓大保护"的体制。"共抓大保护"，实际上就是要形成自然保护的统一战线。法国国家公园加盟区的治理体制，类似抗日根据地政权机构组成的"三三制"，这样才能在理念有共识、保护有手段、利益有共享的情况下，使加盟区真正形成支撑生态共同体的利益共同体，才能使加盟区成为国家公园的"根据地"。以上体制改革的结果如何？2013年，法国环境部委托环境与可持续发展委员会（CGEDD）对2006年开始的改革成果进行评估。评估团走访了所有的国家公园，对所有利益相关方进行了大面积的调查访问，评估结果大多比较正面，如：①与改革前的做法（比较专断性、命令性的）相比，更注重民主式参与和协商，更利于地方乡镇和社区民众对宪章的消化和认可；②大多数国家公园内，董事长和管委会主任这两个核心人物的背景情况高度互补（地方代表 vs 中央代表，民选的 vs 指派的，地方利益 vs 国家利益，环保专业人士 vs 政客），他们左右分工、互相配合的模式运转良好，可以确保宪章得到很好的实施。少数负面的效果，更多与历史积怨未妥善解决、改革的时间还不够长有关，如瓦努阿兹国家公园周边市镇不愿加盟等（28个市镇只有2个加盟）。

三　法国经验对中国国家公园体制建设的启示

中国国家公园体制建设近期的相关工作，包括体制试点评估、整合设立第一批国家公园等。2017 年底结束的体制试点工作，在治理结构、治理规则、保护与发展关系的处理及进行跨行政区的管理等方面遇到重重困难。迄今只有中央特别支持的三江源大体形成了统一、规范的管理，而武夷山等试点区相关工作形成了多方无积极性的尴尬局面。借鉴法国的经验，我们认为这些主要问题可从以下方面破解。

（一）上下结合的治理结构才可能发挥各方所长并得到各方支持

尽管中法两国的土地产权制度有所不同①，但中国的高价值保护地所处区域以集体所有制为主。土地权属复杂、原住民数量较多、发展诉求较高、替代产业发展条件不佳，使中国的国家公园体制建设"人、地"约束突出，必须从体制上解决"钱、权"难题。这种情况下，单纯依靠中央政府的垂直管理，会面临至少三方面的挑战：①管理机构掌握的土地产权比例大多不高且治权有限，往往还存在多头管理，难以实施对人、财、物等资源的统一、高效调配；②能力结构单一且力量有限，仅依靠中央层面管理者的管理手段和行政力量，难以处理土地权属带来的问题，难以调动各方面力量；③相关决策难以充分反映各利益相关方诉求，难以形成"共抓大保护"的合力。这些挑战，不仅存在于以集体土地为主的区域（如武夷山、钱江源等国家公园试点），在以国有林区为面积主体的国家公园试点区（如东北虎豹国家公园试点）同样突出。前述法国国家公园体制的三方面特点，正好可应对这三方面挑战。

（二）多方得利的绿色发展才可能形成保护的合力

中央提出"共抓大保护"的思路，其核心在于"共"字，即要致力于形成各方协作的合力。与其他保护地类型相比，国家公园以生态系统的原真性和完整性为保护目标，包含的面积更广；以全民公益性为平行于生态保护的核心管理目标之一，涉及的利益维度更复杂。为此，需要形成普遍的正向激励机制，在国家公园管理中涉及的各级政府及部门、多数社区居民、广大社会团体等之间形成联动。上述上下结合的治理结构只是对地方

---

① 从所有制而言，有所区别，中国实施的是土地公有制，法国则为私有制，但这个区别主要体现在处置权上。在土地的占有权、使用权、收益权等方面，两国的情况较为类似，都是政府（尤其是中央政府）对国家公园相当比例的土地难以业主的身份行使权利。

政府形成了激励，要确保基层地方政府、社区和相关企业也加强保护，就必须形成新的激励方式。换言之，要真正实现国家公园体制试点和建设的初衷，必须对"钱、权"相关问题有各方支持且能得"利"的解决方案。法国国家公园管理中采用的产品品牌增值体系和对社区、行业的全方位扶持，就是一种有效的多方得利模式。而在中国，武夷山试点区（其中的自然保护区）的茶产业在完成资源—产品—商品的升级后，初步形成了多方得利的帕累托改进①，但其绿色发展方式需要体系化、制度化后，才可能确保产品在保护地友好的前提下稳定增值从而在全国普遍化。

而且，形成环境友好和社区参与的绿色发展模式后，国家公园的人地关系就会发生变化。从管理角度而言，即使对具有重大保护价值的核心区，也不必"一刀切"地采用所谓生态移民的方式，而是应根据主要保护对象的保护需求，分类处理，只要满足基于科研的保护需求即可，不必都移民、都改变土地权属。《总体方案》中明确提出"鼓励通过签订合作保护协议等方式，共同保护国家公园周边自然资源。引导当地政府在国家公园周边合理规划建设入口社区和特色小镇"，就已说明这样的发展方式适用于中国国家公园。

（三）法规、规划、标准等合理化、体系化后，才可能真正指导实践并形成推广标准

改革需要改之有利和改之有据，但目前的中国国家公园体制试点在法规标准方面存在一些显著的缺陷：一方面，诸多依据缺失或不配套②，甚至部分法规条文之间存在明显的冲突③；另一方面，原有的相关法规（如《自然保护区条例》）、标准（如相关保护地的划定和分区标准）存在诸多不合理之处④，也罔顾了操作层面的困难。法国国家公园管理中的宪章，不仅是

---

① 这个案例也被2016年纪念中国自然保护区事业六十周年的《中国自然保护区的建设和发展》报告专门引用。
② 从国家公园的《试点方案》《总体方案》到一些试点区的管理条例（如《三江源国家公园条例（试行）》，很多条文既缺少既有法律法规支撑，也没有厘清和《自然保护区条例》《风景名胜区条例》等现有法规之间的关系。
③ 例如《甘肃省矿产资源勘查开采审批管理办法》，允许在自然保护区实验区内开采矿产，违背了《矿产资源法》《自然保护区条例》等上位法的规定。
④ 目前，中国国家公园体制试点区的面积主体是自然保护区，而《自然保护区条例》第二十七条规定"禁止任何人进入自然保护区的核心区"。

体系化的依据，而且在形成过程中就已经历多方博弈、具备了操作层面的可行性，因此才可能避免"下有对策"的情况。另外，法国国家公园管理机构中有专门的城市规划部门，对所辖市镇的规划方案进行统筹审核，以确保与宪章相吻合。2006年的国家公园改革法案与其他相关法典（如环境法典与遗传法典、城市规划法典、农业法典、刑事法典等）做了统一，确保了互相之间没有条文的冲突。

中国的相关改革，在某些方面也形成了具有自身特色的相关依据的合理化、体系化。如目前在钱江源国家公园试点区所在地开化形成的多规合一暨审批合一平台，就初步实现了规划层面的合理化和体系化。未来如果将其拓展到法规层面和技术标准层面，且采用多方治理模式下主要利益相关者共同签署、监督执行的模式，则也有可能达成法国改革后的局面。

（四）　可以用多种方式实现跨行政区的统一管理

由于国家公园以生态系统为保护对象，而行政区划往往基于天然的地理界限或标志（如山脊线、分水岭），这使保护完整的生态系统不得不面对跨行政区管理的难题。上下结合的治理结构和多方得利的绿色发展，都需要在跨行政区管理的模式下才能有效发挥其应有的价值。法国国家公园的加盟区就是以国家公园宪章指引的绿色发展为纽带、打破地域限制，实现跨行政区的统筹治理和多方得利的管理模式。这种统一管理的优势，除了最大限度地团结周边区域以外，还有一个重要方面，即借助目前在某些地区业已形成的多规合一暨审批合一平台，在没有改变区域隶属关系的情况下更好地形成信息共享和规划协调，在巡查执法、项目审批等方面实现统一管理。

总之，中国的国家公园及其体制建设，必须适应中国的国情约束并博采各家之长。美国的公益性理念及相关体制和地役权等创新，法国的国家公园体制改革经验等，均在解决中国的相关问题上具有借鉴意义。《总体方案》已经在治理结构、绿色发展等方面将这些借鉴局部体现出来，未来的法规调整、标准设立和机制创新中，若能更多地将国际经验本土化、制度化，2020年设立第一批国家公园就将成为可能。

图书在版编目(CIP)数据

中国国家公园体制建设研究/苏杨等著. -- 北京：
社会科学文献出版社,2018.2
（中国国家公园体制建设研究丛书）
ISBN 978 - 7 - 5201 - 2225 - 2

Ⅰ.①中… Ⅱ.①苏… Ⅲ.①国家公园 - 体制 - 研究
- 中国 Ⅳ.①S759.992

中国版本图书馆 CIP 数据核字（2018）第 024563 号

中国国家公园体制建设研究丛书
中国国家公园体制建设研究

著　　者／苏　杨　何思源　王宇飞　魏　钰　等

出 版 人／谢寿光
项目统筹／宋月华　韩莹莹
责任编辑／韩莹莹

出　　版／社会科学文献出版社·人文分社(010)59367215
　　　　　　地址：北京市北三环中路甲 29 号院华龙大厦　邮编：100029
　　　　　　网址：www.ssap.com.cn
发　　行／市场营销中心（010）59367081　59367018
印　　装／北京季蜂印刷有限公司

规　　格／开本：787mm × 1092mm　1/16
　　　　　　印张：17.5　字数：287千字
版　　次／2018 年 2 月第 1 版　2018 年 2 月第 1 次印刷
书　　号／ISBN 978 - 7 - 5201 - 2225 - 2
定　　价／98.00 元